Mathieu Vidard
Science to go

Mathieu Vidard

SCIENCE TO GO

Merkwürdiges aus der Welt der Wissenschaft

In Zusammenarbeit
mit Anatole Tomczak

Aus dem Französischen
von Jörn Pinnow

Anaconda

Lizenzausgabe mit Genehmigung der dtv Verlagsgesellschaft, München
Titel der französischen Originalausgabe: ›Le Carnet scientifique‹
(Éditions Grasset & Fasquelle, Paris 2016)
© Éditions Grasset & Fasquelle
© der deutschsprachigen Ausgabe: 2018 dtv
Verlagsgesellschaft mbH & Co. KG, München
Illustrationen: Graph & Co

MIX
Papier | Fördert
gute Waldnutzung
FSC® C014496

Penguin Random House Verlagsgruppe FSC® N001967

Die Deutsche Nationalbibliothek verzeichnet diese Publikation
in der Deutschen Nationalbibliografie; detaillierte bibliografische Daten
sind im Internet unter http://dnb.d-nb.de abrufbar.

© dieser Ausgabe 2023, 2024 by Anaconda Verlag, einem Unternehmen
der Penguin Random House Verlagsgruppe GmbH,
Neumarkter Straße 28, 81673 München
Alle Rechte vorbehalten.
Umschlagmotiv: Science flat background, Kit8 d.o.o. / Adobe Stock
Umschlaggestaltung: www.katjaholst.de
Druck und Bindung: GGP Media GmbH, Pößneck
Printed in Germany
ISBN 978-3-7306-1326-9
www.anacondaverlag.de

Für das Team von *La tête au carré*, das mit mir
seit zehn Jahren bei Wind und Wetter durch die
Gewässer der Wissenschaft steuert ...

VORWORT

Seit zehn Jahren begrüße ich in meiner Radiosendung *La tête au carré* auf France Inter Wissenschaftler, die mit Präzision und Leidenschaft von ihrer Arbeit und ihrer Forschung erzählen. Sie berichten davon, was ihre Wissenschaft ausmacht und wie sich die Forschung jeden Tag weiterentwickelt. Meine täglichen Gespräche mit diesen Menschen waren und sind ganz besondere Begegnungen. Der Austausch mit den Forschern fasziniert mich und bereichert zugleich meine eigenen Überlegungen und meine Vorstellungswelt. Wissenschaft ist nichts Trockenes; sie steckt mitten in unser aller Leben.

Seit Beginn der Sendung führe ich ein Notizheft, in dem ich Bemerkungen und Beobachtungen festhalte. All das, was mich beeindruckt, amüsiert oder neugierig gemacht hat, schreibe ich dort auf. Die Auswahl daraus, die Sie nun in den Händen halten, soll Sie an diesen zehn leidenschaftlichen Jahren teilhaben lassen. Es lebe die Wissensrepublik. Es lebe die Wissenschaft.

DAS UNENDLICHE

Das Unendliche hat ein eigenes Symbol, die gestreckte und horizontal gedrehte Acht. Dieses Symbol wurde vom englischen Mathematiker John Wallis entworfen, der es zum ersten Mal in seinem Aufsatz *De sectionibus conicis* (1655) verwendete. Warum er zu diesem Zeichen griff, erläuterte er dabei nicht. Es lässt sich jedoch leicht erkennen, dass es sich um eine Kurve handelt, der man unendlich lang folgen kann, genau wie die Lemniskate, die der Schweizer Jakob Bernoulli etwa zur selben Zeit beschrieben hat und die ihr sehr ähnelt. Eine weitere Inspiration für dieses Symbol könnte die römische Zahl CIↃ sein, die der Zahl Tausend entspricht, oder auch das griechische Omega (Ω).

GUTEN TAG UND AUF WIEDERSEHEN

In jeder Sekunde sterben durchschnittlich 1,8 Menschen und es werden 4,4 Menschen geboren. Damit verlassen jeden Tag etwa 158 857 Menschen die Erde und es kommen 380 222 neu hinzu. Im Jahr wächst die Erdbevölkerung somit um rund 86 Millionen Menschen. Dieses Bevölkerungswachstum von derzeit 1,2 Prozent erlebte in den 1960er-Jahren seinen Höhepunkt und hat sich seitdem stets verlangsamt.

HAND AUFS HERZ ...
AUF DER RECHTEN SEITE

Es gibt Menschen, denen das Herz auf der rechten Seite schlägt; man spricht hierbei von einem *Situs inversus*. Bei diesem angeborenen Phänomen entwickeln sich schon im embryonalen Zustand die Organe spiegelverkehrt in Bezug auf die Rechts-Links-Achse. Das winzige menschliche Wesen, noch ein Embryo, das bis dahin vollkommen symmetrisch gewachsen ist, entdeckt während dieses wichtigen Entwicklungsschrittes, den man »Symmetriebruch« nennt, dass es rechts und links gibt. Sein Herz, das zu Beginn nur ein kleines Rohr war, teilt sich nun in zwei, dann in drei und schließlich in vier Kammern. Das Herz wird zu einem Organ mit zwei Hälften, die jeweils unterschiedliche Funktionen besitzen: Die rechte Hälfte des Herzens ist darauf spezialisiert, sauerstoffarmes Blut in Richtung der Lungen zu pumpen, wohingegen die linke Hälfte das mit Sauerstoff angereicherte Blut aus den Lungen aufnimmt und im gesamten Organismus verteilt. Es ist diese Bifunktionalität des Herzens, die mechanisch gesehen die Lageverschiebung auf eine Seite des Körpers mit sich bringt. So hat auch der linke Lungenflügel nur zwei Lungenlappen, der rechte hingegen drei.

EINE KURZE GESCHICHTE
DER ZEIT

JANUAR   FEBRUAR   MÄRZ

1. Januar:
Urknall

APRIL

AUGUST   JULI   JUNI   MAI

1. Mai:
Entstehung
der Milch-
straße

9. September:
Entstehung unseres
Sonnensystems

14. September:
Entstehung der
Erde

25. September:
Entstehung der
ältesten bekannten
Gesteine auf der
Erde

SEPTEMBER

2. Oktober:
Ursprung des Lebens auf der Erde

9. Oktober:
Die ältesten lebenden Organismen versteinern

OKTOBER

1. November:
Bei den Mikroorganismen tauchen
unterschiedliche Geschlechter auf

12. November:
Erste Zellen des Typs Eukaryoten
(mit Zellkern)

NOVEMBER

1. Dezember:
Entstehung einer sauerstoffhaltigen Erdatmosphäre

15. Dezember:
Kambrische Explosion

17. Dezember:
Erste Wirbellose

18. Dezember:
Ozeanisches Plankton und Trilobiten

19. Dezember:
Fische und erste Wirbeltiere

20. Dezember:
Erste Pflanzen auf festem Boden

21. Dezember: Das Silur: großflächige Ausbreitung der Landpflanzen

22. Dezember:
Erste Amphibien und fliegende Insekten

23. Dezember:
Erste Bäume und Reptilien

25. Dezember:
Entstehung der Dinosaurier

26. Dezember:
Erste Säugetiere

27. Dezember:
Erste Vögel

28. Dezember:
Beginn der Kreidezeit

30. Dezember:
Ende der Kreidezeit, Aussterben der Dinosaurier

31. Dezember:
12:00: Entstehung der Wale und Delfine sowie der Primaten
18:00: Entstehung der Riesensäugetiere
21:00: Entstehung des Australopithecus
23:50: Beherrschung des Feuers
23:56: Entstehung des Homo sapiens
23:58: Entstehung des Cro-Magnon-Menschen und der Bevölkerung Amerikas

31. Dezember um 23:59:
und 35 Sek.: Erfindung der Landwirtschaft
und 51 Sek.: Erfindung des Alphabets
und 56 Sek.: Geburt Jesu von Nazareth
und 57 Sek.: Geburt des Propheten Mohammed
und 58 Sek.: Kreuzzüge
und 59 Sek.: Epoche der Renaissance

WIR HABEN ALLE ETWAS VOM NEANDERTALER IN UNS

Erst seit 2010 wissen wir, dank eines ausführlichen Artikels internationaler Forscher in der Zeitschrift *Science*, dass unsere DNS einige Gene enthält, die wir vom Neandertaler geerbt haben. Wie viele Gene genau? Man schätzt, dass ein heutiger Europäer oder Asiat sich zwischen einem und drei Prozent des Genoms mit seinem Cousin teilt, der vor rund 30 000 Jahren verschwand. Dieser Anteil mag gering erscheinen, doch würde man alle Stückchen Neandertaler-DNS, die sich im Erbgut einzelner Individuen verstreut haben, wieder aneinanderfügen, so würde sich zeigen, dass insgesamt etwa 20 Prozent des Neandertalergenoms noch immer im modernen Menschen zu finden sind. Und was heißt das nun, dass wir Neandertalergene in uns tragen? Nun, der *Homo sapiens* und der *Homo neanderthalensis* haben wiederholte Male »das Lager geteilt«, im biblischen Sinne. Offenbar ist der *Homo sapiens* bei seiner Wanderung aus Afrika heraus Gruppen von Neandertalern begegnet, bevor er sich in der gesamten alten Welt verteilte. Das erklärt, weshalb die Völker Afrikas dieses genetische Erbe nicht vorweisen können: Es gab keine Begegnung zwischen ihren Vorfahren und ihrem eurasischen Cousin. Und worin besteht für alle anderen Menschen das Vermächtnis des Neandertalers? Grundsätzlich zeigt es sich in jenen Genen, die die Charakteristik der Haut beeinflussen. Das Neandertaler-Erbe findet sich zudem in den Genen, die man mit bestimmten Krankheiten in Verbindung bringt.

WIE SCHWER IST DIE MENSCHHEIT?

2012 haben es Forscher der London School of Hygiene and Tropical Medicine gewagt, das Gesamtgewicht der 4,6 Milliarden Erwachsenen auf der Erde zu schätzen. Insgesamt bringen wir 287 Millionen Tonnen auf die Waage, also rund 5500 Mal die Titanic. 15 Millionen dieser Tonnen verdanken wir dem Übergewicht (einem Body-Mass-Index zwischen 25 und 30), weitere 3,5 Millionen Tonnen der Adipositas (Body-Mass-Index über 30). Der Titel der durchschnittlich schwersten Bevölkerung geht an die US-Amerikaner. Wäre der Rest der Weltbevölkerung ebenso dick wie sie, würde sich die menschliche Biomasse um weitere 58 Millionen Tonnen erhöhen. Das entspräche zusätzlichen 935 Millionen Menschen auf unserem Planeten.

KING KONG HAT ES
WIRKLICH GEGEBEN

Name: Gigantopithecus
Größe: zwei bis drei Meter
Gewicht: 200 bis 500 Kilogramm
Hat vor einer Million Jahren auf der Erde gelebt

Dieser Primat ist zweifelsohne der größte Affe, der je auf der Erde gelebt hat. In einer im Januar 2016 in der Zeitschrift *Quaternary International* veröffentlichten Studie berichten Forscher des Senckenberg Centre for Human Evolution and Palaeoenvironment in Tübingen und des Senckenberg Forschungsinstituts in Frankfurt davon, dass sie vier Unterkiefer und Hunderte, wenn nicht gar Tausende von einzelnen Zähnen des riesigen Primaten gefunden hätten. Und aus einer Untersuchung des Zahnschmelzes konnten sie ableiten, dass der Affe sich vegetarisch ernährt haben muss.

Wie eine Art überdimensionierter Orang-Utan oder ein schwarzer Gorilla dürfte der Gigantopithecus ausschließlich in Wäldern gelebt haben.

Der King Kong des Pleistozän (einem Abschnitt in der Erdgeschichte, der vor etwa 2,58 Millionen Jahren begann und bis vor etwa 11700 Jahren andauerte) war aufgrund seiner Körpergröße auf ein riesiges Nahrungsangebot angewiesen. Veränderungen seiner Umwelt haben schließlich auch zum Aussterben des Affen geführt: Als sich sein Lebensraum, die bewaldeten Gebiete, nach und nach zur Savannenlandschaft entwickelte, fand der Gigantopithecus nicht mehr ausreichend Nahrung vor.

240 MILLIONEN JAHRE

So alt ist das älteste Fossil einer Fliege, das bis heute gefunden wurde: Eine Fliege, die sich zweifelsohne eines Tages auch einmal auf einem Dinosaurier niedergelassen hat …

UNTERSCHIEDE IN DER KÖRPERGRÖSSE DES MENSCHEN

Durchschnittliche Größe ausgewählter Bevölkerungen um 1960

Bevölkerung	Durchschnittsgröße in Zentimetern
Montenegriner	178
Engländer	173
Franzosen	170
Mbuti (Pygmäen)	137

Durchschnittliche Größe ausgewählter Bevölkerungen im Jahr 2016

Bevölkerung	Männer	Frauen	Alter
Australien	178,4 cm	166,9 cm	18–24 Jahre
Belgien	179,5 cm	168 cm	Erwachsene
Dänemark	182,1 cm	173,2 cm	
Deutschland	182,3 cm	173 cm	Erwachsene
Frankreich	175 cm	167 cm	Erwachsene
	176,1 cm	167,9 cm	16–25 Jahre
Griechenland	178 cm	171 cm	Erwachsene
Italien	175,2 cm	165,1 cm	
Japan	172,6 cm	162 cm	Erwachsene
Kanada	174 cm	167 cm	18–24 Jahre
Kroatien	182 cm	172 cm	
Luxemburg	179,1 cm	169,6 cm	15–25 Jahre
Montenegro	185,6 cm	174,3 cm	
Neuseeland	177 cm	166 cm	19–45 Jahre
Niederlande	184 cm	173,6 cm	21 Jahre
Norwegen	179,7 cm	170,9 cm	18–19 Jahre
Portugal	173,7 cm	165 cm	
Rumänien	172 cm	164 cm	Erwachsene
Schweden	181,1 cm	170,9 cm	16–24 Jahre

Schweiz	178,4 cm	168 cm	
Spanien	178,5 cm	167,3 cm	
Tonga	169,4 cm	156,2 cm	15–16 Jahre
Tschechien	178 cm	167,5 cm	
Türkei	175 cm	167,2 cm	
Ukraine	176,5 cm	168,5 cm	
USA	176,5 cm	167,6 cm	Erwachsene
	177,7 cm	168,1 cm	15–25 Jahre

DIE SAMENBANK DER GENIES

Robert Klark Graham, ein US-amerikanischer Geschäftsmann, der sein Vermögen mit bruchsicheren Brillengläsern aus Plastik gemacht hatte, gab 1982 bekannt, worin sein neues Ziel bestünde: in der krisengeschüttelten Gesellschaft »wieder ein gewisses Intelligenzniveau aufzubauen«. Zu diesem Zweck gründete er das Repository for Germinal Choice (etwa: Depot für Samenwahl), eine Samenbank, die ausschließlich Nobelpreisträgern vorbehalten war. Ohne sich dabei um ethische Fragen Gedanken zu machen, wollte Graham diese außergewöhnlichen Geschlechtszellen verwenden, um unfruchtbaren Paaren die Geburt von Kindern zu ermöglichen, die später selbst zu Genies würden. Die Jahre zogen ins Land, doch sein Aufruf zeigte nicht den erhofften Erfolg: Lediglich ein Nobelpreisträger war bereit, seinen Samen zu spenden, nämlich der Physiker William Shockley. Shockley war unter anderem für seine eugenischen Theorien und seine Auffassung bekannt, das Erbgut der Schwarzen sei dem der Weißen unterlegen. Graham war folglich gezwungen, seine Kriterien für die Samenbank aufzuweichen: Nun wurden alle Männer akzeptiert, die einen besonders hohen Intelligenzquotienten hatten und zudem am besten noch gut aussahen. Außerdem durften nun auch Medaillengewinner bei Olympischen Spielen ihren Samen spenden. Als 1999, zwei Jahre nach dem Tod ihres Gründers, die Samenbank geschlossen wurde, waren etwa 220 Babys mit den angeblich außergewöhnlichen Erbanlagen gezeugt worden. Diese Kinder sind heute Jugendliche oder junge Erwachsene, und es ist einer Handvoll US-Journalisten gelungen, einige von ihnen aufzuspüren. Nun, wurden sie denn zu würdigen Erben ihrer illustren Erzeuger? Die Journalisten fanden einen Dachdecker, einen Schauspieler, der in zweitklassigen Fernsehserien mitspielt, sowie einen jungen Mann, der Yoga unterrichtet ... Diese Bestenliste scheint weit entfernt von dem Ziel zu sein, das Robert Graham sich gesteckt hatte, nämlich jene Menschen in die Welt zu bringen, die ein Heilmittel gegen Krebs finden könnten. Und das ist wohl auch nicht ganz schlecht so.

PANDEMIE DER FETTLEIBIGKEIT

Derzeit sind, laut einer im April 2016 in der Zeitschrift *Lancet* erschienenen Studie, rund 650 Millionen Erwachsene auf der Welt fettleibig, was rund 13 Prozent der erwachsenen Bevölkerung entspricht.

Es lässt sich schlussfolgern, dass der Anteil der übergewichtigen Menschen bis 2025 auf 20 Prozent steigen wird, sollte die Fettleibigkeit in gleichem Maße zunehmen wie bisher. Damit wären 18 Prozent der Männer und 21 Prozent der Frauen auf der Welt fettleibig.

Als fettleibig wird nach den Kriterien der Weltgesundheitsorganisation (WHO) derjenige bezeichnet, dessen Body-Mass-Index (BMI, der ein Verhältnis zwischen Gewicht und Größe herstellt) über 30 Kilogramm/m² beträgt.

RELATIVITÄT DER ZEIT

Hier ein menschliches Leben von 90 Jahren, dargestellt in Jahren:

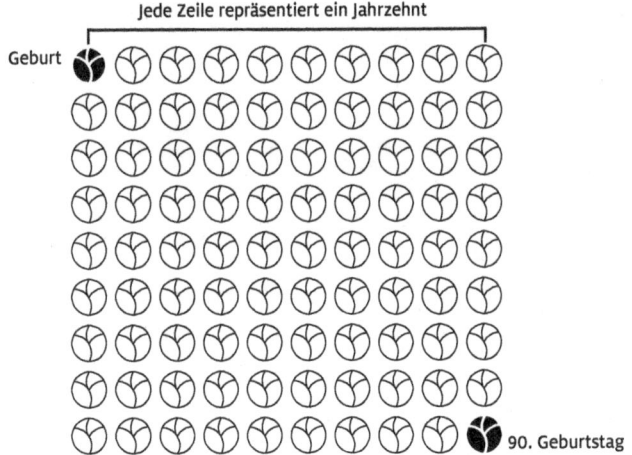

Und hier nun dasselbe Leben, dargestellt in Wochen:

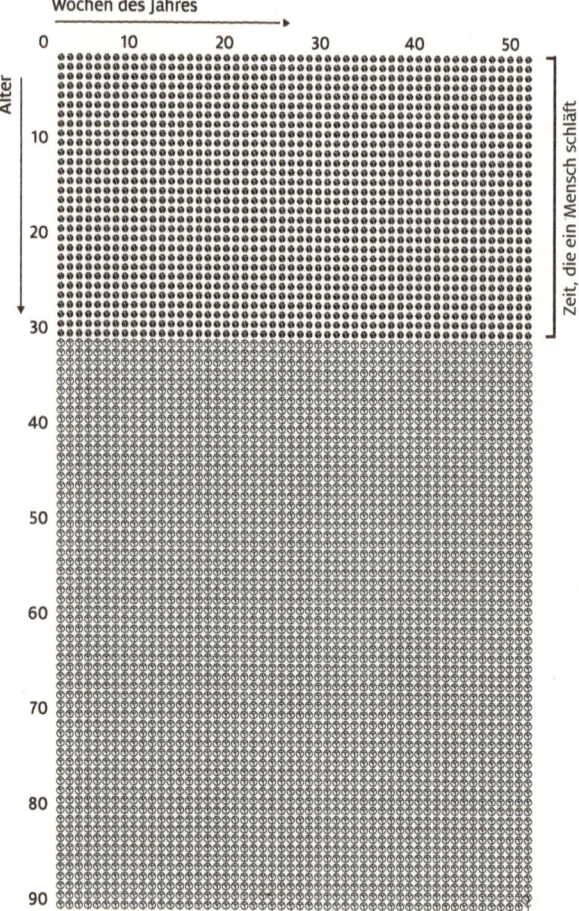

Mit 90 Jahren hat ein Mensch etwa 30 Jahre seines Lebens mit Schlafen verbracht und zwischen sieben und acht Jahre mit Träumen.

Arten, die nach berühmten Persönlichkeiten
benannt wurden

Fast täglich werden neue Tier- und Pflanzenarten entdeckt, und nachdem man die neue Art beschrieben und klassifiziert hat, gehört es sich auch, sie zu taufen. Der Name kann dabei Bezug nehmen auf einige ihrer körperlichen Charakteristika, auf den Ort ihres Vorkommens oder auch auf den Wissenschaftler, der sie zuerst aufgespürt hat. Doch hin und wieder nutzen Biologen auch die Gelegenheit, eine bereits verstorbene oder noch lebende Persönlichkeit, die die Entdecker besonders inspiriert hat, mit der Namensgebung zu ehren. Diese Ehrung kann mit den Umständen zusammenhängen (wenn sie sich beispielsweise an eine politische Führungsfigur richtet), etwas mit der Ähnlichkeit zu tun haben (so besitzt die Fliege Beyoncé ein »vorspringendes Hinterteil« sowie einen goldenen Bauch) oder auch nur als Scherz gemeint sein. Hier nun eine unvollständige Liste mit Arten, deren Taxonomie auf Prominente zurückgeht:

geehrte Persönlichkeit(en)	Gattung oder Art	Typus	Bemerkung
Albert I. von Monaco	*Grimaldichthys profondissimus*	Fisch	Das Adelsgeschlecht der Grimaldi regiert das Fürstentum Monaco.
Paul Allen (Mitgründer von Microsoft)	*Eristalis alleni*	Fliege	
Attila	*Crocidura attila*	Spitzmaus	
Johann Sebastian Bach	*Bachiana*	Wespe	
The Beatles	*Greeffiella beatlei*	Fadenwurm	
Ludwig van Beethoven	*Gnathia beethoveni*	Krebstier	

Peter Benchley (Autor von *Der weiße Hai*)	*Etmopterus benchleyi*	Hai	
Beyoncé	*Scaptia beyonceae*	Fliege	Der Insektenkundler Bryan Lessard, der dieser Pferdebremse 2012 ihren Namen gab, führte als Grund an, das Insekt habe ein »vorspringendes Hinterteil« und »goldene Haare auf dem Unterleib«.
Bono (U2)	*Aptostichus bonoi*	Spinne	Die Spinne lebt im Nationalpark Joshua Tree (USA) und wurde zu Ehren des U2-Albums *The Joshua Tree* (1987) so benannt.
David Bowie	*Heteropoda davidbowie*	Spinne	
James Brown	*Funkotriplogynium iagobadius*	Milbe	Das lateinische *iago* entspricht dem Namen James und *badius* heißt braun (engl. brown).
Buddha	*Buddhaites*	Ammonit (ausgestorbene Teilgruppe der Kopffüßer)	
George W. Bush	*Agathidium bushi*	Schwammkugelkäfer	
Caligula	*Caligula*	Motte	
James Cameron	*Pristimantis jamescameroni*	Frosch	
Giacomo Casanova	*Cyclocephala casanova*	Käfer	
Johnny Cash	*Aphonopelma johnnycashi*	Spinne (Vogelspinne)	
Paul Cézanne	*Pseudoparamys cezannei*	ausgestorbenes Nagetier	
Charlie Chaplin	*Campsicnemus charliechaplini*	Fliege	
Prinz Charles	*Hyloscirtus princecharlesi*	Frosch	
Noam Chomsky	*Megachile chomskyi*	Biene	
Frédéric Chopin	*Fernandocrambus chopinellus*	Motte	

Nikita Chruschtschow	*Khruschevia ridicula*	Wurm	Wurde vom US-amerikanischen Paläontologen Rousseau H. Flower als verdeckte Demütigung so getauft.
Petula Clark (Schauspielerin)	*Petula*	Motte	
John Cleese (Monty Python)	*Avahi cleesei*	Lemur	
Bill Clinton	*Etheostoma clinton*	Springbarsch	

Doch auch fiktionale Persönlichkeiten haben Biologen bei der Namensgebung inspiriert. Eine Haiart trägt den Namen *Iago*, womit auf die gleichnamige, Unheil bringende Figur aus *Othello* angespielt wird. Die hawaiianische Spinne *Tetragnatha quasimodo* wurde im Angedenken an den Buckligen von Notre-Dame so getauft. Eine Art der Gattung *Han* (Trilobiten) hat den Namen *Han solo* erhalten, eine Referenz auf die Figur aus *Star Wars*. Überhaupt hat diese Kino-Saga noch zu weiteren Namensgebungen inspiriert: Eine australische Milbe (*Darthvaderum*), ein Eichelwurm im Atlantik (*Yoda purpurata*), eine besonders behaarte Wespe (*Polemistus chewbacca*), ein Harnischwels (*Peckoltia greedoi*) sowie ein Käfer (*Trigonopterus chewbacca*) verdanken ihre Namen diesen Kinofilmen. Sogar SpongeBob Schwammkopf war Taufpate, zwar nicht für einen Schwamm, zumindest aber für einen Pilz mit schwammartigem Aussehen: den *Spongiforma squarepantsii* (denn im US-amerikanischen Original heißt die Zeichentrickserie *SpongeBob SquarePants*).

TRAGEZEIT

Die Dauer der Schwangerschaft bei weiblichen Lebendgebärenden entspricht der Zeit, die zwischen der Befruchtung und der Geburt des Nachwuchses verstreicht.

- Hamster: 16 Tage
- Maus: 21 Tage
- Ratte: 21 bis 24 Tage
- Hase: 28 bis 31 Tage
- Murmeltier: 1 Monat
- Wiesel: 35 Tage
- Koala: 35 Tage
- Frettchen: 42 Tage
- Fuchs: 7 bis 8 Wochen
- Hund: 59 bis 63 Tage
- Katze: 60 bis 65 Tage
- Wolf: 61 bis 63 Tage
- Meerschweinchen: 72 Tage
- Biber: etwas mehr als 100 Tage
- Leopard: 13 bis 15 Wochen
- Tiger: 105 Tage
- Löwe: 110 Tage
- Schwein und Wildschwein: 115 Tage
- Schaf: 146 bis 158 Tage
- Ziege: 150 Tage
- Eisbär: 5 Monate
- Braunbär: 7,5 Monate
- Gorilla: 250 bis 270 Tage
- Hirsch: 6 bis 9 Monate
- Mensch: 273 Tage (9 Monate)
- Kuh: 280 Tage
- Reh: 280 Tage
- Seehund: 9,5 bis 11 Monate
- Blauwal: 336 Tage
- Pferd: 320 bis 360 Tage
- Esel: 365 Tage
- Buckelwal: 365 Tage
- Großer Tümmler: 365 Tage
- Zebra: 375 Tage
- Giraffe: 427 bis 457 Tage
- Walross: 460 Tage
- Schwertwal: 547 bis 550 Tage
- Elefant: 600 bis 660 Tage

DEN »WEISSEN MANN« GIBT ES ERST SEIT 8000 JAHREN

Unsere Spezies, der *Homo sapiens*, ist vor etwa 200 000 Jahren in Afrika aufgetaucht, von wo aus sie sich anschließend über alle Kontinente ausgebreitet hat. Man weiß, dass die ersten Menschen, die vor 40 000 Jahren nach Europa kamen, schwarze Haut hatten. US-amerikanische Anthropologen veröffentlichten 2015 ihre Vermutung, wonach die weiße Haut eine physiologische Eigenschaft sei, die wesentlich jünger ist, als weithin angenommen. Ihre Untersuchung ergab, dass die Gruppen von Jägern und Sammlern, die sich vor 8500 Jahren in den Gebieten des heutigen Spanien, Luxemburgs und Ungarns niedergelassen haben, ebenfalls noch eine pigmentierte Haut hatten. Die US-Forscher erklärten, erst seit dem 6. Jahrhundert vor unserer Zeitrechnung habe die Haut angefangen, sich aufzuhellen. Dieses Ausbleichen hängt mit der Anpassung an die Sonne zusammen, die in den gemäßigten Zonen weitaus weniger scheint als in der Nähe des Äquators: Je weniger Melanin die Haut enthält, umso mehr Vitamin D kann sie aufnehmen. Dieser Stoff ist für die Gesundheit der Knochen entscheidend.

DAS PERIODENSYSTEM DER ELEMENTE

Die periodische Klassifizierung der Elemente, auch Mendelejew-Periodensystem genannt, nach dem Namen des russischen Chemikers Dmitri Mendelejew, der diese Tabelle 1869 als Erster aufstellte, fasst auf systematische Weise alle bislang bekannten

Elemente zusammen. Diese werden nach ihrer Ordnungszahl sortiert aufgeführt. Der Atomkern eines Elements kann folgendermaßen schematisch beschrieben werden: Er besteht aus einer Ansammlung von Protonen (Teilchen, die positiv elektrisch geladen sind) und Neutronen (Teilchen, die elektrisch ungeladen sind), die von einer Wolke aus Elektronen umgeben ist, also Teilchen mit negativer elektrischer Ladung. Die Ordnungszahl eines Elements entspricht der Zahl seiner Protonen, aber auch seiner Elektronen, denn diese ist genauso hoch (ansonsten befände sich das Element nicht in einem elektrisch neutralen Zustand).

Die siebte und letzte Zeile des Periodensystems wurde offiziell am 30. Dezember 2015 ausgefüllt, als die International Union of Pure and Applied Chemistry (IUPAC) die Entdeckung der vier fehlenden Elemente anerkannte. Diese sind in den letzten zehn Jahren von russisch-US-amerikanischen Teams (Elemente 115, 117 und 118) sowie einer japanischen Forschergruppe (Element 113) künstlich im Labor hergestellt worden. Diese neuen, künstlichen Elemente gelten als »superschwer«, da sie sehr viele Protonen in ihrem Kern besitzen. Nach ihrer Entdeckung und Anerkennung als Elemente wurde den Forschern im Jahr 2016 dann die Ehre zuteil, den Elementen einen Namen geben zu dürfen. Die Geschichte des Periodensystems ist damit allerdings noch nicht zu Ende: Die Forscher machen sich bereits daran, die achte Zeile der Tabelle, die dann mit dem Element 119 beginnen wird, zu schreiben. Die Erzeugung dieser Stoffe ist jedoch keine Alltagsaufgabe, denn hierfür müssen die an sich schon schweren Elemente mit Milliarden und Abermilliarden von etwas leichteren Elementen beschossen werden. Neue technische Apparaturen dürften diese Meisterleistung in den kommenden zehn Jahren wohl möglich machen.

1 IA	2 IIA	3 IIIB	4 IVB	5 VB	6 VIB	7 VIIB	8 VIIIB	9 VIIIB	10 VIIIB	11 IB	12 IIB	13 IIIA	14 IVA	15 VA	16 VIA	17 VIIA	18 VIIIA
Wasserstoff 1 H																	Helium 2 He
Lithium 3 Li	Beryllium 4 Be											Bor 5 B	Kohlenstoff 6 C	Stickstoff 7 N	Sauerstoff 8 O	Fluor 9 F	Neon 10 Ne
Natrium 11 Na	Magnesium 12 Mg											Aluminium 13 Al	Silicium 14 Si	Phosphor 15 P	Schwefel 16 S	Chlor 17 Cl	Argon 18 Ar
Kalium 19 K	Calcium 20 Ca	Scandium 21 Sc	Titan 22 Ti	Vanadium 23 V	Chrom 24 Cr	Mangan 25 Mn	Eisen 26 Fe	Kobalt 27 Co	Nickel 28 Ni	Kupfer 29 Cu	Zink 30 Zn	Gallium 31 Ga	Germanium 32 Ge	Arsen 33 As	Selen 34 Se	Brom 35 Br	Krypton 36 Kr
Rubidium 37 Rb	Strontium 38 Sr	Yttrium 39 Y	Zirconium 40 Zr	Niob 41 Nb	Molybdän 42 Mo	Technetium 43 Tc	Ruthenium 44 Ru	Rhodium 45 Rh	Palladium 46 Pd	Silber 47 Ag	Cadmium 48 Cd	Indium 49 In	Zinn 50 Sn	Antimon 51 Sb	Tellur 52 Te	Iod 53 I	Xenon 54 Xe
Caesium 55 Cs	Barium 56 Ba	Lanthanoide 57-71 La–Lu	Hafnium 72 Hf	Tantal 73 Ta	Wolfram 74 W	Rhenium 75 Re	Osmium 76 Os	Iridium 77 Ir	Platin 78 Pt	Gold 79 Au	Quecksilber 80 Hg	Thallium 81 Tl	Blei 82 Pb	Wismut 83 Bi	Polonium 84 Po	Astat 85 At	Radon 86 Rn
Francium 87 Fr	Radium 88 Ra	Actinoide 89-103 Ac–Lr	Rutherfordium 104 Rf	Dubnium 105 Db	Seaborgium 106 Sg	Bohrium 107 Bh	Hassium 108 Hs	Meitnerium 109 Mt	Darmstadtium 110 Ds	Roentgenium 111 Rg	Copernicium 112 Cn	Nihonium 113 Nh	Flerovium 114 Fl	Moscovium 115 Mc	Livermorium 116 Lv	Tennessine 117 Ts	Oganesson 118 Og

Lanthan 57 La	Cer 58 Ce	Praseodym 59 Pr	Neodym 60 Nd	Promethium 61 Pm	Samarium 62 Sm	Europium 63 Eu	Gadolinium 64 Gd	Terbium 65 Tb	Dysprosium 66 Dy	Holmium 67 Ho	Erbium 68 Er	Thulium 69 Tm	Ytterbium 70 Yb	Lutetium 71 Lu
Actinium 89 Ac	Thorium 90 Th	Protactinium 91 Pa	Uran 92 U	Neptunium 93 Np	Plutonium 94 Pu	Americium 95 Am	Curium 96 Cm	Berkelium 97 Bk	Californium 98 Cf	Einsteinium 99 Es	Fermium 100 Fm	Mendelevium 101 Md	Nobelium 102 No	Lawrencium 103 Lr

WENN ZWEI SEKUNDEN VERSTRICHEN SIND ...

... sind 9800 Kilogramm Fisch aus den Meeren der Welt geholt worden. Das sind 154 Millionen Tonnen jedes Jahr. Geht es so weiter, wird 2048 der letzte essbare Fisch aus unseren Ozeanen gefangen werden. Diese alarmierende Berechnung stammt aus einer Studie US-amerikanischer und kanadischer Forscher, die 2006 in der Zeitschrift *Science* erschienen ist. Die Autoren beschreiben, dass noch vor der Mitte dieses Jahrhunderts fast alle Fische und Krebstiere, die wir als Nahrung nutzen, verschwunden sein könnten, wenn der Mensch die maritimen Ressourcen weiterhin in dem Maße ausbeutet, wie er es heute tut. Der Kabeljau im Nordatlantik ist bereits derart überfischt, dass sich die Art wohl nicht mehr erholen wird und schon jetzt als fast ausgestorben gelten kann. Diese verhängnisvolle Vorhersage in der Zeitschrift *Science* wird von einem Bericht des Umweltprogramms der Vereinten Nationen (UNEP) aus dem Jahr 2008 gestützt. Danach würde das Verschwinden der Fische nicht nur unseren Speiseplan ärmer machen. Eine derartige Ausrottung würde das gesamte Ökosystem unseres Planeten aus dem Gleichgewicht bringen. Die Wissenschaftler hoffen darauf, dass die Staaten und Fischer sich dieser Gefahr rasch bewusst werden. 2012, so hat es die Welternährungsorganisation der Vereinten Nationen (FAO) berechnet, waren 87 Prozent der wild lebenden Fische übermäßig ausgebeutet.

WAS IST EIN PLANET?

Um als Planet zu gelten, muss ein Himmelskörper laut der 2006 von der Internationalen Astronomischen Union (IAU) verabschiedeten Vereinbarung folgende drei Kriterien erfüllen:

1) Er muss sich auf einer Umlaufbahn um seinen Stern bewegen.	2) Er muss genügend Masse besitzen, um eine Kugelform angenommen zu haben.	3) Er muss die nähere Umgebung seiner Umlaufbahn bereinigt haben.

Es ist dieses letzte Kriterium, das dafür gesorgt hat, dass Pluto heute nicht mehr als Planet gilt. Denn es besagt, dass der Himmelskörper aus seiner Umgebung all jene Objekte geräumt haben muss, die annähernd ebenso groß sind wie er selbst. Nun haben Astronomen jedoch seit dem Jahr 2000 eine ganze Reihe, genauer gesagt mehrere Tausend solch kleinerer Objekte in der Umlaufbahn des Pluto entdeckt. Folglich wurde Pluto in die Klasse der Zwergplaneten zurückgestuft, eine Bezeichnung, die er sich beispielsweise mit Ceres, Haumea, Makemake oder Eris teilt.

EXOPLANETEN

Exoplaneten sind Planeten, die sich außerhalb unseres Sonnensystems befinden, irgendwo im Rest des Universums. Dass es sie gibt, vermutet man schon lange: Bereits im 16. Jahrhundert spekulierte man über Exoplaneten, doch musste die Forschung bis in die 1990er-Jahre warten, um die ersten Exemplare auch direkt beobachten zu können.

Am 6. Oktober 1995 gaben Michel Mayor und Didier Queloz vom Observatorium Genf bekannt, sie hätten 51 Pegasi b entdeckt, einen Planeten, der sich um den Stern Helvetios dreht. Helvetios ist rund 51 Lichtjahre von unserer Sonne entfernt. Das Forscherteam konnte seiner eigenen Beobachtung von 51 Pegasi b zunächst nicht glauben, da dieser Exoplanet wie Jupiter ein Gasriese ist und ungewöhnlich nah um seinen Stern kreist. Er dreht sich auf seiner Umlaufbahn in nur 4,2 Tagen um Helvetios – dabei war man aufgrund dessen, was wir von unserem Sonnensystem wissen, überzeugt, ein Planet dieser Art brauche für eine vollständige Umrundung mindestens zehn Jahre. Nachdem seine Existenz jedoch bestätigt worden war, haben Astronomen einen neuen Planetentypen in ihre Nomenklatur aufgenommen, die »Hot Jupiter«. Die derzeit gängige Hypothese besagt, 51 Pegasi b habe sich weit entfernt von seinem Stern gebildet, sich diesem aber anschließend immer weiter angenähert.

Rund 20 Jahre später, im Jahr 2016, waren bereits mehr als 3500 Exoplaneten bekannt und Tausende weitere Objekte warten noch darauf, endgültig klassifiziert zu werden. Darunter befinden sich ganz unterschiedliche Himmelskörper: Die Liste enthält Gasriesen, erdähnliche Planeten oder auch Ozeanplaneten (vermutete Zwillingsplaneten zur Erde, bei denen es jedoch noch nicht gelungen ist, mit Sicherheit zu bestimmen, ob sie wirklich mit Wasser bedeckt sind). Einige dieser Objekte haben eine ganz ähnliche Größe wie unser Planet. Man hat auch eine Reihe Himmelskörper beobachtet, die eine deutlich höhere Masse besitzen als Jupiter, sogenannte Super-Jupiter, die an der Grenze zwischen Planet und Stern kratzen. Die Grenzen, die man bei der Klassifizierung von Zwergplaneten setzt (hier zieht man eine Linie zwischen Pluto und einem großen Asteroid), sind ähnlich fließend wie die bei den massereichen Himmelskörpern, weshalb auch heute noch immer Verwechslungen zwischen einem Braunen Zwerg und einem Gasriesen vorkommen.

Bis heute wurde jedoch noch kein solches Exoplaneten-System in der Nähe unseres Sonnensystems entdeckt. Diejenigen, die man gefunden hat, umfassen sehr viele Planeten, die sehr eng zusammenstehen und deren Umlaufbahnen sehr viel elliptischer sind. Könnte man unser Sonnensystem von oben betrachten, würden im Vergleich dazu die Umlaufbahnen sehr viel kreisförmiger wirken. Außerdem umkreisen sich die Planeten in unserem Sonnensystem mit deutlich größerem Abstand. Astronomen erhoffen sich vom Satelliten *Gaia*, der 2013 ins Weltall geschossen wurde, in Kürze neue Erkenntnisse zu Exoplaneten.

BREAKING NEWS: EXOPLANETEN

Im April 2016 wurde klar: Der erste wissenschaftliche Beleg dafür, dass es Exoplaneten gibt, stammt aus dem Jahr 1917. Mit anderen Worten: Er ist 78 Jahre älter als die angenommene Entdeckung von 1995. Ein Schock! Londoner Forscher haben die Foto-Archive des Carnegie-Observatoriums neu untersucht und auf einer alten Fotoplatte aus Glas die eindeutige Spur einer Anomalie gefunden, wie sie für einen (oder mehrere) Exoplaneten auf der Umlaufbahn um einen Weißen Zwerg charakteristisch ist. In einer Zeit, in der das Wissen über diese massiven Gestirne noch sehr beschränkt war, konnte man diesen Hinweis jedoch nicht richtig interpretieren.

BEDROHTE ARTEN

Die Weltnaturschutzunion (IUCN, International Union for Conservation of Nature) gehört zu den weltweit wichtigsten Nichtregierungsorganisationen, die sich dem Schutz der Umwelt verschrieben haben. Die IUCN wurde 1948 gegründet und hat ihren Sitz im schweizerischen Gland. Seit 1964 führt sie die Rote Liste gefährdeter Arten, die umfassendste Liste, die Auskunft über den Zustand bedrohter Tier- und Pflanzenarten gibt. Die Arten werden dabei in neun Kategorien aufgeteilt:

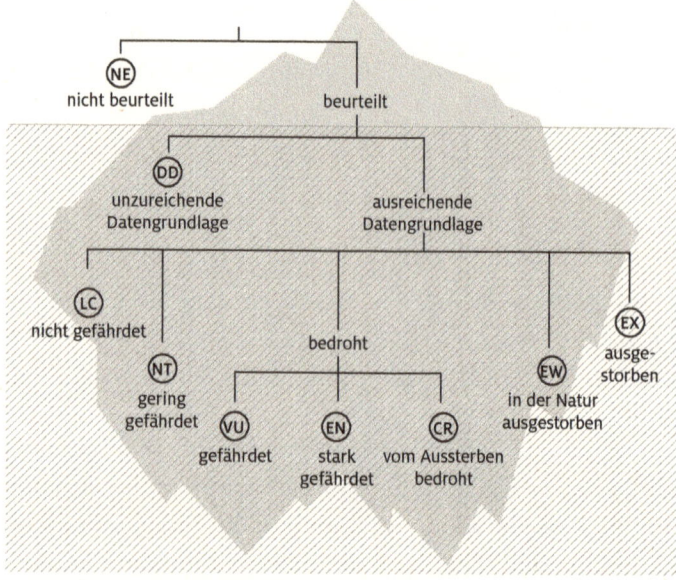

- ausgestorbene Art
- Art ist in der Natur ausgestorben und kommt nur noch in Gefangenschaft vor

- drei Kategorien von Tieren, die vom Aussterben bedroht sind:
  - vom Aussterben bedroht, extrem hohes Risiko des Aussterbens
  - stark gefährdet
  - gefährdet
- gering gefährdet
- nicht gefährdet
- unzureichende Datengrundlage
- nicht beurteilt

Jede Kategorie wird durch quantitative Kriterien vervollständigt, mit denen die Art des Risikos genauer gekennzeichnet wird. Die Gefahr des Aussterbens wird anhand von fünf Hauptkriterien beurteilt:

1. Rückgangsrate und zeitliche Länge des Rückgangs
2. Populationsgröße, Anzahl der fortpflanzungsfähigen Individuen
3. geografische Verbreitung, lückenhaftes Verbreitungsgebiet
4. Fortpflanzungsrate und Generationslänge
5. Fragmentierung

Von den 1,7 Millionen bekannten Arten der Erde waren im Jahr 2015 etwa 80 000 nach diesen Kriterien beurteilt. Die Weltnaturschutzunion konzentriert sich dabei auf jene Arten, deren Aussterben am offensichtlichsten zu beobachten ist. 41 Prozent der Amphibien, 13 Prozent der Vögel und 25 Prozent der Säugetiere weltweit gelten als vom Aussterben bedroht. Das trifft auch auf 31 Prozent der Hai- und Rochenarten, 33 Prozent der Korallenriffe und auf 34 Prozent der Nadelbäume zu.

Die Weltnaturschutzunion IUCN stellte 2012 zusammen mit der Zoological Society of London eine Liste der einhundert am stärksten vom Aussterben bedrohten Arten auf. Eine derartige Liste kann nicht jedes Jahr aktualisiert werden, weil es für die IUCN sehr schwer ist, den Grad der Gefährdung für jede einzelne Art genau zu bestimmen und damit festzulegen, welche dieser Arten einen Schutzstatus verliehen bekommt. Hier nun also die Liste, die unter dem provozierenden Titel *Priceless or Worthless?* (»Ohne Preis oder ohne Wert?«) veröffentlicht wurde.

Typus	Art	Trivialname / Beschreibung	geografische Verbreitung	geschätzte Population	Art der Bedrohung
Pflanze	*Abies beshanzuensis*	Tanne aus Baishanzu	Berg Baishanzu bei Zhejiang, China	5 erwachsene Bäume	Landwirtschaft und Waldbrände
Insekt	*Actinote zikani*	Edelfalter aus der Ordnung der Schmetterlinge	bei São Paulo, atlantischer Regenwald, Brasilien	unbekannt	Verlust des Lebensraums durch menschliche Zerstörung
Reptil	*Aipysurus foliosquama*	aus der Familie der Seeschlangen	Ashmore- und Hibernia-Riff, Timorsee, Australien	unbekannt	vermutlich Rückgang des Lebensraums Korallenriff
Insekt	*Amanipodagrion gilliesi*	orangefarbene Libelle	Amani-Sigi-Wald, Usambara-Berge, Tansania	< 500 Exemplare	kleine Population und Wasserverschmutzung
Vogel	*Antilophia bokermanni*	Araripepipra	Capada do Araripe, im Süden des Bundesstaates Ceará, Brasilien	779 Exemplare	Ausbreitung der Landwirtschaft, Errichtung von Freizeitparks und das Umkippen von Gewässern

Insekt	*Antisolabis seychellensis*	Seychellen-Ohrwurm	Morne Blanc, Insel Mahé, Seychellen	unbekannt	invasive Pflanzen und Klimawandel
Fisch	*Aphanius transgrediens*	aus der Ordnung der Zahnkärpflinge	Bergquellen im Südosten des Acıgöl-Sees, Türkei	einige hundert Paare	Verdrängung durch und Beutetier von Gambusen sowie der Bau von Straßen
Wirbeltier	*Aproteles bulmerae*	Bulmer-Nacktrückenflughund	Luplupwintern Cave, Western Province, Papua-Neuguinea	etwa 150 Exemplare	Jagd und Störung der Höhle
Vogel	*Ardea insignis*	Kaiserreiher	Bhutan, Nordostindien und Nordostmyanmar	70 bis 400 Exemplare	Bau von Staudämmen für die Gewinnung von Wasserkraft
Vogel	*Ardeotis nigriceps*	indische oder Hindutrappe	indische Bundesstaaten Rajasthan, Gujarat, Maharashtra, Andhra Pradesh, Karnataka, Madhya Pradesh	50 bis 249 erwachsene Exemplare	Ausbreitung der Landwirtschaft
Reptil	*Astrochelys yniphora*	Madagassische Schnabelbrustschildkröte	Region rund um die Bucht von Baly im Nordwesten Madagaskars	440 bis 770 Exemplare	werden für den internationalen Handel mit Haustieren eingesammelt
Amphibie	*Atelopus balios*	aus der Gattung der Stummelfußfrösche	Provinzen Azuay, Cañar und Guayas im Südwesten Ecuadors	unbekannt	Infektionskrankheit (Chytridiomykose), Zerstörung des Habitats sowie Ausbreitung der Landwirtschaft
Vogel	*Aythya innotata*	Madagaskar-Moorente	Vulkanseen im Norden von Bealanana, Madagaskar	etwa 20 erwachsene Fxemplare	Landwirtschaft, Fischerei und Jagd sowie invasive Fischarten
Fisch	*Azurina eupalama*	Galápagos-Riffbarsch	unbekannt	unbekannt	Klimawandel und Veränderungen der Ozeane nach dem El Niño-Phänomen 1982–1983

HYPOCHONDRIE

Der Begriff Hypochondrie kommt vom griechischen *hypo kondrios*, was »unter den Knorpeln« bedeutet. Hippokrates hatte diesen Ausdruck geprägt, um damit jene Körperregion oberhalb des Bauches und unterhalb der Rippen zu bezeichnen, die man auch heute noch das Hypochondrium nennt. Im rechten Teil des Hypochondriums befinden sich der Großteil der Leber und die Gallenblase, im linken der Magen und das querverlaufende Kolon, ein Teil des Dickdarms. Hier können also leicht Schmerzen aller Art auftreten. Und da es unmöglich ist, all diese Organe direkt zu betasten, galten in einer Zeit, in der die medizinischen Kenntnisse sehr beschränkt waren, Schmerzen in dieser Region als rätselhaft. Im 16. Jahrhundert begann man von einer »hypochondrischen Melancholie« zu sprechen, wenn sich Patienten ohne Unterlass über Schmerzen oberhalb des Bauches beklagten: Da die Mediziner häufig wegen der knochigen und knorpeligen Umgebung nichts feststellen konnten, schlossen sie auf eine eingebildete Krankheit. Heute gilt als Hypochondrie die Angst und exzessive Unruhe bezüglich der eigenen Gesundheit. Dieses Symptom zeigt sich etwa, wenn der Betroffene obsessiv und unzureichend informiert auf seinen eigenen Körper horcht, was dazu führen kann, dass er bei sich selbst die schlimmsten Krankheiten diagnostiziert. Jules Cotard, ein Neurologe des 19. Jahrhunderts, beschreibt in diesem Zusammenhang auch ein widersprüchliches Verhältnis zum Arzt, der »von einem Kranken um Rat gefragt und zugleich abgelehnt wird, da [der Patient] ganz allein das Geheimnis seiner Krankheit kennt und über das Wissen zu dessen Heilung verfügt«. Eine echte Hypochondrie definiert sich anhand fester Kriterien, die diese schwere psychische Störung beschreiben: Die Angstzustände müssen seit mindestens sechs Monaten andauern, sich durch Panikanfälle ausdrücken und auch dann noch bestehen bleiben, wenn entsprechende entwarnende medizinische Untersuchungsergebnisse vorliegen. Doch im Grunde unterliegen wir alle gewissen hypochondrischen Befürchtungen, mal mehr, mal weniger schwer. Denn die Hypochondrie verweist im Grunde lediglich auf eine der verbreitetsten Ängste: die vor dem Tod. Oder wie es Woody Allen formulierte, einer der berühmtesten Hypochonder: »Solange der Mensch sterblich ist, wird er sich niemals vollständig entspannen können.«

KRANK WERDEN DURCH KRANK SEIN

In Frankreich nehmen mehr als 90 Prozent der Über-Achtzigjährigen im Durchschnitt mehr als zehn verschiedene Medikamente am Tag ein. Das ergab 2013 eine Untersuchung des Georges-Pompidou-Krankenhauses in Paris. Für Deutschland schätzt das Bundesministerium für Bildung und Forschung, dass jeder Über-Achtzigjährige täglich vier bis fünf Arzneimittel zu sich nimmt, eventuell sogar mehr.

Dieser Arzneikonsum birgt Risiken: Ab einem Alter von 65 Jahren verläuft die Ausscheidung dieser Medikamente deutlich langsamer, und der Organismus ist insgesamt anfälliger. Zudem verdoppelt sich in diesem Alter die Anzahl der Nebenwirkungen und sie sind zudem deutlich schwerwiegender!

DER IDEALE WINKEL ZUM HINFLÄZEN

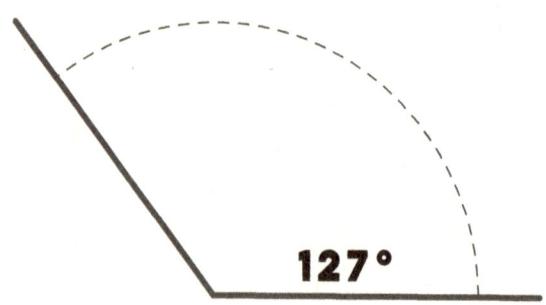

127°

Im Zuge ihrer Untersuchungen von Astronauten in Schwerelosigkeit hat die US-Raumfahrtbehörde NASA einen »Null-Gravitationswinkel« festgelegt. Es ist genau dieser Winkel, den unser Oberkörper und unsere Hüfte bilden, wenn wir uns auf ein Sofa oder einen Liegestuhl fallenlassen. In dieser Haltung wird die Muskelanspannung auf die Wirbelsäule reduziert, was bis zu 60 Prozent unseres Körpergewichts von ihr nimmt. Exakt in diesem Winkel sind die Rückenlehnen von Stühlen angebracht, die bei der Krankengymnastik eingesetzt werden, oder auch die Lehnen der Sitze in der Business Class.

KALKSTEINE ZÄHLEN

Das Wort »kalkulieren« stammt von *calculus*, dem lateinischen Wort für (Kalk-)Stein. Warum? Weil kleine Steine zu den ersten Dingen gehörten, mit denen der Mensch arithmetische Einheiten dinglich gemacht hat. Man hat Steinchen hin und her geschoben, um einfache Rechenoperationen wie Addition oder Subtraktion durchzuführen. Die ältesten archäologischen Beweise für diese Praxis stammen mindestens aus dem Jahr 1500 v. Chr.: Man hat unter anderem den Geldbeutel eines Hirten aus Mesopotamien gefunden, in dem sich 48 Steinchen befanden. So viele Tiere dürfte also seine Herde umfasst haben.

DIE TIGER FAHREN DIE KRALLEN AUS

2016 hat sich zum ersten Mal seit 100 Jahren die Zahl der freilebenden Tiger auf der Welt erhöht. Der WWF und das Global Tiger Forum geben die Gesamtzahl dieser Raubkatzen mit weltweit 3890 Exemplaren an. 2010, das Jahr, in dem die niedrigste jemals dokumentierte Zahl festgestellt wurde, sollen es nur 3200 gewesen sein. Damit nahm zum ersten Mal seit 1900, als man noch rund 100 000 Tiger zählte, die Zahl dieser Tiere wieder zu. In Indien gibt es die meisten Tiger, denn allein hier leben 2226 dieser Raubkatzen.

HALTBARKEIT VON LEBENSMITTELN

An dieser Tabelle lässt sich ablesen, wie lange sich bestimmte Lebensmittel durchschnittlich aufbewahren lassen:

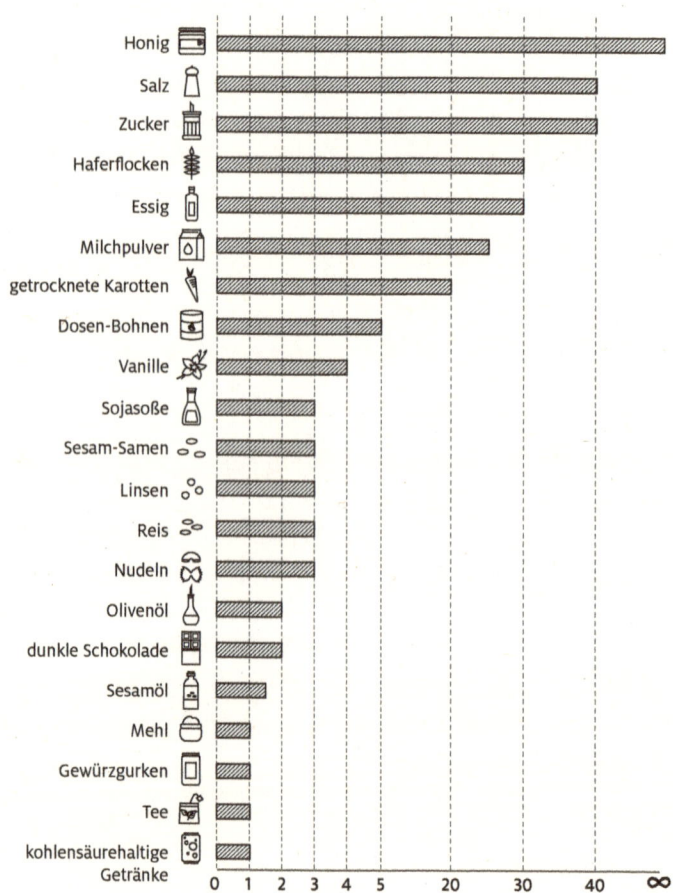

GEMÜSE RAUCHEN

Nikotin ist ein Alkaloid, das natürlicherweise in hoher Konzentration in der Tabakpflanze vorkommt. Allerdings findet man es auch, jedoch nur in verschwindend geringer Dosis, in einigen Gemüsesorten! Eine Zigarette enthält ungefähr zehn Milligramm Nikotin, von dem etwa ein Milligramm vom Raucher aufgenommen wird. In der folgenden Tabelle nun die Menge an Gemüse, die man, mehr oder weniger mit einem einzigen Happen, zu sich nehmen müsste, um denselben Effekt wie beim Rauchen eines Glimmstängels zu erzielen:

Gemüse	Gewicht (in Kilogramm) für 1 mg Nikotin (entspricht einer gerauchten Zigarette)
Aubergine	10 kg
Blumenkohl	59,5 kg
Kartoffeln	140 kg
grüne Tomaten	23,4 kg
reife Tomaten	23,3 kg
Tomatenpüree	19,2 kg

Quelle: *New England Journal of Medicine*, Band 329, S. 437.

DEZIMALSTELLEN
DER ZAHL PI

Im 3. Jahrhundert v. Chr. stellte der griechische Mathematiker Archimedes in seinem Werk *Die Messung des Kreises* fest, dass das Verhältnis zwischen dem Flächeninhalt eines Kreises und seinem Radius im Quadrat genau dem Verhältnis zwischen dem Umfang und dem Durchmesser dieses Kreises entspricht. Damit war die Zahl Pi definiert, und seit diesen Tagen fasziniert die Kreiszahl die Menschheit.

Pi ist eine irrationale Zahl mit einer unendlichen Folge von Dezimalstellen, die keine logische Reihe bilden.

Im Oktober 2011 gelang es den Japanern Alexander J. Yee und Shigeru Kondo nach 371 Tagen Arbeit, 10 000 000 000 050 Dezimalstellen von Pi zu berechnen, was mehreren Terabytes an Daten entspricht. Damit stellten sie einen neuen Weltrekord auf.

Einen anderen Rekord brach der Chinese Chao Lu im Jahr 2005, als es ihm gelang, auswendig 67 890 Dezimalstellen von Pi aufzusagen.

Den europäischen Rekord hatte ein Jahr zuvor Daniel Tammet in Oxford aufgestellt, anlässlich des Pi-Tags 2004. Fünf Stunden und neun Minuten lang betete er die 22 514 ersten Dezimalstellen der Zahl Pi herunter:

3,1415926535 8979323846 2643383279 5028841971 6939937510
5820974944 5923078164 0628620899 8628034825 3421170679
8214808651 3282306647 0938446095 5058223172 5359408128

4811174502 8410270193 8521105559 6446229489 5493038196
4428810975 6659334461 2847564823 3786783165 2712019091
4564856692 3460348610 4543266482 1339360726 0249141273
7245870066 0631558817 4881520920 9628292540 9171536436
7892590360 0113305305 4882046652 1384146951 9415116094
3305727036 5759591953 0921861173 8193261179 3105118548
0744623799 6274956735 1885752724 8912279381 8301194912
9833673362 4406566430 8602139494 6395224737 1907021798
6094370277 0539217176 2931767523 8467481846 7669405132
0005681271 4526356082 7785771342 7577896091 7363717872
1468440901 2249534301 4654958537 1050792279 6892589235
4201995611 2129021960 8640344181 5981362977 4771309960
5187072113 4999999837 2978049951 0597317328 1609631859
5024459455 3469083026 4252230825 3344685035 2619311881
7101000313 7838752886 5875332083 8142061717 7669147303
5982534904 2875546873 1159562863 8823537875 9375195778
1857780532 1712268066 1300192787 6611195909 2164201989
3809525720 1065485863 2788659361 5338182796 8230301952
0353018529 6899577362 2599413891 2497217752 8347913151
5574857242 4541506959 5082953311 6861727855 8890750983
8175463746 4939319255 0604009277 0167113900 9848824012
8583616035 6370766010 4710181942 9555961989 4676783744
9448255379 7747268471 0404753464 6208046684 2590694912
9331367702 8989152104 7521620569 6602405803 8150193511
2533824300 3558764024 7496473263 9141992726 0426992279
6782354781 6360093417 2164121992 4586315030 2861829745
5570674983 8505494588 5869269956 9092721079 7509302955
3211653449 8720275596 0236480665 4991198818 3479775356
6369807426 5425278625 5181841757 4672890977 7727938000
8164706001 6145249192 1732172147 7235014144 1973568548

1613611573 5255213347 5741849468 4385233239 0739414333
4547762416 8625189835 6948556209 9219222184 2725502542
5688767179 0494601653 4668049886 2723279178 6085784383
8279679766 8145410095 3883786360 9506800642 2512520511
7392984896 0841284886 2694560424 1965285022 2106611863
0674427862 2039194945 0471237137 8696095636 4371917287
4677646575 7396241389 0865832645 9958133904 7802759009
9465764078 9512694683 9835259570 9825822620 5224894077
2671947826 8482601476 9909026401 3639443745 5305068203
4962524517 4939965143 1429809190 6592509372 2169646151
5709858387 4105978859 5977297549 8930161753 9284681382
6868386894 2774155991 8559252459 5395943104 9972524680
8459872736 4469584865 3836736222 6260991246 0805124388
4390451244 1365497627 8079771569 1435997700 1296160894
4169486855 5848406353 4220722258 2848864815 8456028506
0168427394 5226746767 8895252138 5225499546 6672782398
6456596116 3548862305 7745649803 5593634568 1743241125
1507606947 9451096596 0940252288 7971089314 5669136867
2287489405 6010150330 8617928680 9208747609 1782493858
9009714909 6759852613 6554978189 3129784821 6829989487
2265880485 7564014270 4775551323 7964145152 3746234364
5428584447 9526586782 1051141354 7357395231 1342716610
2135969536 2314429524 8493718711 0145765403 5902799344
0374200731 0578539062 1983874478 0847848968 3321445713
8687519435 0643021845 3191048481 0053706146 8067491927
8191197939 9520614196 6342875444 0643745123 7181921799
9839101591 9561814675 1426912397 4894090718 6494231961
5679452080 9514655022 5231603881 9301420937 6213785595
6638937787 0830390697 9207734672 2182562599 6615014215
0306803844 7734549202 6054146659 2520149744 2850732518

6660021324 3408819071 0486331734 6496514539 0579626856
1005508106 6587969981 6357473638 4052571459 1028970641
4011097120 6280439039 7595156771 5770042033 7869936007
2305587631 7635942187 3125147120 5329281918 2618612586
7321579198 4148488291 6447060957 5270695722 0917567116
7229109816 9091528017 3506712748 5832228718 3520935396
5725121083 5791513698 8209144421 0067510334 6711031412
6711136990 8658516398 3150197016 5151168517 1437657618
3515565088 4909989859 9823873455 2833163550 7647918535
8932261854 8963213293 3089857064 2046752590 7091548141
6549859461 6371802709 8199430992 4488957571 2828905923
2332609729 9712084433 5732654893 8239119325 9746366730
5836041428 1388303203 8249037589 8524374417 0291327656
1809377344 4030707469 2112019130 2033038019 7621101100
4492932151 6084244485 9637669838 9522868478 3123552658
2131449576 8572624334 4189303968 6426243410 7732269780
2807318915 4411010446 8232527162 0105265227 2111660396
6655730925 4711055785 3763466820 6531098965 2691862056
4769312570 5863566201 8558100729 3606598764 8611791045
3348850346 1136576867 5324944166 8039626579 7877185560
8455296541 2665408530 6143444318 5867697514 5661406800
7002378776 5913440171 2749470420 5622305389 9456131407
1127000407 8547332699 3908145466 4645880797 2708266830
6343285878 5698305235 8089330657 5740679545 7163775254
2021149557 6158140025 0126228594 1302164715 5097925923
0990796547 3761255176 5675135751 7829666454 7791745011
2996148903 0463994713 2962107340 4375189573 5961458901
9389713111 7904297828 5647503203 1986915140 2870808599
0480109412 1472213179 4764777262 2414254854 5403321571
8530614228 8137585043 0633217518 2979866223 7172159160

7716692547 4873898665 4949450114 6540628433 6639379003
9769265672 1463853067 3609657120 9180763832 7166416274
8888007869 2560290228 4721040317 2118608204 1900042296
6171196377 9213375751 1495950156 6049631862 9472654736
4252308177 0367515906 7350235072 8354056704 0386743513
6222247715 8915049530 9844489333 0963408780 7693259939
7805419341 4473774418 4263129860 8099888687 4132604721
5695162396 5864573021 6315981931 9516735381 2974167729
4786724229 2465436680 0980676928 2382806899 6400482435
4037014163 1496589794 0924323789 6907069779 4223625082
2168895738 3798623001 5937764716 5122893578 6015881617
5578297352 3344604281 5126272037 3431465319 7777416031
9906655418 7639792933 4419521541 3418994854 4473456738
3162499341 9131814809 2777710386 3877343177 2075456545
3220777092 1201905166 0962804909 2636019759 8828161332
3166636528 6193266863 3606273567 6303544776 2803504507
7723554710 5859548702 7908143562 4014517180 6246436267
9456127531 8134078330 3362542327 8394497538 2437205835
3114771199 2606381334 6776879695 9703098339 1307710987
0408591337 4641442822 7726346594 7047458784 7787201927
7152807317 6790770715 7213444730 6057007334 9243693113
8350493163 1284042512 1925651798 0694113528 0131470130
4781643788 5185290928 5452011658 3934196562 1349143415
9562586586 5570552690 4965209858 0338507224 2648293972
8584783163 0577775606 8887644624 8246857926 0395352773
4803048029 0058760758 2510474709 1643961362 6760449256
2742042083 2085661190 6254543372 1315359584 5068772460
2901618766 7952406163 4252257719 5429162991 9306455377
9914037340 4328752628 8896399587 9475729174 6426357455
2540790914 5135711136 9410911939 3251910760 2082520261

8798531887 7058429725 9167781314 9699009019 2116971737
2784768472 6860849003 3770242429 1651300500 5168323364
3503895170 2989392233 4517220138 1280696501 1784408745
1960121228 5993716231 3017114448 4640903890 6449544400
6198690754 8516026327 5052983491 8740786680 8818338510
2283345085 0486082503 9302133219 7155184306 3545500766
8282949304 1377655279 3975175461 3953984683 3936383047
4611996653 8581538420 5685338621 8672523340 2830871123
2827892125 0771262946 3229563989 8989358211 6745627010
2183564622 0134967151 8819097303 8119800497 3407239610
3685406643 1939509790 1906996395 5245300545 0580685501
9567302292 1913933918 5680344903 9820595510 0226353536
1920419947 4553859381 0234395544 9597783779 0237421617
2711172364 3435439478 2218185286 2408514006 6604433258
8856986705 4315470696 5747458550 3323233421 0730154594
0516553790 6866273337 9958511562 5784322988 2737231989
8757141595 7811196358 3300594087 3068121602 8764962867
4460477464 9159950549 7374256269 0104903778 1986835938
1465741268 0492564879 8556145372 3478673303 9046883834
3634655379 4986419270 5638729317 4872332083 7601123029
9113679386 2708943879 9362016295 1541337142 4892830722
0126901475 4668476535 7616477379 4675200490 7571555278
1965362132 3926406160 1363581559 0742202020 3187277605
2772190055 6148425551 8792530343 5139844253 2234157623
3610642506 3904975008 6562710953 5919465897 5141310348
2276930624 7435363256 9160781547 8181152843 6679570611
0861533150 4452127473 9245449454 2368288606 1340841486
3776700961 2071512491 4043027253 8607648236 3414334623
5189757664 5216413767 9690314950 1910857598 4423919862
9164219399 4907236234 6468441173 9403265918 404437805

WENN SECHS SEKUNDEN VERSTRICHEN SIND ...

... ist ein Mensch an den Folgen des Tabakkonsums gestorben. Die Weltgesundheitsorganisation WHO registriert jedes Jahr sechs Millionen Tote, die auf Tabak zurückzuführen sind. Sollte sich der derzeitige übermäßige Tabakkonsum auf gleichem Niveau fortsetzen, gäbe es ab 2020 bereits zehn Millionen Todesfälle jährlich. Der Tabak, der im 20. Jahrhundert 100 Millionen Tote gefordert hat, könnte im 21. Jahrhundert einer Milliarde Menschen das Leben kosten.

DAS SONNENSYSTEM

Unser Sonnensystem ist ein Planetensystem in der Milchstraße, unserer Galaxis. Es befindet sich eher an deren Rand und ist rund 28 000 Lichtjahre vom galaktischen Zentrum entfernt. Das Sonnensystem setzt sich aus verschiedenen Objekten zusammen:

- einem Stern in dessen Zentrum: Das ist natürlich die Sonne, ein riesiger Feuerball, auf dem durch Kernfusion ununterbrochen Wasserstoff verbrennt. Dadurch strahlt sie die Energie ab, ohne die es auf der Erde kein Leben geben könnte.
- den Planeten:
  - den erdähnlichen oder tellurischen Planeten: Merkur, Venus, die Erde und Mars. Diese Planeten sind der Sonne am nächsten. Sie zeichnen sich durch ihre geringe Größe,

ihre geringe Masse, ihre hohe Dichte und ihre feste Oberfläche aus.

- den Gasriesen oder Gasplaneten: Jupiter, Saturn, Uranus und Neptun. Sie sind weiter von der Sonne entfernt, haben eine große Masse und einen großen Umfang, dafür aber eine geringere Dichte. Ihre Atmosphäre setzt sich aus Wasserstoff zusammen. Sie alle werden von zahlreichen Satelliten umkreist und besitzen einen Planetenring.
- den Zwergplaneten: Ceres, Pluto, Eris, Makemake und Haumea. Diese Kategorie wurde von der Internationalen Astronomischen Union 2006 eingeführt.
- den Asteroiden: Man schätzt, dass mehrere Milliarden dieser kleinen Felskörper sich zwischen Mars und Jupiter bewegen.
- den Kometen: Dies sind kleine Himmelskörper, deren Kern aus Eis und Staub besteht. Sie haben sich am äußeren Grenzbereich des Sonnensystems gesammelt. Kommt es zu einer von nahen Sternen verursachten Erschütterung, werden die Kometenkerne aus dem Gleichgewicht gebracht und aus ihrer Umlaufbahn geworfen. Einige werden dann von der Sonne angezogen, deren Strahlung das Eis der Kometen zum Verdampfen bringt. So entsteht der für einen Kometen so charakteristische Schweif.

Das Sonnensystem in einer Darstellung mit maßstabsgerechten Durchmessern

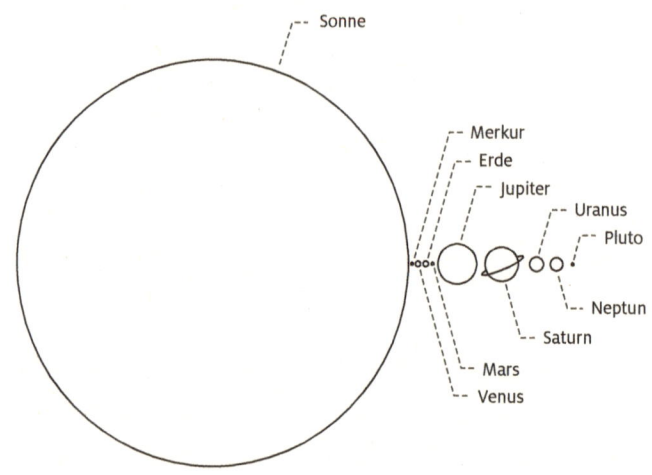

STECKBRIEF DER SONNE

Astronomisches Symbol: ☉
Abstand von der Erde: 149 600 000 Kilometer
Durchschnittlicher Radius: 696 000 Kilometer
Temperatur auf der Oberfläche: 5800 ° Celsius
Masse: 1,989 × 10^{30} Kilogramm

Die Sonne ist einer der 140 Milliarden Sterne, die unsere Galaxis bilden. Sie befindet sich an deren Peripherie und ist rund 28 000 Lichtjahre vom Zentrum der Milchstraße entfernt. Sie ist der zentrale Stern unseres Planetensystems; um sie drehen sich, nach aktuellem Wissensstand, acht Planeten, fünf Zwergplaneten und Millionen von Asteroiden. Die Sonne allein enthält 99,8 Prozent der Masse unseres Sonnensystems.

Ihre Größe beträgt das 100fache der Erde. Ein großer Teil des Wissens, das wir über die Sonne haben, verdanken wir der Raumsonde *Soho*, die als fliegende Beobachtungsstation 1995 ins All geschickt wurde.

Die Sonne funktioniert wie ein riesiges Atomkraftwerk. In ihrem Zentrum wird durch Kernfusion Wasserstoff in Helium umgewandelt, was eine unglaubliche Menge an Energie freisetzt (386 Trillionen Megawatt). In ihrem Innern herrscht eine Temperatur von mehr als 15 Millionen Grad Celsius. Diese Energie hat die Entstehung der Photosynthese und des Lebens auf der Erde ermöglicht. Über die Oberfläche dieses Feuerballs peitschen ununterbrochen sehr heftige Winde mit Geschwindigkeiten von bis zu 800 Kilometern pro Sekunde. Wenn ein solcher Sturm losbricht, wird die erhitzte Materie ins Weltall geschleudert: Eine Sonneneruption entsteht. Die dabei in die Höhe schießenden Flammen können bis zu 50 Mal größer sein als die Erde! Allerdings sind diese Peitschenhiebe der Sonne für unsere Erde in den allermeisten Fällen keine Bedrohung, sondern liefern uns nur den atemberaubenden Anblick von Polarlichtern. Sobald eine Eruption aber ein größeres Ausmaß annimmt, können Schäden an Satelliten oder sogar an unserer Stromversorgung entstehen. Bei der stärksten jemals beobachteten Sonneneruption fielen im Sommer 1859 zahlreiche Telegrafenstationen aus, als ein von der Sonne induzierter Starkstrom durch die Leitungen schoss.

Die Sonne ist 4,7 Milliarden Jahre alt und existiert damit genauso lange wie die Erde und das gesamte Sonnensystem. Und auch wenn sie bereits 40 Prozent ihrer Wasserstoffvorräte verbraucht hat, stehen ihr noch gute sieben Milliarden Jahre Kernfusion bevor. Wenn sie etwa zwölf Milliarden Jahre alt ist, wird sie anfangen, ihre Struktur zu ändern: Der Gelbe Zwerg wird sich in einen Roten Riesen verwandeln, dessen Umfang sich über die aktuelle Umlaufbahn der Erde hinaus ausdehnt. In nur rund einer halben Milliarde Jahre dürfte der Rote Riese dann all sein Helium verbrennen, bevor er seine äußeren Schichten ins All verstreut. Daraus bildet sich ein planetarischer Nebel, die Wiege für neue Sterne. Der Kern selbst wird in sich zusammenbrechen und einen Weißen Zwerg bilden, einen kleinen Stern, ungefähr in der Größe der Erde. Und einige Milliarden Jahre später wird sich die Sonne vollständig abgekühlt haben: Sie beendet ihre Existenz als Schwarzer Zwerg, einem so kalten himmlischen Kadaver, dass er keinerlei Licht mehr ausstrahlt.

DIE WURZEL DER PFLANZEN

Pflanzen sind vor ungefähr 500 Millionen Jahren auf der Erde entstanden. Sie bildeten in der Folge dann Wurzeln aus, wodurch sich für sie vieles veränderte: Sie konnten sich nun am Boden festmachen und dadurch neue Lebensräume besiedeln. Dabei haben keineswegs alle pflanzlichen Lebewesen auch Wurzeln. Grünalgen, Moose, Pilze und Flechten etwa kommen ganz ohne aus.

Wurzeln ermöglichen es der Pflanze, sich mithilfe der saugfähigen Wurzelhaare zu ernähren. Sie ziehen aus dem im Boden vorhandenen Wasser die lebensnotwendigen Mineralien und sichern damit das Wachstum, sorgen aber zudem auch für die Temperaturregelung der Pflanze. Man spricht hierbei vom Phänomen der »Evapotranspiration«. Die Anzahl der saugfähigen

Wurzelhaare ist für die Pflanze entscheidend, sie kann bei über einer Milliarde liegen, was heißt, dass bis zu 2000 Haare auf einem Quadratzentimeter Wurzeloberfläche wachsen. Allerdings besitzen nicht alle Wurzeln solche Haare, die Kokospalme beispielsweise hat keine.

Je nach Pflanzenart wachsen die Wurzeln unterschiedlich schnell. Die Geschwindigkeit schwankt zwischen drei Millimetern und zwei Zentimetern Wurzelwachstum pro Tag.

Anders als man vermuten könnte, besteht kein Zusammenhang zwischen der Größe eines Baumes und der Größe seiner Wurzeln. Der Mammutbaum kann beispielsweise in eine Höhe von mehr als 100 Metern hinaufwachsen, wohingegen seine Wurzeln kaum mehr als 90 Zentimeter tief in die Erde reichen. Im Gegensatz dazu werden einige Büsche in der Savanne nicht einmal einen Meter hoch, verfügen aber über Wurzeln mit 50 bis 60 Metern Länge!

Zum Schluss noch ein paar Zahlen: 13 800 000 einzelne Wurzeln hat man unter einer einzigen Roggenpflanze gezählt. Und in einem Hektar Boden breiten sich, so schätzt man, zwischen 20 000 und 100 000 Kilometern Wurzeln aus.

$$E = MC^2$$

E: Energie, ausgedrückt in Joule
m: Masse, ausgedrückt in Kilogramm
c: Lichtgeschwindigkeit im Vakuum

Diese Gleichung hat Albert Einstein 1905 im Rahmen seiner speziellen Relativitätstheorie veröffentlicht.

WIE VIELE TIER- UND PFLANZENARTEN GIBT ES AUF DER ERDE?

Die Rote Liste der Weltnaturschutzunion IUCN, auf der die weltweit vom Aussterben bedrohten Arten aufgeführt sind, ist zugleich das verlässlichste Verzeichnis darüber, wie viele lebende Arten auf der Erde beschrieben wurden. Hier nun die Angaben für das Jahr 2015:

Wirbeltiere

Säugetiere	5515
Vögel	10 424
Reptilien	10 272
Amphibien	7448
Fische	33 200
Gesamt	66 859

Wirbellose

Insekten	1 000 000
Weichtiere	85 000
Krebstiere	47 000
Korallen	2175
Spinnen	102 248
Stummelfüßer	165

Pfeilschwanzkrebse	4
andere	68 658
Gesamt	1 305 250

Pflanzen

Moose	16 236
Farne und verwandte Arten	12 000
nacktsamige Pflanzen	1052
Bedecktsamer (Blütenpflanzen)	268 000
Grünalgen	6050
Rotalgen	7104
Gesamt	310 442

Pilze und Protisten

Flechten	17 000
Pilze	31 496
Braunalgen	3784
Gesamt	52 280

| **Insgesamt** | 1 734 831 |

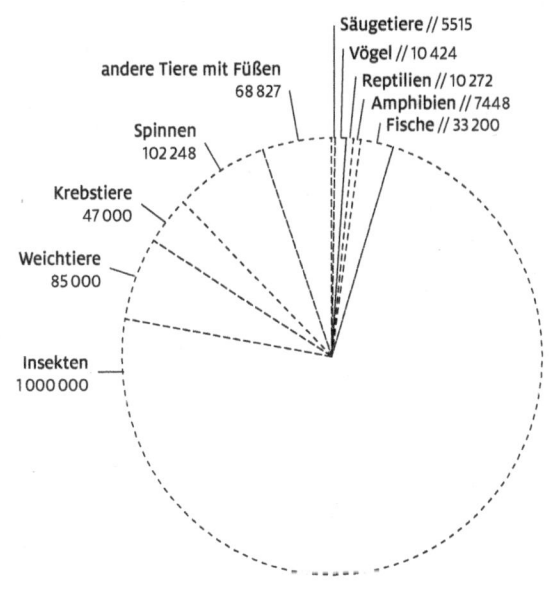

Säugetiere // 5515
Vögel // 10 424
Reptilien // 10 272
Amphibien // 7448
Fische // 33 200

andere Tiere mit Füßen
68 827

Spinnen
102 248

Krebstiere
47 000

Weichtiere
85 000

Insekten
1 000 000

Die hier angegebenen Zahlen betreffen nur die dem Menschen bis zum Jahr 2015 bekannten und von ihm beschriebenen Arten. Denn es werden laufend neue Arten entdeckt: rund 18 000 jedes Jahr, also im Durchschnitt etwa 50 neue Arten pro Tag! US-amerikanische Forscher haben 2011 die bislang genaueste Schätzung veröffentlicht, wonach ungefähr 8,7 Millionen Tierarten die Erde bevölkern. Davon sind mehr als 90 Prozent Insekten.

TANOREXIE

Diese Wortneuschöpfung wurde erfunden, um ein seltsames Verhalten zu beschreiben: die Sucht nach dem Bräunen der Haut. So wie Magersüchtige (Anorexie) sich stets als zu dick empfinden, verspüren die von dieser Störung betroffenen Personen unablässig das Gefühl, noch nicht genug gebräunt zu sein. Nach Angaben von Dermatologen ist das äußere Erscheinungsbild jedoch nicht das einzige Motiv für dieses übertriebene Bräunen. Die UV-Strahlen der Sonne, die die Produktion von Melanin stimulieren und unsere Haut dunkler werden lassen, setzen auch Endorphine frei, jene berühmten Hormone des Glücksgefühls. Man kann also durchaus physisch von der Sonnenstrahlung abhängig sein, wobei der Körper dann ununterbrochen stets höhere Dosen des Hormons verlangt, wie es auch bei Drogen der Fall ist.

FREDDIE MERCURY:
THE VOICE

Österreichische, tschechische und schwedische Wissenschaftler haben ihre Aufmerksamkeit den außergewöhnlichen Gesangskünsten von Freddie Mercury gewidmet und im April 2016 ihre Untersuchungen in der Zeitschrift *Logopedics Phoniatrics Vocology* veröffentlicht. Die Forscher wollten durch leistungsstarke Technologie herausfinden, wie es dem Sänger der Band Queen gelang, so spielend leicht die Oktaven und Register zu wechseln. Dazu haben sie zunächst anhand von sechs Interviewaufzeichnungen die mittlere Frequenz seiner Stimme gemessen (117 Hertz). Mit einer Kamera, die in der Lage ist, 4000 Bilder pro Sekunde aufzuzeichnen, filmten sie anschließend den Kehlkopf des schwedischen Sängers Daniel Zangger Borch, während dieser die Stimme von Freddie Mercury imitierte.

Die Forscher stellten zunächst fest, dass Freddie Mercury Bariton war und nicht Tenor, wie viele bis dahin angenommen hatten, und dass er seinen Stimmapparat außergewöhnlich gut kontrollieren konnte. Diese äußerst seltene Fähigkeit ermöglichte es ihm, ein Vibrato zu singen, wie es andere nicht können, denn die Stimmlippen des Sängers schwangen dabei schneller als normal. In der Regel oszilliert ein Vibrato zwischen 5,4 und 6,9 Hertz, wohingegen das von Mercury mit 7,04 Hertz schwang. Weiter zeigten die Wissenschaftler, dass die Stimmtechnik des Sängers von *The Show Must Go On* die Geschwindigkeit eines Orkans hatte. Dabei ähnelte sein Gesang der Vokaltechnik tibetischer Mönche, die ihre sogenannten Taschenfalten vibrieren lassen, um Unterharmonien zum Klingen zu bringen. Mercury setzte ebenfalls diesen Untertongesang ein, was es ihm erlaubte, mehrere Töne gleichzeitig zu produzieren, indem er den Stimm-apparat in eine ganz bestimmte Stellung brachte und nur bestimmte Teile des Kehlkopfs vibrieren ließ. Diese Taschen-falten werden in der Regel beim klassischen Gesang nicht ein-gesetzt.

STIMMUMFANG

- Der **Bass** reicht von F bis f' (Stimmlage Mann).
- Der **Bariton** reicht von H bis g' (Stimmlage Mann).
- Der **Tenor** reicht von c bis c' (Stimmlage Mann).
- Der **Kontra-Alt** reicht von f bis f'' (Stimmlage Frau).
- Der **Alt** reicht von a bis a'' (Stimmlage Frau / Kind).
- Der **Mezzosopran** reicht von a bis c'' (Stimmlage Frau / Kind).
- Der **Sopran** reicht von c' bis f'' (Stimmlage Frau / Kind).

UNSER BLUT

Aus Sicht der Biologie gehört das Blut, genau wie Muskeln oder Knochen, zum Körpergewebe. Im Körper eines erwachsenen Mannes fließen etwa fünf Liter Blut. Dessen Hauptfunktionen sind der Transport von Sauerstoff in alle Teile des Körpers sowie der Abtransport von Kohlendioxid (CO_2) hin zu den Organen, in denen es ausgeschieden wird (Nieren, Lungen, Leber, Darm). Blut besteht zu 45 Prozent aus Zellen (rote und weiße Blutkör-perchen sowie Blutplättchen) und zu 55 Prozent aus Plasma (ei-ner Flüssigkeit, die den Transport dieser Zellen möglich macht). Alle Säugetiere gehören, innerhalb derselben Art, zu verschiedenen Blutgruppen. Beim Menschen unterscheidet man vier Gruppen: O, A, B und AB, wobei die beiden letzteren statistisch gesehen seltener vorkommen. Die Blutgruppe wird durch den Rhesusfaktor ergänzt: entweder + oder −. Sie wird nach den Gesetzmäßigkeiten der Genetik vererbt, was dazu führt, dass sie sich ungleichmäßig und je nach Bevölkerungsgruppe verbreitet. So gehören die Indios Südamerikas fast alle zur allgemeinsten Blutgruppe O.

Beispiele für die Verteilung der Blutgruppen
nach Bevölkerung

Bevölkerung	O	A	B	AB
Basken	56 %	40 %	3 %	1 %
Belgier	44 %	45 %	8 %	3 %
Briten	47 %	42 %	8 %	3 %
Deutsche	41 %	43 %	11 %	5 %
Franzosen	43 %	45 %	9 %	3 %
Indios in Peru	100 %	0 %	0 %	0 %
Maya	97 %	1 %	1 %	1 %
Oiraten (Russland)	26 %	23 %	41 %	11 %
Ureinwohner Nordamerikas	96 %	4 %	0 %	0 %

DER MENSCHLICHE ZAHN

Der menschliche Zahn ist ein hartes, elfenbeinfarbiges Organ, das aus einer Krone sowie einer oder mehrerer Wurzeln besteht, die in den Kieferknochen eingewachsen sind. In der Regel besitzt ein Kind 20 Zähne (sogenannte Milchzähne), ein Erwachsener nach dem Zahnwechsel dann 32 Zähne (sogenannte bleibende Zähne). Sie sind die härtesten Gebilde unseres Körpers: Zähne überstehen sogar Feuer.

Die ersten Spuren, die auf so etwas wie Zahnmedizin hinweisen, sind etwa 5000 Jahre alt und stammen aus frühen sumerischen und chinesischen Zivilisationen sowie der Indus-Kultur. Der Vater der modernen Dentalchirurgie ist zweifellos der Zahnarzt von Ludwig XIV., Pierre Fauchard. Er war der Erste, der Füllungen empfahl (um Löcher in den Zähnen zu füllen und somit zu verhindern, dass sich Essensreste in den Hohlräumen ablagern konnten) und Techniken zum Bohren entwickelte (das damals noch manuell vorgenommen wurde). Die große Revolution in der Zahnmedizin war im 19. Jahrhundert die Erfindung des Elektrobohrers, jenes Instruments, das bis heute allen, die Angst vor dem Zahnarztstuhl haben, Albträume verursacht. Damals lief der Bohrer mit 600 Umdrehungen pro Minute, heute kommen moderne Apparate auf bis zu 400 000.

Die Zahnpflege ist jedoch wesentlich älter. Die alten Ägypter benutzten bereits eine Paste, die sie aus Asche und Ton mischten, ein Vorläufer der Zahnpasta. Die Zahnbürste, wie wir sie heute kennen, tauchte jedoch zum ersten Mal um 1780 in städtischen Milieus auf.

DER AFFENZAHN

Lange bevor der Mensch auf der Erde auftauchte, schwammen Affen von Südamerika an die Küste Nordamerikas. Damals waren die beiden Kontinente noch nicht durch eine Landenge miteinander verbunden. Im April 2016 veröffentlichten US-amerikanische Wissenschaftler in der Zeitschrift *Nature* einen Bericht, wonach sie bei Erweiterungsarbeiten am Panamakanal sieben kleine Zähne entdeckt hatten.

Diese Zähne sind 21 Millionen Jahre alt und stammen damit aus einer Zeit, als die beiden Hälften Amerikas noch durch eine 160 Kilometer breite Wasserstraße voneinander getrennt waren.

Der längste dieser Zähne misst fünf Millimeter und gehört zur südamerikanischen Art Panamacebus transitus, die mit den Kapuzineraffen und den Totenkopfaffen verwandt ist. Dieser Primat, der mittelgroß gewesen sein und rund drei Kilogramm gewogen haben dürfte, hatte durch die Wanderung einen neuen Lebensraum gefunden.

Da man das Alter der Zähne auf 21 Millionen Jahre bestimmen konnte, ist bewiesen, dass diese Affen das neue Land schwimmend erreicht haben und sie die Säugetiere sind, die am frühesten vom Süden in den Norden Amerikas wanderten. Angesichts der großen Entfernung kann das durchaus als besondere Leistung gelten, die vermutlich dadurch möglich wurde, dass Holz im Meer schwamm und eine Art Floß bildete. Die Mehrzahl der anderen Säugetiere nutzte dann die Landbrücke, die seit rund 3,5 Millionen Jahren die beiden Kontinente miteinander verbindet. Die Analyse der Zähne und ihre Form deuten für die Wissenschaftler darauf hin, dass die Affen der Art Panamacebus transitus sich von Früchten aus dem Tropenwald Südamerikas ernährten. Offenbar fanden sie genau dieses Nahrungsangebot auch im heutigen Panama vor und sind deshalb nicht weiter gen Norden gezogen.

DAS STANDARDMODELL
DER TEILCHENPHYSIK

Die aktuelle physikalische Forschung hat die Größenordnung des Atoms hinter sich gelassen und blickt auf noch wesentlich kleinere Teilchen; man nennt sie daher auch Teilchenphysik. Dabei beschreibt der Begriff »Elementarteilchen« ein unteilbares Element der Materie, das aus nichts anderem besteht als aus sich selbst. Eigentlich müsste man sagen, es ist ein Element, bei dem man noch nicht weiß, ob es sich aus noch kleineren Teilchen zusammensetzt. Ausgehend von unserem derzeitigen Wissen beruht die Teilchenphysik auf einem Modell mit folgenden Grundlagen:

* Es gibt **24 Elementarteilchen,** darunter **zwölf Fermionen,** also Teilchen, aus denen die Materie besteht, sowie **zwölf Bosonen,** die die Grundkräfte der Physik (oder: fundamentalen Wechselwirkungen) tragen.

* Es gibt **vier Grundkräfte der Physik:**
  * **die Gravitation:** Diese wurde als Erste direkt beobachtet, da sie sich in makroskopischem Maßstab abspielt. Sie ist für die Anziehung zwischen Massen verantwortlich und sorgt dafür, dass alle Körper nach unten fallen.
  * **der Elektromagnetismus:** Er ist dafür verantwortlich, dass die Elektronen auf Bahnen rund um die Atomkerne bleiben. Er ist nicht nur die Grundlage für das Funktionieren aller elektrischen Apparate, sondern liefert auch Erklärungen für das Verständnis von optischen und chemischen Phänomenen.

- **die schwache Wechselwirkung**: Sie heißt so, da sie bei gewissen Prozessen mit großer Langsamkeit abläuft, wie etwa der radioaktive Zerfall β. Sie ist bei der Nukleosynthese aller Sterne wirksam.
- **die starke Wechselwirkung**: Sie sorgt für den Zusammenhalt der Quarks im Inneren des Kerns.

Die beiden letzten Kräfte wirken nur auf sehr kurzer Distanz, ganz im Gegensatz zu den ersten beiden (die Gravitation hat die weitreichendsten Auswirkungen, allerdings auch den schwächsten Effekt).

Alle diese Kräfte können als Resultat des Austauschs bestimmter Teilchen verstanden werden, der Bosone.

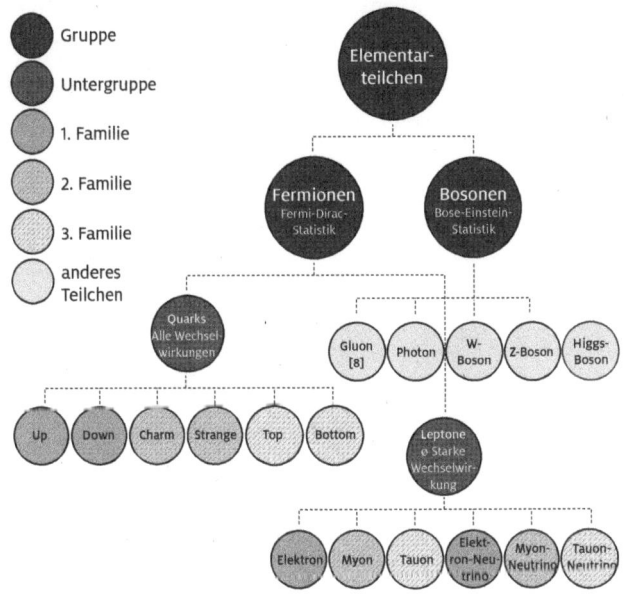

DIE ZELLEN
DES MENSCHLICHEN KÖRPERS

Unser Organismus setzt sich aus rund 200 unterschiedlichen Zelltypen zusammen. Die meisten Zellen nennt man spezialisiert, da sie ganz bestimmte Funktionen innerhalb eines Gewebes erfüllen. Dazu gehören beispielsweise die Hautzellen, die Myozyten (Muskelfaserzellen), die Neuronen (Nervenzellen), die Gameten (Geschlechtszellen), die Blutzellen oder auch die Fibroblasten (Bindegewebszellen). Nur wenige unserer Zellen sind hingegen die sogenannten (undifferenzierten) Stammzellen. Diese unterscheiden sich von anderen Zellen dadurch, dass sie quasi unendlich häufig Tochterzellen ausbilden und, unter bestimmten Umständen, sich in verschiedene Typen spezialisierter Zellen entwickeln können. Diese adulten Stammzellen finden sich in einigen Organen und stellen dort durch ihre Vermehrung sicher, dass regelmäßig Zellen neu gebildet werden, etwa Zellen im Darm oder Blutzellen.

WENN ZWEI SEKUNDEN VERSTRICHEN SIND ...

... sind in den Vereinigten Staaten fünf Vögel beim Sturz auf eine Windschutzscheibe gestorben und 64 beim Aufprall gegen das Fenster eines Wolkenkratzers. Die verglasten Elemente von Gebäuden sind die zweithäufigste Todesursache bei Vögeln, gleich nach der Zerstörung ihres Lebensraums.

DAS APOLLO-PROGRAMM

Im Rahmen des *Apollo*-Programms betraten zwischen 1969 und 1972 zwölf Astronauten, allesamt US-Amerikaner, den Mond:

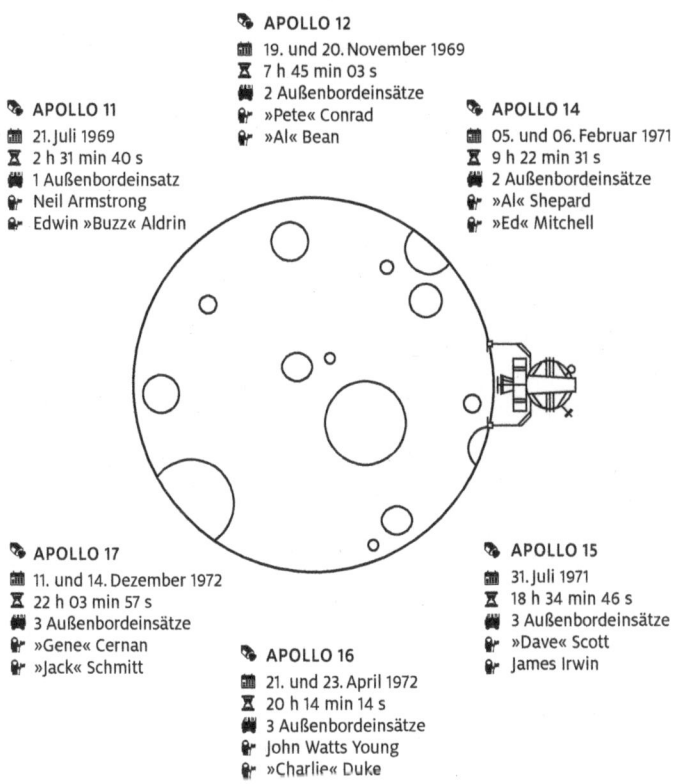

🌑 **APOLLO 12**
🏛 19. und 20. November 1969
⏳ 7 h 45 min 03 s
👣 2 Außenbordeinsätze
👤 »Pete« Conrad
👤 »Al« Bean

🌑 **APOLLO 11**
🏛 21. Juli 1969
⏳ 2 h 31 min 40 s
👣 1 Außenbordeinsatz
👤 Neil Armstrong
👤 Edwin »Buzz« Aldrin

🌑 **APOLLO 14**
🏛 05. und 06. Februar 1971
⏳ 9 h 22 min 31 s
👣 2 Außenbordeinsätze
👤 »Al« Shepard
👤 »Ed« Mitchell

🌑 **APOLLO 17**
🏛 11. und 14. Dezember 1972
⏳ 22 h 03 min 57 s
👣 3 Außenbordeinsätze
👤 »Gene« Cernan
👤 »Jack« Schmitt

🌑 **APOLLO 16**
🏛 21. und 23. April 1972
⏳ 20 h 14 min 14 s
👣 3 Außenbordeinsätze
👤 John Watts Young
👤 »Charlie« Duke

🌑 **APOLLO 15**
🏛 31. Juli 1971
⏳ 18 h 34 min 46 s
👣 3 Außenbordeinsätze
👤 »Dave« Scott
👤 James Irwin

🌑: Mission
🏛: Datum des Außenbordeinsatzes (extra-vehicular activity, EVA)
⏳: Dauer der EVA
👣: Anzahl der EVA
👤: Namen

DIE APOPTOSE

Als Apoptose bezeichnet man eine Form des programmierten Zelltods. Von dem Moment unserer Geburt an erneuert sich unser Körper unablässig. In jedem Augenblick unseres Lebens unterliegen wir diesem Prozess des Sterbens und Neuentstehens. Jeden Tag zerstören sich Zehntausende der Milliarden Zellen in unserem Körper, damit er sich mit neuen Zellen weiter aufbauen kann. Das Leben zieht seine Stärke aus dieser scheinbaren Zerbrechlichkeit; dank dieses endlosen Sterbens können sich Lebewesen harmonisch entwickeln und ihre Anpassung an die Umwelt verbessern. Der französische Biologe Jean Claude Ameisen bezeichnete die Apoptose als eine Art »Herausmeißeln« der lebendigen Welt. Um das zu verstehen, muss man sich anschauen, was von Anfang an mit einem Embryo geschieht, wenn dieser noch nicht viel mehr ist als ein kleines Häufchen Stammzellen. Es ist die programmierte Zerstörung bestimmter Zellen, die ein anarchisches Wachstum verhindert und es dem zukünftigen Fötus ermöglicht, nach und nach seine Form anzunehmen. So bilden sich zum Beispiel unsere Hände und Füße zunächst so aus, dass die Finger und Zehen miteinander verbunden sind, als wären sie in einer Art Fausthandschuh gefangen. Erst der gezielte Zelltod zerstört die verbindenden Gewebe und sorgt dafür, dass Finger und Zehen einzeln hervortreten. Und der Zelltod meißelt weiterhin unsere sexuelle Identität heraus, indem er die Genitalien des anderen Geschlechts, die ursprünglich ebenfalls in unserem Körper angelegt sind, verschwinden lässt.

Um es präziser zu formulieren: Unser Körper sucht pausenlos ein Gleichgewicht zwischen dem Prozess des Zelltods und jenem Prozess, der bestimmte Zellen vor diesem Tod beschützt.

Unsere Gene produzieren nämlich gleichzeitig »molekulare Henker« und die »Beschützer«, die diese Henker neutralisieren können, sollte es notwendig werden. Sobald dieses Gleichgewicht gestört wird, entstehen Krankheiten. Parkinson, Alzheimer, die Huntington-Krankheit oder auch ein Schlaganfall sind typische Fehlfunktionen eines unkontrollierten »zellulären Selbstmords«. Dasselbe gilt für eine toxische Hepatitis-Erkrankung: Der Alkohol selbst zerstört gar nicht die Zellen der Leber, sondern er löst den schnellen und besonders umfangreichen Suizid der Zellen aus. Andere Krankheiten wiederum, etwa Krebs, haben ursächlich mit der enormen Zunahme von Zellen zu tun, die die Fähigkeit verloren haben, vorzeitig abzusterben.

TIERE SIND NUN NICHT MEHR DINGE

Seit Januar 2015 erkennt das französische Gesetzbuch, der Code civil, das Tier als ein »mit Empfindungen begabtes Lebewesen« an (Paragraf 515–14). Damit gilt es nicht länger als bewegliche Sache (Paragraf 528). Von nun an werden Tiere daher nicht mehr anhand ihres Verkaufs- oder Vermögenswertes bemessen, sondern haben einen intrinsischen Wert. Laut Angaben des Verbands *30 millions d'amis* (»30 Millionen Freunde«), der sich für diese Gesetzesänderung eingesetzt hatte, revidiert »dieser historische Wandel ein 200 Jahre altes, archaisches Verständnis vom Tier im Code civil und berücksichtigt endlich die wissenschaftlichen Erkenntnisse sowie die Ethik unserer Gesellschaft im 21. Jahrhundert«.

DAS STILLEN

Nach einer Untersuchung der Weltgesundheitsorganisation (WHO) aus dem Jahr 2016 rettet es jährlich rund 800 000 Kindern das Leben, dass ihre Mütter sie in den ersten sechs Lebensmonaten ausschließlich stillen. Die Studie betont dabei ausdrücklich, dass diese Zahl keineswegs nur aus Entwicklungsländern stammt: Unzureichendes Stillen führt überall auf der Welt zum Tod von Säuglingen. In reichen Ländern hilft das Stillen, das Risiko des plötzlichen Kindstods um 36 Prozent und das einer nekrotisierenden Enterokolitis um 58 Prozent zu senken – bei Letzterer handelt es sich um einen vor allem bei Frühgeborenen auch tödlich verlaufenden Rückgang von Schleimhautgewebe im Darm. Auch für die Gesundheit der Kinder nach dem Säuglingsalter ist das Stillen gut. Die Muttermilch schützt »wahrscheinlich« – bei diesem Punkt sind die Forscher weniger entschieden – vor Übergewicht, Fettleibigkeit und sogar Diabetes. Schließlich könnte sogar der Staatshaushalt eines Landes davon profitieren, wenn alle Mütter ihre Kinder stillen würden. Die WHO schätzt, dass somit beispielsweise die jährlichen Gesundheitsausgaben des US-Haushaltes um rund 2,4 Milliarden Dollar verringert werden könnten, da das Stillen die Anzahl der Kinderkrankheiten reduziert.

MILCHGETRÄNKE

Der Mensch ist das einzige Säugetier, das nach dem Abstillen noch Milch trinkt.

Arten, die nach berühmten Persönlichkeiten
benannt wurden

geehrte Persönlich-keit(en)	Gattung oder Art	Typus	Bemerkung
Dalai Lama	*Orontobia dalailama*	Motte	
Miles Davis	*Milesdavis*	Trilobit	
Ellen DeGeneres (US-Schauspielerin)	*Aleiodes elleni*	Wespe	
Johnny Depp	*Kootenichela deppi*	ausgestorbener Gliederfüßer	
Arthur Conan Doyle (Autor von Sherlock Holmes)	*Arthurdactylus conandoylei*	Flugsaurier	
Carmen Electra	*Carmenelectra*	Fliege	
Brian Eno	*Pseudocorinna brianeno*	Spinne	
Ian Fleming (Schöpfer von James Bond)	*Ganaspidium flemingi*	Wespe	
Ferdinand Foch (frz. Marschall im Ersten Weltkrieg)	*Ctenomys fochi*	Nagetier	
Harrison Ford	*Calponia harrisonfordi*	Spinne	
Benjamin Franklin	*Franklinia*	Teestrauchge-wächs (Pflanze)	
Sigmund Freud	*Cyclocephala freudi*	Blatthornkäfer (Scarabaeidae)	
Indira Gandhi	*Spelaeornis troglodytoi-des indiraji*	Assam-Zaun-königstimalie (Vogel)	
Andrew Garfield	*Pritha garfieldi*	Spinne	Der Schauspieler übernahm in zwei Verfilmungen die Rolle von Spider-Man.
Art Garfunkel	*Avalanchurus garfunkeli*	Trilobit	

COUNTDOWN FÜR
DIE BIODIVERSITÄT

Alle zwanzig Minuten verschwindet eine Tier- oder Pflanzenart endgültig von der Erde. Das sind pro Jahr 26 280 ausgestorbene Arten. Somit könnte bis zur Mitte des 21. Jahrhunderts rund ein Viertel aller Arten für alle Zeiten ausgerottet werden.

WILLKOMMEN
IM ANTHROPOZÄN

Es darf inzwischen als gesichert gelten: Unser Planet ist seit den 1950er-Jahren in ein neues Erdzeitalter übergetreten. Der Begriff Anthropozän, so wird diese Epoche genannt, setzt sich aus den griechischen Worten für »Mensch« und »neu« zusammen. Bereits die Etymologie dieses Wortes verrät deutlich, wer für die beobachtete, einschneidende Veränderung in der Erdgeschichte verantwortlich ist. Der niederländische Meteorologe Paul Crutzen (Nobelpreis für Chemie 1995) schlug diesen Begriff vor, um zu verdeutlichen, dass es die menschlichen Aktivitäten sind, die den ausschlaggebenden Einfluss auf das System Erde ausüben. Damit geht die geologische Epoche des Holozän zu Ende, die seit der letzten Eiszeit, also die letzten zehntausend Jahre, unseren Planeten prägte. Ein Anfang 2015 veröffentlichter und aktengesättigter Bericht bestätigte diese schwindelerregenden Annahmen: »In wenig mehr als zwei Generationen ist die Menschheit zu einer geologischen Kraft mit Auswirkung auf den gesamten Planeten geworden«, schreiben die Autoren. Auch wenn die Menschheit bereits seit drei Millionen Jahren die Erde bevölkert und die Industrialisierung schon seit dem 19. Jahrhundert deutlich zunahm, so schnellen doch alle untersuchten Indikatoren etwa ab 1950 unübersehbar in die Höhe: Emission von Treibhausgasen, Anstieg der Temperatur, Übersäuerung der Meere, Rodung der tropischen Regenwälder, Erosion der Biodiversität, Übernutzung der Ressourcen etc. Die Verantwortung dafür verteilt sich wohlgemerkt nicht auf alle Länder der Welt gleichmäßig. Denn es sind die Länder der OECD, die sogenannten entwickelten Staaten, die sich den Löwenanteil dieser verhängnisvollen Bilanz haben zu Schulden kommen lassen.

Einige Forscher schlagen vor, die erste Explosion einer Atombombe in der Geschichte der Menschheit, also die Zündung, die am 16. Juli 1945 in der Wüste von New Mexico stattfand, als Startschuss für das Anthropozän gelten zu lassen. Denn zum ersten Mal in seiner Geschichte hat der Mensch damals radioaktives Material rund um den Globus verstreut.

GIRAFFENHERZ

Es wiegt 14 Kilogramm und macht damit rund zwei Prozent des Gesamtgewichts des Tieres aus. Der Blutkreislauf ist dabei eine unglaubliche Herausforderung. Das Herz der Giraffe muss ein Gehirn mit Blut versorgen, das ungefähr zweieinhalb Meter über ihm liegt.

DAS MENSCHLICHE GEHIRN

durchschnittliches Gewicht: 1,5 Kilogramm
durchschnittliches Volumen: 1130 Kubikzentimeter

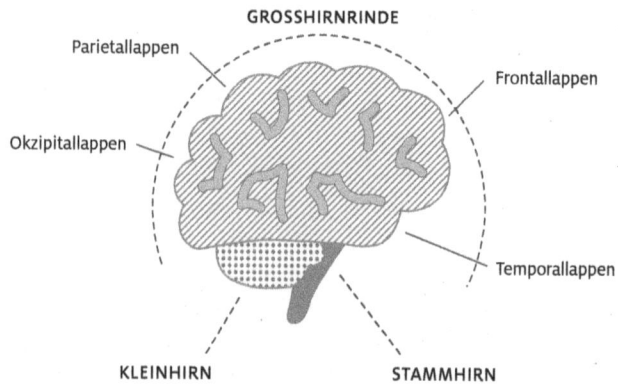

Das Gehirn ist von einer dicken Schicht aus Nervengewebe umwölbt: der **Großhirnrinde** (Cortex). Die Großhirnrinde ist in vier Bereiche aufgeteilt: den **Okzipitallappen**, den **Parietallappen**, den **Frontallappen** und den **Temporallappen**. Sie alle erfüllen ganz spezifische Aufgaben. Im Inneren des Gehirns befindet sich das **Limbische System**, das vor allem unsere Emotionen kontrolliert.

Unterhalb der Großhirnrinde findet man das **Kleinhirn**, dessen Aufgabe es unter anderem ist, Informationen an die Muskeln weiterzugeben und damit unsere Bewegungen zu steuern. Das **Stammhirn** verbindet das Rückenmark mit dem Gehirn und kontrolliert somit die Vitalfunktionen unseres Körpers.

Funktionen der Gehirnbereiche

Großhirnrinde

Okzipitallappen	Parietallappen	Frontallappen	Temporallappen
• visuelle Wahrnehmung (Verarbeitung der von der Netzhaut ausgesandten Impulse) • Farberkennung • Entfernungswahrnehmung • Erkennung von Bewegungen	• Interpretation der sensorischen Informationen (Sehen, Fühlen, Hören) • Wahrnehmung des Raums, Orientierung • Wahrnehmung der Lage des Körpers im Raum • Aussenden von Schmerzsignalen • Wahrnehmung der Zeit • visuelle Aufmerksamkeit • Wiederkennung von Gesichtern	• motorische Funktionen (der linke Teil des Frontallappens steuert die rechte Körperhälfte, der rechte Teil des Frontallappens steuert die linke Körperhälfte) • kognitives Denkvermögen, Kritikfähigkeit • Konzentration • Handlungsplanung • Entscheidungsfindung • Beurteilung • Impulsivität • Erinnerung an Gewohnheiten und Bewegungsmuster • Selbsterkenntnis und Persönlichkeit • Gefühle und Empathie • Sprache	• Hörzentrum • Sprachverständnis • Erkennen von Rhythmus • Gedächtnis, Lernfähigkeit • Verarbeitung bestimmter visueller Informationen • Identifizierung von Objekten, Fähigkeit zur Kategorisierung • einige Emotionen

Kleinhirn

- Koordinierung der Bewegungen
- Gleichgewicht
- motorisches Gedächtnis
- Muskeltonus (Der Anspannungszustand der Muskeln wird ständig überwacht, um der Erdanziehungskraft entgegenzuwirken.)

- Das Gehirn umfasst nur zwei Prozent unserer gesamten Körpermasse, wird aber mit 15 Prozent der Herzleistung versorgt und absorbiert 20 Prozent des Sauerstoffs in unserem Körper.
- Das Gehirn verbraucht bis zu 25 Prozent der dem Körper in Form von Glukose zugeführten Energie. Damit ist es das energiehungrigste Organ.
- Es umfasst 160 000 Kilometer Blutgefäße.
- Es besteht zu 75 Prozent aus Wasser.
- Im Gehirn befinden sich 100 Milliarden Neuronen, das sind genauso viele, wie es Sterne in der Milchstraße gibt. Die Hälfte davon befindet sich im Kleinhirn, das jedoch nur zehn Prozent der Gehirnmasse umfasst.
- Dem Gehirn fehlt es an Rezeptoren, die Schmerzsignale empfangen: Deshalb ist das Gehirn das einzige Organ des Körpers, das keinen Schmerz empfindet.
- Es kann vier bis sechs Minuten ohne Sauerstoff auskommen. Nach dieser Zeit beginnen die ersten Gehirnzellen abzusterben.
- Das menschliche Gehirn ähnelt in seiner Struktur den Gehirnen aller anderen Säugetiere, ist jedoch im Verhältnis zum restlichen Körper wesentlich größer als bei den Tieren.
- Die Überlegenheit des menschlichen Gehirns verdankt sich vor allem der Fähigkeit, sich nach der Geburt noch entscheidend weiterzuentwickeln. Die Mehrzahl der Säugetiere kommt mit einem Gehirn zur Welt, das bereits 90 Prozent des Gewichts des erwachsenen Tiergehirns hat. Bei Menschen bringt es kaum 28 Prozent dessen auf die Waage, was es später einmal wiegen wird.

WIE VIELE INSEKTEN
GIBT ES AUF DER ERDE?

Auf diese Frage eine präzise Antwort zu geben, ist sehr schwer, selbst eine näherungsweise Schätzung fällt nicht leicht. Denn wir kennen noch nicht einmal alle Insektenarten, die unseren Planeten besiedeln: Etwa eine Million unterschiedlicher Insekten sind bekannt, und man vermutet, dass mindestens sechs Millionen weitere Arten existieren. Oder auch zehn Millionen. Oder noch mehr. Forscher wagen daher die Aussage, dass zwischen einer und zehn Trillionen (also zehn Milliarden Milliarden) Insekten zu einem bestimmten Moment gleichzeitig auf der Erde leben. Das wären 1,4 Milliarden Insekten für jeden Menschen.

Unter den beschriebenen Arten gehören 40 Prozent zu den Käfern (Scarabaeoidea, Marienkäfer etc.). Wenn es um einzelne Tiere geht, sind es jedoch die Ameisen, die es am zahlreichsten gibt. Sie stellen zwischen 15 und 20 Prozent der gesamten tierischen Biomasse dar und wiegen genauso viel wie die gesamte Menschheit, wenn nicht sogar noch mehr!

SPIDER-MAN WIRD ES NIE GEBEN

All diejenigen, die darauf hoffen, eines Tages könnte womöglich eine menschliche Spinne die Fassade eines Hochhauses hinaufklettern, konfrontieren Forscher der Universität Cambridge mit dem Beweis, dass dies niemals möglich sein wird. Die Gründe dafür liegen in der Physik. Um an einer Wand oder Decke zu kleben, nutzen die meisten Tierarten denselben Trick: Ihre Gliedmaßen sind mit einer großen Anzahl von Nanohärchen besetzt;

beim Gecko sind es beispielsweise eine Million Härchen pro Zeh. Jedes dieser Härchen baut eine intermolekulare Verbindung mit der Oberfläche auf; man nennt diese Anziehung auch Van-der-Waals-Kraft. Und je größer eine Art ist, umso größer muss auch diese Anziehungskraft werden. Hier haben wir es mit einem unveränderlichen Gesetz der Physik zu tun: Wenn die Oberfläche im Quadrat wächst, wächst das Volumen – und damit das Gewicht – im Kubik. Ein Insekt benötigt also nur auf einem millionstel Teil seiner Oberfläche die Klebehärchen, wohingegen ein Gecko, ein Reptil, das 7000 Mal schwerer ist als eine Fliege, ungefähr vier Prozent seiner Oberfläche mit den Härchen bedeckt haben muss (vor allem an seinen Zehenspitzen).

Wie wäre es beim Menschen? Bei einem Organismus dieser Größe wird die Idee, Menschenhandschuhe mit diesen Härchen auszustatten, unrealistisch. Die Forscher haben errechnet: Unser Körper, bei einem durchschnittlichen Gewicht von 80 Kilogramm, müsste auf 40 Prozent seiner Oberfläche mit diesen anziehenden Härchen bedeckt sein. Oder 80 Prozent auf nur einer seiner Körperseiten (was für das Hinaufklettern an Wänden praktischer sein dürfte). Eine zweite Lösungsmöglichkeit, die die Forscher entwickelt haben, wäre, dem zukünftigen Spider-Man Schuhe in der Größe 145 anzuziehen!

DIE DINOSAURIER

Die »schrecklichen Echsen«, wie sie übersetzt heißen, haben 160 Millionen Jahre lang die Oberfläche unseres Planeten beherrscht. Zum Vergleich, unsere Spezies, der *Homo sapiens*, hat erst vor ungefähr 200 000 Jahren ihren Premierenauftritt gehabt. Die

Dinosaurier haben im Mesozoikum gelebt, das vor rund 245 Millionen Jahren begann, und sind zusammen mit ihm untergegangen, vor etwa 65 Millionen Jahren. Zu Beginn dieses Erdzeitalters war Pangäa, der urzeitliche Superkontinent, noch ungeteilt; die Dinosaurier konnten also alle Regionen der damaligen Welt trockenen Fußes besiedeln.

Nach einer Studie aus dem Jahr 2006 wurden bislang 527 Arten Dinosaurier mit Sicherheit beschrieben und 1844 warten noch auf ihre Klassifizierung. Die Dinosaurier stellen eine Gruppe dar, die mindestens ebenso wichtig war, wie es heute die Säugetiere sind: Einige Dinosaurier waren Fleisch-, andere waren Pflanzenfresser; es gab Zwei-, aber auch Vierbeiner. Die allerersten Dinosaurier waren keine Mastodonten; es hat noch Millionen weitere Jahre gedauert, bis diese riesigen Rüsseltiere auftauchten. Der bislang größte Dinosaurier, den man gefunden hat, ist der *Brachiosaurus brancai*, auch unter dem Namen Giraffatitan bekannt. Er wurde bis zu zwölf Meter hoch, bis zu 22,50 Meter lang und wog zwischen 30 und 60 Tonnen. Ein afrikanischer Elefant, das derzeit größte lebende Landtier der Erde, wiegt zum Vergleich durchschnittlich 7,7 Tonnen. Der Giraffatitan war ein friedliebender Pflanzenfresser, wie auch der Diplodocus, und gab sich damit zufrieden, Ginkgoblätter zu kauen. Schon per Definition sind Fleischfresser weniger groß, denn sie sind bei der Jagd auf Nahrungstiere von ihrer Laufgeschwindigkeit abhängig. Der Tyrannosaurus, der bekannteste unter ihnen, war zwölf Meter lang, und seine Hüften, die den Scheitelpunkt seines stets horizontal ausgerichteten Körpers darstellten, befanden sich in vier Metern Höhe. Seine Zähne konnten 20 Zentimeter lang werden und erneuerten sich ein Leben lang, genau wie es heute beim Hai der Fall ist.

Die überwiegende Mehrzahl der Dinosaurier war jedoch Vegetarier. Die Analyse ihrer Zähne sowie ihrer fossilierten Exkremente (»Koprolith«) ermöglicht den Rückschluss darauf, wovon sie sich ernährten. Bis zur Kreidezeit gab es keine Gräser. Der Iguanodon fraß also andere Pflanzen, Nadelgewächse und Baumfarne. Nur die allerletzten Dinosaurierarten dürften sich wahrscheinlich von Gras ernährt haben.

LISTE DER AM STÄRKSTEN VOM AUSSTERBEN BEDROHTEN ARTEN (TEIL 2 VON 6)

Typus	Art	Trivialname / Beschreibung	geografische Verbreitung	geschätzte Population	Bedrohung
Fisch	Bahaba taipingensis	Umberfisch	chinesische Küste des Yangtse-Flusses, China und Hongkong	unbekannt	Überfischung, da seine Schwimmblase in der traditionellen chinesischen Medizin genutzt wird
Reptil	Batagur baska	Batagur-Schildkröte	Bangladesch, Kambodscha, Indien, Indonesien und Malaysia	unbekannt	illegale Ausfuhr nach China
Pflanze	Bazzania bhutanica	Lebermoos	Budini und Lafeti Khola, Bhutan	2 Gruppen	Waldrodung, Überweidung, Ausbreitung des Menschen
Säugetier	Beatragus hunteri	Hunter-Antilope	Südostkenia und evtl. Südwestsomalia	< 1000 Exemplare	Verlust des Lebensraums, Konkurrenz mit Weidevieh, Jagd
Insekt	Bombus franklini	Franklins Hummel	Oregon und Kalifornien, USA	unbekannt	Krankheiten, die von kommerziell genutzten Hummeln übertragen werden, Zerstörung und Verschmutzung des Lebensraums

Säugetier	*Brachyteles hypoxanthus*	Nördlicher Spinnenaffe	Regenwälder in Südostbrasilien	< 1000 Exemplare	starke Waldrodung und Besiedlung des Lebensraums
Säugetier	*Bradypus pygmaeus*	Zwergfaultier	Insel Escudo de Veraguas, Panama	< 500 Exemplare	Rodung der Mangrovenwälder, Jagd
Pflanze	*Callitriche pulchra*	Wasserstern	Teiche auf der Insel Gavdos, Griechenland	unbekannt	Bedrohung des Lebensraums durch Weidevieh, Zerstörung der Teiche durch die örtliche Bevölkerung
Reptil	*Calumma tarzan*	Tarzanchamäleon	Region Anosibe An'Ala, Ostmadagaskar	< 100 Exemplare	Landwirtschaft
Nagetier	*Cavia intermedia*	Santa Catarina-Meerschweinchen	Insel Moleques do Sul, Santa Catarina, Brasilien	40–60 Exemplare	Zerstörung des Lebensraums, Jagd, Auswirkungen der kleinen Gruppe
Säugetier	*Cercopithecus roloway*	Roloway-Meerkatze	Elfenbeinküste	unbekannt	Jagd, Verlust des Lebensraums
Säugetier	*Coleura seychellensis*	Seychellen-Schiebeschwanz-Fledermaus	zwei kleine Grotten auf den Inseln Silhouette und Mahé, Seychellen	< 100 Exemplare	Zerstörung des Lebensraums, Beutetier von eingeschleppten, invasiven Arten
Pilz	*Cryptomyces maximus*	Königsnatter-Rindenpilz	Pembrokeshire, Großbritannien	unbekannt	begrenzter Lebensraum
Säugetier	*Cryptotis nelsoni*	Nelsons Kleinohrspitzmaus	Vulkan San Martín Tuxtla, Veracruz, Mexiko	unbekannt	Rodung, Konkurrenz durch Weidevieh, Bedrohung durch Feuer, Landwirtschaft
Reptil	*Cyclura collei*	Jamaika-Leguan	Hellshire Hills, Jamaika	unbekannt	Zerstörung des Lebensraums, Beutetier von eingeschleppten, invasiven Arten

DIE KLITORIS

Die Klitoris ist das einzige menschliche Organ, das ausschließlich der Lust gewidmet ist. Sie besitzt also keine Funktion, die auf einen Nutzen ausgerichtet wäre. In ihr enden rund 8000 Nervenbahnen und damit deutlich mehr als an jeder anderen Stelle des Körpers, auch mehr als an der Eichel des Penis. Im Gegensatz zu diesem wurde die Klitoris auch lange Zeit in anatomischen Texten völlig außer Acht gelassen. Man musste bis 1998 warten, bis die Anatomie der Klitoris vollständig beschrieben war: Erst die Arbeiten der australischen Urologin Helen O'Connell haben diese Lücke geschlossen.

In den ersten Wochen ihrer Entwicklung während der Schwangerschaft sind die männlichen und weiblichen Sexualorgane noch absolut identisch; erst ab der zehnten Woche bilden sich Unterschiede heraus: Der Genitalhöcker verlängert sich beim Mann und wird zum Penis; beim weiblichen Embryo wandelt er sich zur Klitoris um. Das bedeutet, dass die Klitoris aus demselben Gewebe entsteht wie der Penis, was auch ihre große Elastizität erklärt.

DIE ASEXUELLE FORTPFLANZUNG

Nicht alle Tiere brauchen Sexualität, um sich zu vermehren. Fortpflanzung und Sex sind zwei völlig unterschiedliche Dinge: Erstere entspricht der Tatsache, dass ausnahmslos jedes Lebewesen auf der Erde den Antrieb besitzt, seine Gene weiterzugeben. Letzterer wird nur von einem Teil der Arten eingesetzt, um sich fortzupflanzen. Auch wenn es der überwiegende Teil ist, denn 90 Prozent der Tierarten haben die Sexualität als normalen Modus der Reproduktion angenommen.

Einzeller hingegen sind in der Lage, sich ohne Sex zu vermehren. Diese asexuelle Fortpflanzung verläuft in der Regel so, dass sich eine Mutterzelle in zwei Tochterzellen teilt. Dieses Phänomen heißt Mitose.

Wieder andere Lebewesen praktizieren durchaus Sex, haben aber in der Folge die Fähigkeit entwickelt, sich auch dann fortzupflanzen, wenn das Weibchen nicht von einem Männchen befruchtet wurde. Man spricht dabei von Parthenogenese. Sie kommt bei einigen Insekten vor, etwa bei Blattläusen, den Honigbienen, den Gespenstschrecken sowie bei bestimmten Krebstieren.

Auch wenn diese Strategie einige nicht zu leugnende Vorteile mit sich bringt, erlaubt sie jedoch keine große Diversität in den nachfolgenden Generationen. Die Parthenogenese kann zu einer ausschließlich männlichen Nachkommenschaft führen (der rein männliche Jahrgang eines Ameisenhaufens ist das Resultat dieser Parthenogenese) oder auch, was wesentlich häufiger der Fall ist, nur Töchter hervorbringen.

Bei einer Reptilienart, den Rennechsen (*Cnemidophorus*), verläuft es genau so – es existieren nur weibliche Rennechsen und sie pflanzen sich alle durch Parthenogenese fort. Die Rennechsen haben eine ganz eigene Art Homosexualität entwickelt: Zu einem bestimmten Zeitpunkt ihres Zyklus' imitieren einige von ihnen das Verhalten eines Männchens und lösen damit bei ihrer weiblichen Partnerin einen Vorgang aus, durch den sich die Eizelle direkt zum Embryo entwickelt.

EINIGE SEXUELLE DYSFUNKTIONEN

1. Die **andauernde genitale Erregungsstörung** (auch bekannt unter der englischen Abkürzung PGAD) – Sie wurde 2001 zum ersten Mal beschrieben und betrifft nur Frauen. Diese leiden unter einer ständigen sexuellen Dauererregung, ohne dass sie jedoch ein sexuelles Verlangen verspüren oder sexuell stimuliert worden sind. Das Symptom kann zu Stressbelastung und Erschöpfung führen.

2. Die **Anorgasmie** – Darunter versteht man die Schwierigkeit oder die Unmöglichkeit, zum Orgasmus zu kommen. Sie ist der häufigste Grund für die Konsultation eines Sexualwissenschaftlers. Diese Blockaden können körperliche Ursachen haben, sind jedoch meist psychisch begründet.

3. Die **Sexsomnia** – Dieses Phänomen, das zum ersten Mal 2003 beschrieben wurde, kommt sowohl bei Männern wie auch bei Frauen vor. Damit bezeichnet man eine Form des Schlafwandelns, bei dem die Betroffenen, während sie schlafen, unbewusst und unwillentlich sexuell aktiv werden.

WENN ZWEI SEKUNDEN VERSTRICHEN SIND ...

... hat sich die Galaxis Andromeda unserer Milchstraße um 222 Kilometer genähert. Den Zusammenstoß erwartet man in rund vier Milliarden Jahren.

EINE UNSTERBLICHE QUALLE

Turritopsis dohrnii ist eine winzige Qualle, die über eine faszinierende Eigenschaft verfügt: Sie ist das einzige bislang bekannte Lebewesen, das unsterblich ist. Sie beginnt ihr Leben, festgekrallt auf dem Meeresboden, als Polyp (wie etwa auch Korallen oder Seeanemonen) und verwandelt sich dann in eine Qualle, die mithilfe ihrer Tentakel durch das Meer schwimmt. Schließlich ist sie in der Lage, diesen Lebenszyklus neu zu beginnen, indem sie wieder zu einem Polypen wird, dann erneut eine Qualle – und so geht es, offenbar unendlich, weiter. Die Wissenschaftler, die seit 1988 diese Qualle untersuchen, konnten ihr bislang das Geheimnis dieser ewigen Jugend noch nicht entlocken. Anscheinend setzt sie eine Art automatisches Klonen in Gang, das ihre Zellen in den ursprünglichen Zustand zurückversetzt. Womöglich kann der Mensch auf diesem Wege das Rezept für seine eigene Unsterblichkeit entdecken.

DIE FOTOSYNTHESE

So nennt man den Prozess, bei dem durch die Umwandlung von Kohlenstoffdioxid und mithilfe von Wasser und Sonnenlicht Sauerstoff – ein für das Leben unverzichtbares Element – in die Atmosphäre abgegeben und zugleich organische Materie (Glucose, also Energie) produziert wird. Schon lange vor den Pflanzen haben vor 2,7 bis 3,8 Milliarden Jahren Bakterien als Erste mit diesem Umwandlungsprozess begonnen. Diese einzelligen Organismen lebten im Wasser, um sich vor der UV-Strahlung zu schützen.

Biologie 1:
Zoologie, Wissenschaft von den Tieren

- Mammalogie: Wissenschaft von den Säugetieren
  - Primatologie: Wissenschaft von den Primaten (Höheren Säugetieren)
  - Hippologie: Wissenschaft vom Pferd
  - Theriologie: Wissenschaft der wilden Säugetiere
  - Chiropterologie: Wissenschaft von der Fledermaus
  - Cetologie: Wissenschaft von den Walen (Cetacea)
    - Delfinologie: Wissenschaft vom Delfin
- Ornithologie: Wissenschaft von den Vögeln
- Ichthyologie: Wissenschaft von den Fischen
- Aquariologie: Wissenschaft von der Fauna und Flora in Aquarien
- Agrozoologie: Wissenschaft von den Tieren in der Landwirtschaft
- Herpetologie: Wissenschaft von den Reptilien und Amphibien
  - Ophiologie: Wissenschaft von den Schlangen
- Entomologie: Wissenschaft von den Insekten
  - Dipterologie: Wissenschaft von den Zweiflüglern (Fliegen und Mücken)
  - Lepidopterologie: Wissenschaft von den Schmetterlingen
  - Koleopterologie: Wissenschaft von den Käfern
  - Hymenopterologie: Wissenschaft von den Hautflüglern
    - Myrmekologie: Wissenschaft von den Ameisen
    - Apidologie: Wissenschaft von den Bienen

- Odonatologie: Wissenschaft von den Libellen
- Arachnologie: Wissenschaft von den Spinnentieren
  - Acarologie: Wissenschaft von den Milben
  - Araneologie: Wissenschaft von den Spinnen
  - Scorpionologie: Wissenschaft von den Skorpionen
- Myriapodologie: Wissenschaft von den Tausendfüßern
- Karzinologie: Wissenschaft von den Krebstieren
- Malakologie: Wissenschaft von den Weichtieren
  - Conchologie: Wissenschaft von den Schalenweichtieren
  - Teuthologie: Wissenschaft von den Kopffüßern (Kraken, Kalmare, Tintenfische)
- Parasitologie: Wissenschaft von den Parasiten
  - Helminthologie: Wissenschaft von den Würmern
- Protozoologie: Wissenschaft von den Protisten
- Oologie: Wissenschaft von den Vogeleiern
- Ethologie: Wissenschaft von der Verhaltensbiologie der Tiere
  - Soziobiologie: Wissenschaft vom Sozialverhalten der Tiere
- Epizootiologie: Wissenschaft von der Verbreitung von Krankheiten bei Tieren
- Anthrozoologie: Wissenschaft von den Beziehungen zwischen Mensch und Tier
- Archäozoologie: Wissenschaft von den prähistorischen Tieren
- Kryptozoologie: Wissenschaft von legendären Tieren (Yeti, Monster von Loch Ness etc.)

DER ZOO DER MIKROBEN

Auf Wiedersehen ihr Löwen, Affen und Giraffen! Ein 2014 in Amsterdam neu eröffneter Zoo zeigt nur mehr Viren, Pilze und andere Bakterien. Denn es steht ja fest, dass die Biodiversität sich nicht auf jene Kreaturen beschränkt, die wir mit bloßem Auge sehen können. Es existiert eine wuchernde Mikronatur, die für unser Überleben entscheidend ist. Und deren Möglichkeiten sind mit der Herstellung von Antibiotika noch längst nicht erschöpft: Schon bald könnten Mikroorganismen Strom produzieren, dabei helfen, stabilere Gebäude zu errichten und gegen Krebs zu kämpfen. Den niederländischen Zoo Micropia besucht man wie ein Labor, in dem Mikroskope mit riesigen Bildschirmen an den Wänden verbunden sind: Hier ist ein Ebola-Virus zu betrachten und dort sind Pilze zu bestaunen wie jener, der ständig unter unseren Füßen lebt. Man kann sich sogar vor einem *Kiss-o-Meter* küssen und bekommt dann errechnet, wie viele Mikroben während des Kusses ausgetauscht wurden.

UND SIE DREHT SICH DOCH

Es war weder Christoph Kolumbus im 15. Jahrhundert noch Galilei im 16. Jahrhundert, die entdeckt haben, dass die Erde eine Kugel ist. Denn das weiß man schon seit der Antike! Wer hat also noch geglaubt, die Erde sei flach? Und wann hat man verstanden, dass unser Planet nicht der Mittelpunkt des Universums ist? Im Folgenden eine kleine Geschichte der Vorstellungen von der Erde, seit der Zeit der Babylonier:

In Mesopotamien (8. Jahrhundert v. Chr.)

Der älteste uns bekannte Versuch, die Erde in ihrer Gänze abzubilden, stammt aus dem 8. Jahrhundert v. Chr. Dabei befindet sich die Stadt Babylon im Zentrum der Welt, umgeben von einem kreisförmig fließenden Fluss, der dem Persischen Golf entspricht. Darüber hinaus sind auf der Karte mysteriöse Regionen angedeutet wie etwa der »Ort, an dem man die Sonne nicht sieht«, was wohl heißen soll: der Norden.

Hesiod (8. bis 7. Jahrhundert v. Chr.)

Zur selben Zeit begannen auch die Griechen, sich immer mehr für das Geheimnis des Kosmos zu interessieren. Ihnen ging es dabei nicht darum, eine Kartografie der bereits bekannten Gebiete zu erstellen. Sie wollten die Eigenarten der Natur der Erde beschreiben, auf der sie lebten. Das hat sie dazu gebracht, die Erde zunächst auf mythologische Weise darzustellen, in Form der Göttin Gaia, die im unteren Teil des Universums lebt und dort Wurzeln ausbildet.

Thales (7. bis 6. Jahrhundert v. Chr.)

Bei Thales wird die Erde zum ersten Mal als Scheibe beschrieben, die auf Wasser schwimmt. Die Bewegungen des Wassers erklären auch, wie es zu Erdbeben kommt. Die Erdscheibe wird überragt von einer Kuppel, auf der sich die Planeten bewegen, die genau wie die Erde nur Scheiben sind. Die Sterne sind bloße Öffnungen, die durch das Himmelsgewölbe hindurchgehen.

Anaximander (7. bis 6. Jahrhundert v. Chr.)

Wenn die Erde auf dem Wasser ruht, auf was ruht dann das Wasser? Anaximander, ein Schüler von Thales, schlug eine originelle Theorie vor: Die Erde ist in seinen Augen ein Zylinder, der in der Mitte eines unendlichen Kosmos hänge. Auf der flachen Oberfläche sei die bewohnbare Welt entstanden, die von einem kreisrunden Ozean umgeben werde. Dieser Zylinder ruhe unbewegt im Universum, da er sich genau im Mittelpunkt des Kosmos befinde und daher keinen Grund habe, sich mehr in die eine oder die andere Richtung zu bewegen. Bei Anaximander taucht im Zusammenhang mit der Erde zum ersten Mal die Idee einer Wölbung auf.

Aristoteles (4. Jahrhundert v. Chr.)

Schon die Kosmologiemodelle der Pythagoreer aus dem 5. Jahrhundert v. Chr. beschreiben die Erde als kugelförmig. Die ersten Beweise für diese Annahme stammen jedoch von Aristoteles und finden sich in seinem Buch *Über den Himmel*. Die Kugelform der Erde sei die einzig mögliche Erklärung dafür, warum während einer Mondfinsternis der Erdschatten immer rund ist. Sie erkläre auch die Tatsache, dass der Sternenhimmel nicht mehr der gleiche ist, wenn man sich von Norden nach Süden bewegt.

Andere antike Denker haben die Beobachtung ergänzt, dass man von einem Schiff, das vom Horizont auf den Betrachter zufährt, zuerst die Mastspitze und erst später den Bug erblickt. Für Aristoteles war die Erde, gelegen im Mittelpunkt des Universums, zunächst von einer Wasserbahn, dann einer Luftbahn und zuletzt einer Feuerbahn umgeben. In dieser höheren Feuerschicht bewegten sich die Sterne.

Herakleides Pontikos (4. Jahrhundert v. Chr.)

Diesem Schüler von Aristoteles schreibt man die Theorie zu, wonach sich die Erde um sich selbst dreht. Für eine Umdrehung um die eigene Achse, so Herakleides Pontikos, brauche sie 24 Stunden.

Eratosthenes (3. Jahrhundert v. Chr.)

Eratosthenes war der Erste, der den Umfang der Erde abschätzte, und dies allein anhand geometrischer Berechnungen. Er kam auf einen Wert von 39 350 Kilometer, was fast dem tatsächlichen Umfang (40 075 Kilometer) entspricht. Es war jedoch die fehlerhafte Kalkulation eines anderen Gelehrten, die des Poseidonios (2. bis 1. Jahrhundert v. Chr.), die bis weit in die Renaissance als die glaubwürdigste galt. Poseidonios ging davon aus, dass der Umfang der Erde nicht mehr als 30 000 Kilometer betrage. Womöglich war es diese Berechnung, die Christoph Kolumbus den Entschluss fassen ließ, Asien auf dem Seeweg nach Westen zu erreichen. Denn für ihn musste es ausgesehen haben, als sei Indien nur rund 10 000 Kilometer von den europäischen Küsten entfernt.

Beginn der christlichen Zeit und des Mittelalters

Das Christentum hat die Ergebnisse jahrhundertelanger astronomischer Forschungen zweifelsohne umgeworfen: Die Heilige Schrift erklärt, die Erde sei flach, von Säulen gestützt und von einer festen Kuppel, dem Firmament, überwölbt. Da die Wissenschaftler zugleich auch Theologen waren, ergab sich bei einigen von ihnen aus der wörtlichen Auslegung der Bibel die Idee einer Welt in Form einer Scheibe. Die bekannteste Theorie stammt vom Apologeten Lactantius (3. bis 4. Jahrhundert n. Chr.), der gegen die Kugelform der Erde das Argument vorbrachte, für ihn sei »es irrig zu glauben, es könnten Orte existieren, an denen die Dinge von oben nach unten hängen«[*]. Tatsächlich aber herrschte bei der Mehrzahl auch der christlichen Astronomen die Meinung vor, die Erde sei eine Kugel. Der französische Geistliche Gautier de Metz (13. Jahrhundert) verglich sie mit einem Knäuel. Allerdings konnten die Wissenschaftler und Theologen sich unseren Planeten, die privilegierte Schöpfung eines allmächtigen Gottes, nicht anders vorstellen als im Zentrum des Universums.

Nikolaus Kopernikus (1473–1543)

Diesem polnischen Astronom verdanken wir die große heliozentrische Revolution. Hier einige der Schlussfolgerungen, zu denen Kopernikus gelangt ist:

- Die Erde ist nicht das Zentrum des Universums, sondern nur das Zentrum des Systems Erde-Mond.
- Alle Kugelschalen, darunter auch die Sterne, drehen sich um die Sonne, das Zentrum des Universums.

---

[*] Lactantius: *Divinae institutiones*. Buch III, Kapitel 24.

- Die Erde dreht sich um sich selbst, mit einer Achse in Nord-Süd-Richtung.
- Der Abstand zwischen Erde und Sonne ist verschwindend gering im Vergleich zum Abstand zwischen der Sonne und den anderen Sternen.

Erstaunlicherweise haben diese Behauptungen im Moment ihrer Veröffentlichung nur wenig Protest hervorgerufen. Kopernikus war vorsichtig genug (oder sah sich vielleicht auch gezwungen), seine Erkenntnisse weniger als Erklärung der Welt denn vielmehr als sehr nützliche Rechenhilfe darzustellen. Während Luther ihn für einen Narren hielt, stützte Papst Gregor XIII. sich auf Kopernikus' Berechnungen, um den gregorianischen Kalender aufzustellen.

Johannes Kepler (1571–1630)

Dieser deutsche Gelehrte verfeinerte das Modell von Kopernikus noch weiter. Kopernikus beschrieb die Bewegung der Planeten, als würden sich diese auf einer Kreisbahn gleichmäßig bewegen. Kepler bestätigte die Drehung um die Sonne, erklärte aber, dass die Planeten einer elliptischen Bahn folgten.

Galileo Galilei (1564–1642)

Auf ihn geht die Durchsetzung des Heliozentrismus zurück: Der berühmte Prozess gegen Galileo Galilei, in dessen Verlauf der Forscher auf die Bibel schwören sollte, dass die Erde doch das Zentrum des Universums sei, war tatsächlich nichts anderes als der um ein Jahrhundert verspätete Prozess gegen das kopernikanische Modell. Der Italiener Galilei bestätigte im Grunde mit seinen sehr präzisen Beobachtungen nur die Voraussagen von

Kopernikus und Kepler. Diese Beobachtungen waren ihm dank seines astronomischen Fernrohrs möglich, das er, wenn auch nicht erfunden, so doch zumindest entscheidend verbessert hatte. Nach Ende des Prozesses 1633 lebte Galilei bis zu seinem Tod unter Hausarrest.

Isaac Newton (1643–1727)

Indem er die Erdanziehung als Kraft beschrieb, half der englische Wissenschaftler Isaac Newton dabei, ein Modell aufzustellen, das die Beobachtungen seiner Vorgänger erklären konnte. Von nun an war man in der Lage zu erklären, warum alle Dinge auf die Oberfläche der Erde zurückkehren, warum sich der Mond um die Erde dreht und warum die anderen Planeten ihre Bahnen um die Sonne ziehen. Dank Newton bekam die Menschheit ein genaueres Bild ihres Planeten: Die Erde ist nicht flach, aber auch nicht vollständig kugelförmig. Sie ist am Äquator angeschwollen und an den Polen abgeflacht.

Edwin Hubble (1889–1953)

Es dauerte noch bis zum Beginn des 20. Jahrhunderts, um endgültig mit der Vorstellung aufzuräumen, die Sonne, das Zentrum unseres Sternensystems, sei auch das Zentrum des Universums. Die Theorie des Urknalls, die sich auf die Berechnungen des US-amerikanischen Astrophysikers Edwin Hubble stützt, löste die Idee auf, es könne überhaupt ein Zentrum im Universum geben. Unsere Sonne ist nichts weiter als ein Fleck in der Milchstraße, die selbst nur eine Galaxis unter vielen anderen ist.

DIESE ASTEROIDEN DROHEN AUF DER ERDE EINZUSCHLAGEN

Laut eines Berichts der NASA aus dem Jahr 2013 gibt es mindestens 1400 Asteroiden, die auf uns herabstürzen könnten. Eine Zahl, die zittern macht, umso mehr, wenn man weiß, dass für diese Studie nur solche Objekte gezählt wurden, die mehr als 140 Meter Durchmesser aufweisen. Zum Vergleich: Der Meteoritenschauer, der 2013 über dem Ural niederging und für rund 1000 Verletzte sorgte, entstand, als sich ein Asteroid von gerade einmal 17 Metern Durchmesser beim Eintritt in die Erdatmosphäre in Einzelteile auflöste. Zum Glück dürfte keiner der als »potenziell gefährlich« eingestuften Asteroiden die Erde in den nächsten 100 Jahren streifen. Das ändert jedoch nichts daran, dass Meteoriten ein unbestreitbares Risiko für eine Naturkatastrophe darstellen, wenn auch ein sehr kleines, zumal ihr Auftreten nur sehr schwer vorhersehbar ist. Am 22. März 2016, etwa gegen 15:30 Uhr, streifte ein kleiner Komet die Erde in rund 3,4 Millionen Kilometern Entfernung, also der zehnfachen Distanz zwischen Erde und Mond. Im Gedächtnis der Menschheit kam uns ein einziger Komet, bekannt unter dem Name Lexell, noch näher: Am 1. Juli 1770 schoss er in 2,3 Millionen Kilometern Entfernung an uns vorbei.

CHRONOLOGIE
DER EVOLUTION

Das Diagramm auf S. 95 stellt den Ablauf der Evolution vom Urknall bis in unsere Zeit dar. Je weiter wir in der Zeit voranschreiten, umso schneller wird die Evolution, weshalb wir den Maßstab auf der Zeitachse verändern müssen.

Das rechte Ende der Linie wird somit im Maßstab immer größer, um dann bei der Entstehung des modernen Menschen anzukommen, der seit rund 200 000 Jahren existiert, was 0,0013 Prozent der Geschichte des Universums entspricht.

Von diesen 200 000 Jahren gehören 194 000 zu dem, was wir die Ur- und Frühgeschichte nennen. Der Mensch dieser Epoche lebte in nomadischen Gruppen und ernährte sich vom Sammeln, Jagen und Fischen. Er hatte bereits das Bewusstsein, sterblich zu sein, sprach, formte Gegenstände und schuf künstlerische Objekte, die er etwa auf Höhlenwände malte. Die letzten 10 000 Jahre dieser Periode sind durch eine wichtige Entwicklung geprägt, die im Nahen Osten, in Indien und auch in China vonstattenging: die Entdeckung der Landwirtschaft, in deren Folge der Mensch sesshaft wurde und darauf Dörfer gründete und dann Städte. Die Urgeschichte endet vor rund 6000 Jahren, mit dem Zeitpunkt, als der Mensch die Schrift entwickelte. Von diesem Augenblick an wurde das Schicksal der Menschheit nicht länger hauptsächlich von der biologischen Evolution geprägt, sondern vielmehr durch Ideen und die Kultur. Damit betrat der Mensch die Geschichte.

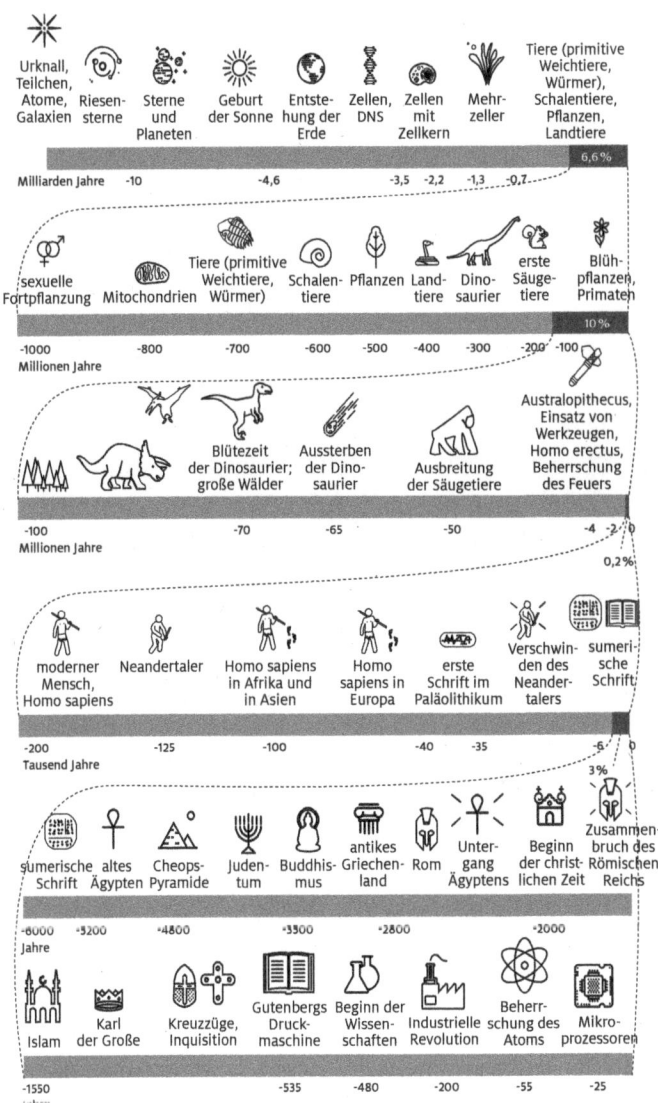

Urknall, Teilchen, Atome, Galaxien — Riesensterne — Sterne und Planeten — Geburt der Sonne — Entstehung der Erde — Zellen, DNS — Zellen mit Zellkern — Mehrzeller — Tiere (primitive Weichtiere, Würmer), Schalentiere, Pflanzen, Landtiere

6,6 %

Milliarden Jahre -10   -4,6   -3,5 -2,2 -1,3 -0,7

sexuelle Fortpflanzung — Mitochondrien — Tiere (primitive Weichtiere, Würmer) — Schalentiere — Pflanzen — Landtiere — Dinosaurier — erste Säugetiere — Blühpflanzen, Primaten

10 %

-1000 Millionen Jahre   -800   -700   -600   -500   -400   -300   -200 -100

Blütezeit der Dinosaurier; große Wälder — Aussterben der Dinosaurier — Ausbreitung der Säugetiere — Australopithecus, Einsatz von Werkzeugen, Homo erectus, Beherrschung des Feuers

-100 Millionen Jahre   -70   -65   -50   -4 -2 0

0,2 %

moderner Mensch, Homo sapiens — Neandertaler — Homo sapiens in Afrika und in Asien — Homo sapiens in Europa — erste Schrift im Paläolithikum — Verschwinden des Neandertalers — sumerische Schrift

-200 Tausend Jahre   -125   -100   -40 -35   -6 0

3 %

sumerische Schrift — altes Ägypten — Cheops-Pyramide — Judentum — Buddhismus — antikes Griechenland — Rom — Untergang Ägyptens — Beginn der christlichen Zeit — Zusammenbruch des Römischen Reichs

-6000 Jahre   -5200   -4800   -3500   -2800   -2000

Islam — Karl der Große — Kreuzzüge, Inquisition — Gutenbergs Druckmaschine — Beginn der Wissenschaften — Industrielle Revolution — Beherrschung des Atoms — Mikroprozessoren

-1550 Jahre   -535   -480   -200   -55   -25

DIE GENAUESTE UHR
DER WELT

US-amerikanische Physiker haben 2013 eine experimentelle Atomuhr vorgestellt, die als die genaueste Uhr der Welt gelten kann. Ihr Gang ist zehn Mal gleichmäßiger als jener der bis dahin existierenden Atomuhren und zehn Milliarden Mal genauer als der einer klassischen Quarzuhr: Sie geht in 13,8 Milliarden Jahren, also dem geschätzten Alter des Universums, weniger als eine Sekunde falsch. Eine Atomuhr, wie übrigens jede Uhr überhaupt, misst die Dauer einer Sekunde, indem sie sich auf ein physikalisches Phänomen bezieht, das sich regelmäßig wiederholt. Während mechanische Uhren dafür die Bewegung eines Pendels nutzen, stützen sich Atomuhren auf die stets gleichbleibende Frequenz, die eine Strahlung braucht, um ein Cäsium-Atom in Schwingung zu versetzen. Dies ist die derzeit gültige internationale Referenz. Diese neue, außergewöhnliche Uhr setzt sich aus 10 000 Ytterbium-Atomen zusammen, die auf eine Temperatur knapp oberhalb des absoluten Nullpunktes (minus 273,15° Celsius) abgekühlt und in einem aus Laserstrahlen gebildeten optischen Raster festgehalten werden. Ein weiterer Laser schlägt nun 518 000 Milliarden Mal pro Sekunde auf diese Atome ein und regt damit den Übergang zwischen zwei Energieniveaus an. Damit wird eine noch regelmäßigere Schwingung erzeugt als beim Cäsium-Atom. Die ersten Anwendungen für diesen Fortschritt sind beachtlich: Die GPS-Daten werden genauer, die Gravitationskraft lässt sich exakter bestimmen, genau wie das Magnetfeld und die Temperatur. Vielleicht führt diese Entwicklung zu einer internationalen Neudefinition der Sekunde und damit der universellen Zeit.

DIE SCHLAFZYKLEN

Etwa ein Drittel unserer Lebenszeit verbringen wir mit Schlafen. Der Schlaf setzt sich aus mehreren Zyklen von jeweils etwa 90 Minuten zusammen, die sich die ganze Nacht über wiederholen, und zwar durchschnittlich vier bis sechs Mal. Jeder Zyklus wiederum besteht aus sechs Phasen:

1. Das Einschlafen

Die Atmung wird ruhiger, die Muskeln entspannen sich, das Bewusstsein verringert sich. In diesem Zustand des Halbschlafs können sich bei den Muskeln kleine Kontraktionen zeigen, häufig während man das Gefühl hat, ins Nichts zu fallen.

2. Der leichte Schlaf

Auch in dieser Phase ist es noch leicht, wieder aufzuwachen, dazu genügen ein Geräusch oder helles Licht. Man erinnert sich dann allerdings, eingeschlafen zu sein. Die Bewegungen der Augen und Muskeln nehmen ab.

3. und 4. Der tiefe und der sehr tiefe Schlaf

Der Schläfer ist durch den Schlaf von der Außenwelt abgeschnitten. Diese Phasen sind sehr wichtig, denn der ganze Organismus ruht dabei und erholt sich von den angesammelten physischen Anstrengungen. Das Gehirn sendet langsame und tiefe Wellen aus.

5. Der paradoxe Schlaf (oder REM-Schlaf)

Diese Phase ist deutlich kürzer als die vorangegangenen. Sie heißt »paradox«, da der Schläfer zur gleichen Zeit Anzeichen eines sehr tiefen Schlafs als auch Symptome eines Wachzustands zeigt (auf dem Gesicht ist Mimik zu erkennen, die Atmung geht unregelmäßig, die Herzaktivität ist erhöht). Auch die Hirnaktivität ist ausgeprägt: In diesen Moment entsteht jenes mysteriöse Phänomen, das wir Traum nennen.

6. Der Zwischenschlaf

Diese Phase, ebenfalls recht kurz, beendet den paradoxen Schlaf und versetzt uns in einen Zustand, aus dem wir leicht erwachen können. Sie führt dann entweder weiter in einen neuen Schlafzyklus oder zum vollständigen Erwachen, sollte die Nacht bereits vorbei sein.

REKORDE BEI DEN INSEKTEN

Wenn die aufgeführten Leistungen zugleich einen Rekord darstellen, der für das ganze Tierreich gilt, sind sie mit einem ⬀ gekennzeichnet.

- **Das schwerste Insekt:** der Goliathkäfer (bis zu 115 g)
- **Das längste:** die 2008 entdeckte Riesenstabschrecke *Phobaeticus chani* (35,6 cm lang, 56,7 cm mit ausgebreiteten Beinen)
- **Das größte aller Zeiten:** *Meganeuropsis permiana* (eine Riesenlibelle, die vor 250 Millionen Jahren gelebt hat und 43 cm lang war, eine Flügelspannweite von 71 cm hatte und 450 Gramm wog)

- **Das lauteste:** die Ruderwanze *Micronecta scholtzi* (99,2 Dezibel[*])
- **Das am schnellsten fliegende:** die Bremse *Hybomitra hinei* (145 km/h)
- **Das mit den schnellsten Flügelschlägen:** die Mücke *Forcipomyia* (62 760 Schläge pro Minute) ⬀
- **Das am schnellsten krabbelnde:** der Sandlaufkäfer *Cicindela hudsoni* (9 km/h)
- **Das am schnellsten schwimmende:** der Taumelkäfer (2,88 km/h)
- **Das mit dem stärksten Gift:** Pogonomyrmex, eine Ameisengattung[**]
- **Die am längsten lebenden:** die Termitenköniginnen, die Ameisenköniginnen und die Larven von Prachtkäfern (bis zu 50 Jahre)
- **Das sich am schnellsten fortpflanzende:** die Eintagsfliege *Dolania americana* (5 Minuten zwischen der Befruchtung des Weibchens und der Eiablage)
- **Das mit der schnellsten Generationszeit:** die Blattlaus *Rhopalosiphum prunifolia* (4 Tage und 17 Stunden)[***] ⬀

---

* Dieses nur zwei Millimeter große Insekt zirpt, indem es den Penis gegen seinen Bauch reibt. Das Geräusch, das dabei entsteht, ist fast ebenso laut wie ein Presslufthammer. Allerdings hört man es nie so dröhnend, da es zu 99 Prozent vom Wasser absorbiert wird, in dem die Wanze lebt.

** Theoretisch reichen 10 Milligramm ihres Gifts, um einen 80 Kilogramm schweren Menschen zu töten (diese Giftigkeit wurde an Mäusen getestet). Man muss allerdings wissen, dass ein Stich nur 0,021 Milligramm der giftigen Flüssigkeit injiziert, man bräuchte daher rund 500 Stiche, um einen Menschen niederzustrecken. Um eine zwei Kilogramm schwere Ratte zu töten, reichen dieser Ameise hingegen schon ein Dutzend Stiche.

*** Die Generationszeit entspricht der durchschnittlichen Zeit zwischen der Befruchtung und der sexuellen Reife der nachfolgenden Generation. Dank einer nur sehr kurzen Generationszeit können invasive Arten sich schnell an aggressive Einflüsse von außen, wie etwa Insektizide, anpassen.

- **Das mit den größten Eiern:** die Holzbiene (16,5 Millimeter lang und 3 Millimeter breit)
- **Das zur schnellsten Bewegung in der Lage ist:** Die zu den Schnappkieferameisen gehörende *Odontomachus bauri* (sie öffnet und schließt ihre Mundwerkzeuge mit einer Geschwindigkeit von 64 m/s, also 230 km/h, womit sie 2300 Mal schneller ist als das Blinzeln eines Auges) ↗
- **Das mit den im Vergleich zum Körpergewicht größten Hoden:** die Südliche Beißschrecke (14 Prozent des gesamten Körpergewichts) ↗

WENN ZWEI SEKUNDEN VERSTRICHEN SIND …

… sind sechs Haifische abgeschlachtet worden, um ihre Flossen zu essen. Man schätzt, dass 100 Millionen Haie jedes Jahr vom Menschen getötet werden. Die Anzahl der Haiarten, die als bedroht gelten, ist von nur 15 Arten im Jahr 1996 auf mehr als 180 Arten im Jahr 2010 gestiegen. 30 davon gelten als vom Aussterben bedroht.

EINE GENETISCHE
EIGENARTIGKEIT

Ein Vaterschaftstest, der 2015 in den USA durchgeführt worden war, führte bei einem Mann zu der Erkenntnis, dass er nicht der Vater seines Kindes, sondern dessen Onkel war. Dabei hatte dieser US-Amerikaner gar keinen Bruder! Und dieses Kind war *in vitro* gezeugt worden – die Befruchtung war also künstlich erfolgt –, mit seinem eigenen Sperma! Wie lässt sich also erklären, dass das Baby nicht die Hälfte des Genmaterials seines Vaters besaß, sondern nur ein Viertel?

Der Mann hatte, ohne dass er davon etwas wusste, einen zweieiigen Zwilling, der nie zur Welt kam. Im Uterus seiner Mutter hatte er den Embryo seines Bruders absorbiert und im folgenden Zellen produziert, die dessen DNS trugen. Ungefähr zehn Prozent des Spermiums des Mannes besaßen daher die Gene seines Phantombruders: Es wird eine dieser Samenzellen gewesen sein, die die Eizelle seiner Frau befruchtet hat. Dieses äußerst seltene Phänomen ist unter dem Namen »Chimäre« bekannt.

Weniger Glück hatte der Vietnamese, der 2016 feststellen musste, dass er nur der Vater eines seiner beiden Zwillinge war. Der zweite wurde als Kind eines anderen Mannes identifiziert, mit dem die Mutter Geschlechtsverkehr hatte, kurz nachdem sie von ihrem Mann geschwängert worden war. So etwas kann passieren, wenn beim Follikelsprung zwei Eizellen gebildet werden (was auch die Voraussetzung dafür ist, dass zweieiige Zwillinge zur Welt kommen): Jede dieser Eizellen kann von einem anderen Spermium befruchtet werden, ganz gleich, ob dieses von ein und demselben Mann kommt oder von zwei verschiedenen. Es kommt also zu einer Überschwängerung, bei der eine Schwangerschaft auf die andere folgt und zwei Zwillinge geboren werden, die in Wirklichkeit nur Halbgeschwister sind.

DER PHYLOGENETISCHE BAUM DES LEBENS

Ein phylogenetischer Baum ist die schematische Darstellung des Verwandtschaftsverhältnisses zwischen verschiedenen Gruppen von Lebewesen. Charles Darwin war einer der ersten Wissenschaftler, der eine Geschichte der Arten vorschlug, die sich in Form eines Baumes darstellen lässt. Hier soll ein vereinfachter phylogenetischer Baum vorgestellt werden, der die auf der Erde bekannten Arten auflistet.

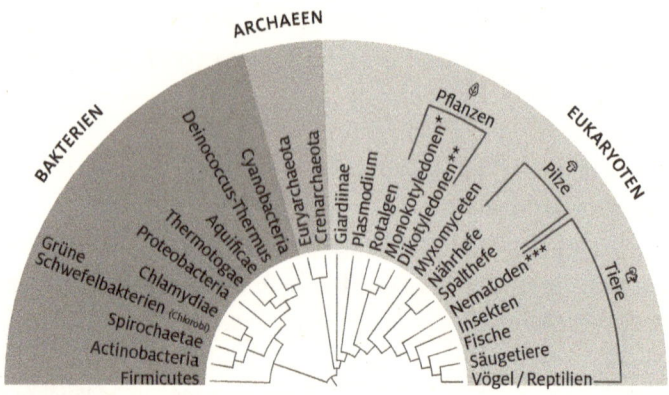

* Einkeimblättrige
** Zweikeimblättrige
*** Fadenwürmer

DIE ÄLTESTE FUSSPROTHESE

Die älteste Fußprothese Europas wurde bei Ausgrabungen am Hemmaberg in Kärnten (Österreich) gefunden. Sie lag beim Skelett eines Mannes, dessen linker Fuß und Knöchel amputiert worden waren und der im 6. Jahrhundert gelebt hat. Die Prothese bestand aus Holz und Leder und war mithilfe eines Eisenrings am Bein befestigt. Die Archäologen gehen davon aus, dass es sich bei dem Mann um eine sozial hochstehende Persönlichkeit gehandelt haben muss und er deshalb diese außergewöhnlich sorgfältige medizinische Behandlung erhalten hat.

DER BEWUSSTSEINSZUSTAND EINES PATIENTEN

1974 haben die zwei Professoren für Neurochirurgie der Universität Glasgow, Graham Teasdale und Bryan Jennett, eine Skala entwickelt, um die Schwere eines Schädel-Hirn-Traumas abschätzen und eine schnelle Strategie entwickeln zu können, mit der die Vitalfunktionen des Patienten aufrechterhalten werden. Diese »Glasgow-Skala« wird noch immer genutzt, um den Bewusstseinszustand eines Menschen zu beurteilen. Die Interpretation der Skala läuft folgendermaßen ab: von 3 bis 6 Punkten – tiefes Koma (oder Tod), von 7 bis 9 Punkten – schweres Koma, von 10 bis 14 Punkten – Schläfrigkeit oder leichtes Koma, 15 Punkte – alles in Ordnung. Die Skala misst dies anhand von drei Kriterien: die Augenöffnung, die verbale Kommunikation und die motorische Reaktion.

Jedes dieser drei Kriterien wird je nach Bewusstseinszustand und Reaktivität des Patienten bepunktet. Die Summe dieser drei Kriterien ergibt eine Gesamtpunktzahl, die dann mit der Glasgow-Skala verglichen wird.

TÖDLICHE DOSEN

Hier einige alltägliche Produkte sowie die Dosen, die es von ihnen bräuchte, um tödlich zu wirken (immer in Bezug auf einen 70 Kilogramm schweren Menschen):

* dunkle Schokolade: 11,60 kg (116 Tafeln)
* Wasser: 8,3 l (5,5 Flaschen)
* Alkohol mit 90 Volumenprozent: 500 g (24 Schnapsgläser)
* Tafelsalz: 225 g (48 Kaffeelöffel)
* Ibuprofen 600: 30 g (50 Tabletten)
* gemahlener Kaffee: 120 g (ein viertel Paket)
* Aspirin: 11,20 g (19 Tabletten)
* Nikotin: 1 g (100 oral zu sich genommene Zigaretten)
* Wespengift: 0,5 g (1000 Stiche)
* Cyanid: 0,5 g (2 Kirschkerne, wenn man sie sorgfältig zerkaut; im Ganzen geschluckt sind sie ungefährlich)
* die Luft anhalten: 6 Minuten lang
* Bergsteigen: auf 8000 Meter Höhe[*]
* einen Ton hören: bei 190 Dezibel

---

[*] Bei etwa 7500 Metern Höhe beginnt die sogenannte Todeszone, in der das Überleben dauerhaft nur mit Sauerstoffgerät möglich ist. Höhenbergsteiger, die beispielsweise den Mount Everest ohne Atemgerät besteigen, halten sich nur sehr kurz in dieser Höhe auf. (Anm. d. Übersetzers)

DER 29. FEBRUAR

Die Drehung der Erde um sich selbst steht mit ihrer Bahn um die Sonne in keiner fixen Verbindung: Ein Jahr dauert nicht exakt 365 Tage, sondern 365,24219 Tage. Es ist also unmöglich, das Jahr in eine Anzahl ganzer Tage aufzuteilen, ohne dass sich im Laufe der Jahrzehnte die Jahreszeiten immer mehr verschieben. Die alten Römer hatten bemerkt, dass das Jahr ungefähr 365 Tage plus einen Vierteltag dauert. Als sie dann den julianischen Kalender aufstellten (im Jahr 45 v. Chr.), beschlossen sie folglich, einfach alle vier Jahre dem Jahr einen Tag hinzuzufügen. Dieser zusätzliche Tag wurde am Ende des Monats Februar eingebaut, denn dies war der letzte Monat des römischen Jahres. Er wurde als zweiter 24. Februar aufgefasst, der sechste Tag vor den Kalenden des März, an denen der Übergang in das neue Jahr begangen wurde. Man nannte diesen zusätzlichen Tag daher *bis-sextilis*, der »zweite sechste Tag«.

Doch auch der julianische Kalender war nicht ganz korrekt: Das Jahr dauert eher 365 Tage plus einen Vierteltag minus etwa drei Hundertstel dieses Viertels. Das Kalenderjahr verschob sich daher langsam immer weiter im Vergleich zum Sonnenjahr, und zwar so stark, dass im 16. Jahrhundert die Verschiebung der Frühjahrs-Tagundnachtgleiche, die man zur Berechnung des Osterfests brauchte, in Richtung der Sommermonate nicht mehr zu übersehen war. Dabei hatte man Ostern früher Anfang März gefeiert! 1582 ließ Papst Gregor XIII. den Kalender reformieren: Die Herausforderung bestand darin, ein Mittel zu finden, mit dem man diese drei Hundertstel des Vierteltags abziehen könnte. Die Gelehrten kamen auf die Idee, drei bissextile Jahre alle 400 Jahre ausfallen zu lassen und legten fest, dass die Säkularjahre (1600, 1700, 1800 etc.) keinen 29. Februar mehr haben, es sei denn, die Jahreszahl ist ohne Rest durch 400 teilbar. Damit sind die Jahre 1600, 2000 und 2400 wieder bissextile Jahre, anders als 1700, 1900 oder 2100.

Doch noch immer ist diese Anpassung nicht ganz perfekt: In 10 000 Jahren rückt der Kalender drei Tage vor. Die ultimative Lösung, die Wissenschaftler noch ergänzt haben, ist es, der Uhr hin und wieder eine zusätzliche Sekunde hinzuzufügen. Die erste Schaltsekunde der Geschichte datiert auf das Jahr 1972.

GEBÄRDENSPRACHE

Obwohl man es womöglich anders erwartet, so ist die Gebärdensprache nicht universell. Auch wenn es eine Menge Gemeinsamkeiten zwischen ihnen gibt, so gibt es doch genauso viele Gebärdensprachen wie Gruppen von Gehörlosen. Wie bei den gesprochenen Sprachen, so hat auch jede Gebärdensprache ihre eigene Geschichte, ihre eigene Lexik, ihre eigenen Nuancen. Die Gebärdensprache, die in einer bestimmten Region benutzt wird, entspricht in der Regel der gesprochenen Sprache dieser Region, auch wenn sich dies nicht systematisieren lässt. Es gibt jedoch auch eine internationale Gebärdensprache, man könnte sagen: eine Art Gebärden-Esperanto, die Elemente aus den unterschiedlichen Gebärdensprachen aufgreift (vor allem aus den europäischen). Man nutzt sie bei internationalen Tagungen von Gehörlosen oder bei Veranstaltungen wie den Olympischen Spielen der Gehörlosen, den Deaflympics.

Hier nun das deutsche Fingeralphabet:

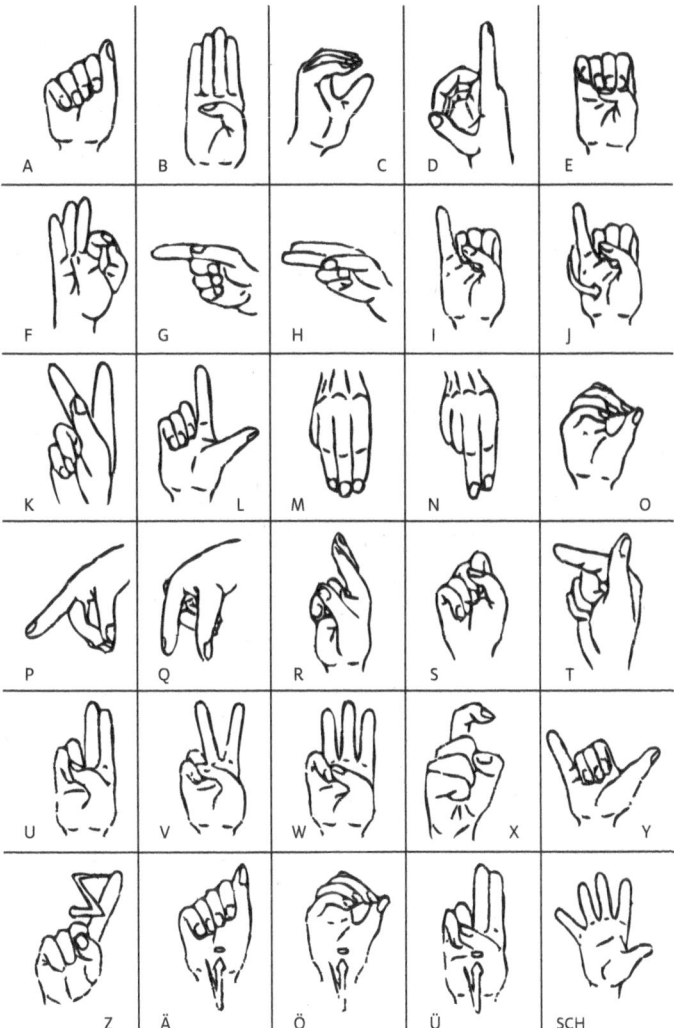

Quelle: Landesverband Bayern der Gehörlosen e.V.

ERWÄRMUNG

In ihrem letzten Bericht, der aus dem Jahr 2015 stammt, schätzt die Weltgesundheitsorganisation WHO, dass der Klimawandel zwischen 2030 und 2050 jedes Jahr den Tod von 250 000 Menschen verursachen könnte. Darunter sind 38 000 ältere Menschen, die zu hohen Temperaturen ausgesetzt sind, 48 000 Opfer von Durchfallerkrankungen, 60 000 Malaria-Tote und 95 000 Kinder, die an Unterernährung sterben.

DIE SCHALEN DER ERDE

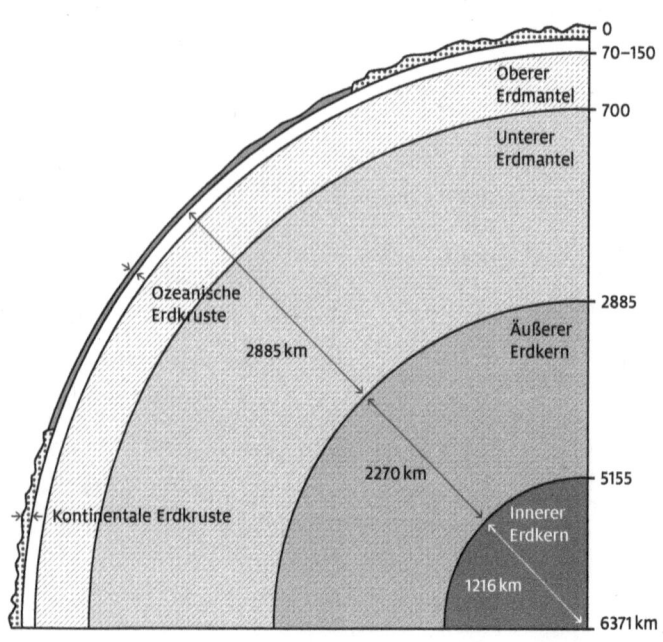

ALFRED NOBEL

Alfred Nobel wurde 1833 in Stockholm in eine Familie voll bedeutender Wissenschaftler hineingeboren. Nach seinem Studium in den Vereinigten Staaten spezialisierte er sich auf die Erforschung von Sprengstoffen. In seiner Fabrik unternahm er Anstrengungen, Nitroglyzerin weniger instabil und damit geeigneter für eine sichere Nutzung zu machen. Seine Versuche führten immer wieder zu desaströsen Explosionen, so auch 1864, als bei einem Unfall fünf Menschen ums Leben kamen, darunter Nobels jüngerer Bruder Emil. Schließlich gelang es Alfred, einen Weg zu finden, die Kraft der explosiven Mischung besser zu beherrschen. Nobel ließ sich 1867 seine Erfindung unter dem Namen Dynamit patentieren. Er zog 1873 nach Frankreich und pflegte dort eine Beziehung mit Bertha von Suttner, der österreichischen Pazifistin, die 1905, neun Jahre nach dem Tod Alfred Nobels, den Friedensnobelpreis erhalten sollte. In seinem französischen Labor entwickelte Nobel noch einen weiteren Sprengstoff, der noch stärker und zugleich besser handhabbar war als Dynamit und als gummiartiges Plastik vorlag.

1888 druckte eine französische Zeitung versehentlich viel zu früh einen Nachruf auf ihn. Der Text war hart: »Der Händler des Todes ist tot. Dr. Alfred Nobel, der seinen Reichtum erwarb, indem er ein Mittel erfand, wie noch mehr Menschen noch schneller getötet werden können, ist gestern verstorben.« Alfred Nobel war zutiefst pikiert und sann auf eine Möglichkeit, nach seinem Tod ein weniger düsteres Bild von sich zu hinterlassen. Am 27. November 1895 entschloss er sich, in der Verschwiegenheit des schwedisch-norwegischen Clubs in Paris, sein Testament zu formulieren: Da er keine Kinder hatte, stiftete er sein gesamtes Vermögen für die Schaffung eines Preises, der jedes Jahr jene Männer und Frauen auszeichnen sollte, die der Menschheit einen Dienst erwiesen hatten. Genauer gesagt sollte der Nobelpreis die Personen auszeichnen, die für einen wichtigen Fortschritt in fünf Gebieten gesorgt haben: dem Frieden und der Diplomatie, der Literatur, der Chemie, der Medizin und der Physik. Die Auszeichnung für Wirtschaft kam erst 1968 dazu. Alfred Nobel starb im darauffolgenden Jahr an einem Hirnschlag in seiner Villa im italienischen San Remo. Man schätzte sein Vermögen damals auf etwa 1,7 Milliarden schwedische Kronen (179 Millionen Euro).

Zu Beginn des Jahres 1897, als die Öffentlichkeit von seinem Testament erfuhr, war das Erstaunen groß. War es doch in dieser Epoche ein von bemerkenswert wenig Patriotismus geprägtes Dokument, das die weltweite Forschung stärken und unterstützen wollte. Hier wurde die wissenschaftliche Gemeinschaft zum erst Mal als international wahrgenommen. Und warum gibt es einen Literaturnobelpreis unter diesen vier »harten« Wissenschaften, und warum keinen für Mathematik? Der Legende nach wollte Alfred Nobel damit verhindern, dass der Preis eines Tages an Gösta Mittag-Leffler ginge, an jenen Mathematiker, der das Herz von Nobels Geliebter Sophie Hess gestohlen hatte.

Die Statuten der Nobel-Stiftung und das Reglement für jene Institutionen, die die Preise verleihen, wurden am 29. Juni 1900 verabschiedet. Die Preise selbst wurden 1901 zum ersten Mal verliehen. Und schon von den ersten Jahren an besaß der Nobelpreis eine ausgezeichnete Reputation; er wurde fast augenblicklich als Goldstandard der wissenschaftlichen Forschung angesehen. Diese Faszination erklärt sich zum einen aus der Höhe des Preisgeldes (heute etwa eine Million Euro), aber auch aus der Tatsache, dass der Nobelpreis als der erste Wettbewerb von internationalem Format angesehen wird, der auf vermutlich gerechten Kriterien beruht. Die Preisträger werden in den Rang von Genies erhoben, die man zu vielen weltbewegenden Problemen um Rat fragt.

DIE UNNOBLEN NOBELS

Jedes Jahr wird im September an der Universität Harvard offiziell der Ig-Nobelpreis vergeben (ein Wortspiel: engl. / frz. *ignoble* – schmachvoll). Die seit 1991 verliehene Auszeichnung versteht sich als Parodie ihres berühmten schwedischen Vorbilds und will solche Entdeckungen würdigen, »die uns zuerst zum Lachen und dann zum Nachdenken bringen«. Die Mehrzahl der Preisträger sind Autoren von extravaganten Forschungsarbeiten, die mal absolut lächerlich, mal viel bedeutender sind, als sie erscheinen. Ins Leben gerufen wurde diese Belohnung von Wissenschaftsjournalisten einer US-amerikanischen Satire-Zeitschrift mit dem Titel *Annals of Improbable Research* (Annalen der unwahrscheinlichen Forschung). Sie wollen mit diesem Preis »das Außergewöhnliche feiern, den Einfallsreichtum ehren und somit die öffentliche Aufmerksamkeit für die Naturwissenschaften, die Medizin und die Technologie schüren«. Es muss allerdings gesagt werden, dass einige der Ig-Nobelpreisträger mit einer besonders scharfen Form von Ironie ausgezeichnet werden, mit der die spektakuläre Inkompetenz einiger Wissenschaftler oder die fehlenden Skrupel einiger politischer Entscheider gegeißelt werden soll. Hier nun ein buntes Potpourri ausgewählter Preisträger:

- 1991 – **Literatur:** Erich von Däniken, visionärer Erzähler und Autor von *Erinnerungen an die Zukunft*, für seine Erklärung, wie die menschliche Zivilisation vor langer Zeit von Astronauten aus dem Weltall beeinflusst wurde.

- 1991 – **Frieden:** Edward Teller, Vater der Wasserstoffbombe und Befürworter des US-amerikanischen Projekts *Star Wars* (SDI: Strategische Verteidigungsinitiative), für sein lebenslanges Bemühen, die Bedeutung des Wortes Frieden zu verändern.

- 1992 – **Archäologie:** Die französische Pfadfindergruppe *Éclaireuses et Éclaireurs de France*, Reiniger von Graffitis, die in der Höhle *Grotte de Mayrière supérieure*, in der Nähe des Dorfes Bruniquel, beim Säubern prähistorische Höhlenmalereien zerstört hat.

- 1993 – **Wirtschaft:** Ravi Batra, Wissenschaftler der Southern Methodist University in Texas (USA), scharfsinniger Wirtschaftswissenschaftler und Bestseller-Autor der Bücher *Die große Depression von 1990* und *Überleben der großen Depression von 1990*, für den Verkauf derart vieler Exemplare seiner Bücher, dass er damit ganz allein den Zusammenbruch der Weltwirtschaft verhinderte.

- 1993 – **Literatur:** E. Topol, R. Califf, F. Van de Werf, P.W. Armstrong und ihre 972 Koautoren, für die Veröffentlichung eines medizinischen Fachartikels, der hundertmal mehr Autoren als Seiten hat.

- 1993 – **Mathematik:** Robert Faid aus Greenville in South Carolina (USA), erleuchteter Prophet der Statistik, für seine Berechnung der Wahrscheinlichkeit, dass Michail Gorbatschow der Antichrist ist (710 609 175 188 282 000 zu 1).

- 1994 – **Medizin** (dieser Preis wurde geteilt):
  - Patient X, Veteran des US Marine Corps und heldenhaftes Opfer des Giftbisses seiner als Haustier gehaltenen Klapperschlange, für seinen verbissenen Rettungsversuch, sich mit Elektroschocks zu behandeln: Auf sein Verlangen hin wurde seine Lippe mit der Zündkerze eines Autos verbunden und dann der Motor fünf Minuten lang bei 3000 Umdrehungen pro Minute laufen gelassen.
  - Dr. Richard C. Dart und Dr. Richard A. Gustafson, für ihre diesbezügliche Forschungsarbeit mit dem Titel: *Die Unwirksamkeit von Elektroschocks bei der Behandlung von Bissen der Klapperschlange.*
- 1995 – **Ernährung:** John Martinez von der Firma J. Martinez & Co. aus Atlanta, Georgia (USA), für den Kaffee *Luwak*, den teuersten Kaffee der Welt, für dessen Gewinnung die Kaffeebohnen von südasiatischen Fleckenmusangs, einer Schleichkatzenart, zunächst gefressen und dann wieder ausgeschieden werden müssen.
- 1996 – **Biologie:** Anders Barheim und Hogne Sandvik, Universität Bergen (Norwegen), für ihre Studie: *Die Auswirkungen von Bier, Knoblauch und saurer Sahne auf den Appetit von Blutegeln.*
- 1996 – **Öffentliche Gesundheit:** Ellen Kleist (Grönland) und Harald Moi (Norwegen), für ihre Medizinstudie: *Übertragung von Gonorrhoe durch Gummipuppen.*
- 1996 – **Frieden:** Jacques Chirac, französischer Staatspräsident, für seine Anweisung, den fünfzigsten Jahrestag des Atombombenabwurfs auf Hiroshima und Nagasaki durch französische Atomwaffentests im Pazifik zu begehen.
- 1997 – **Meteorologie:** Bernard Vonnegut, von der staatlichen New Yorker University at Albany (USA), für seinen Bericht mit

dem Titel *Das Gefieder von Hühnern als Maß für Windgeschwindigkeiten in Tornados.*

- 1998 – **Biologie:** Peter Fong vom Gettysburg College in Pennsylvania (USA), für seinen Beitrag zum Wohlergehen von Venusmuscheln, indem er sie mit dem Antidepressivum *Prozac* fütterte.

- 1999 – **Soziologie:** Steve Penfold von der York University in Toronto (Kanada), für seine Doktorarbeit über die Geschichte der Donut-Shops in Kanada.

- 1999 – **Physik:** Dr. Len Fisher, für seine Berechnung der besten Methode, einen Keks in Milch zu tunken.

- 1999 – **Chemie:** Takeshi Makino, Präsident der The Safety Detective Agency in Osaka (Japan), für die Entwicklung von S-Check, einem Spray, das Frauen auf die Unterwäsche ihrer Männer sprühen können, um deren Untreue zu erkennen.

- 2000 – **Physik:** Andre Geim, von der Radboud-Universität Nijmegen (Niederlande), und Sir Michael Berry, von der University of Bristol (Großbritannien), für ihre erfolgreichen Bemühungen, einen Frosch mithilfe eines Magneten in der Luft schweben zu lassen.[*]

- 2001 – **Medizin:** Peter Barss, von der McGill University (Kanada), für seinen durchschlagenden Bericht: *Durch fallende Kokosnüsse verursachte Verletzungen.*

- 2001 – **Physik:** David Schmidt, von der University of Massachusetts (USA), für seine Teillösung der Frage, warum sich Duschvorhänge häufiger nach innen aufbauschen als nach außen.

---

[*] Andre Geim wurde 2010 für seine Arbeit an Graphen mit dem Physiknobelpreis ausgezeichnet. Bis zum heutigen Tag ist er der einzige Ig-Nobelpreisträger, dem auch der echte Nobelpreis verliehen wurde.

- 2001 – **Astrophysik:** Jack und Rexella Van Impe, bekannte Fernsehprediger aus Michigan (USA), für ihre Entdeckung, dass Schwarze Löcher alle technischen Voraussetzungen mitbringen, um der Ort der Hölle zu sein.
- 2002 – **Biologie:** Norma E. Bubier, Charles G. M. Paxton, Phil Bowers und D. Charles Deeming (Großbritannien), für ihre Arbeit mit dem Titel: *Das Balzverhalten des Vogel Strauß gegenüber Menschen in ländlich geprägten Gebieten Großbritanniens.*
- 2002 – **Interdisziplinäre Forschung:** Karl Kruszelnicki, von der Universität Sydney (Australien), für seine umfassende Studie über Bauchnabelfussel (wer sie in welchen Momenten hat, in welcher Farbe und Menge).
- 2003 – **Chemie:** Yukio Hirose, von der Universität Kanazawa (Japan), für seine Forschungen über die chemischen Eigenschaften einer Bronzestatue, die in der Stadt Kanazawa steht und auf der sich keine Tauben niederlassen.
- 2003 – **Biologie:** C. W. Moeliker, vom Naturkundemuseum Rotterdam (Niederlande), für den ersten wissenschaftlich beobachteten und beschriebenen Fall von homosexueller Nekrophilie bei Stockenten.
- 2004 – **Medizin:** Steven Stack, aus Michigan (USA), und James Gundlach, aus Alabama (USA), für ihre Forschungsarbeit zum Thema: *Die Auswirkungen von Country-Musik auf den Selbstmord.*
- 2004 – **Biologie:** Ben Wilson und Lawrence Dill (Kanada), Robert Batty (Schottland), Magnus Whalberg (Dänemark) und Hakan Westerberg (Schweden), für ihre Erkenntnis, dass Heringe offenbar durch Furzen kommunizieren.
- 2005 – **Physik:** Thomas Parnell (posthum) und John Maln-

stone, von der University of Queensland (Australien), für die seit 1927 ununterbrochene Beobachtung von Teer, der aus einem Trichter tropft, wobei etwa alle neun Jahre ein Tropfen fällt. Der unter dem Namen Pechtropfenexperiment bekannt gewordene Versuch wurde von Parnell begonnen und nach dessen Tod von Mainstone weitergeführt.

- 2005 – **Frieden:** Claire Rind und Peter Simmons, von der Newcastle University (Großbritannien), für die Erforschung der Hirnaktivitäten einer Heuschrecke, während sie ausgewählte Ausschnitte aus *Star-Wars*-Filmen betrachtet.

- 2005 – **Chemie:** Edward Cussler und Brian Gettelfinger, von der University of Minnesota (USA), für die Beantwortung einer Frage, die die Wissenschaft schon lange in Atem gehalten hat: Schwimmt der Mensch schneller in Sirup oder in Wasser?

- 2006 – **Ornithologie:** Ivan R. Schwab und Philip R. A. May, von der University of California (USA), für ihre Untersuchungen zu dem Hintergrund dafür, dass Spechte keine Kopfschmerzen bekommen.

- 2006 – **Physik:** Basile Audoly und Sébastien Neukirch, von der Universität Pierre und Marie Curie in Paris (Frankreich), für ihre Forschungen, anhand derer man erklären kann, weshalb ungekochte Spaghetti, die man durchbricht, stets in mehr als nur zwei Teile zerbrechen.

- 2007 – **Linguistik:** Juan Manuel Toro, Josep B. Trobalon und Núria Sebastián-Gallés, von der Universität Barcelona (Spanien), für die Erkenntnis, dass Ratten meist nicht in der Lage sind, Japanisch von Niederländisch zu unterscheiden, wenn sie eine rückwärts abgespielte Aufnahme der Sprachen hören.

- 2007 – **Luftfahrt:** Patricia V. Agostino, Santiago A. Plano und Diego A. Golombek, von der staatlichen Universität Quilmes

(Argentinien), für die Entdeckung, dass Viagra Hamstern hilft, sich von einer Zeitverschiebung (Jetlag) zu erholen.

- 2008 – **Biologie:** Marie-Christine Cadiergues, Christel Joubert und Michel Franc, von der staatlichen Hochschule für Veterinärmedizin in Toulouse (Frankreich), für die Einsicht, dass Flöhe, die auf Hunden leben, höher springen können als Flöhe, die auf Katzen leben.

- 2008 – **Medizin:** Rebecca Waber und Dan Ariely, von der Duke University (USA), für den Beleg, dass teuer verkaufte Placebos wirksamer sind als Placebos, die billig verkauft werden.

- 2009 – **Tiermedizin:** Catherine Douglas und Peter Rowlinson, von der Newcastle University (Großbritannien), für den Beweis, dass Kühe, die einen eigenen Vornamen bekommen haben, mehr Milch geben als Kühe ohne Vornamen.

- 2010 – **Biologie:** Libiao Zhang, Min Tan, Guangjian Zhu, Jianping Ye, Tiyu Hong, Shanyi Zhou, Shuyi Zhang und Gareth Jones, von der University of Bristol (Großbritannien), für die wissenschaftliche Beschreibung von Fellatio (Oralverkehr) bei Fledermäusen.

- 2011 – **Psychologie:** Karl Halvor Teigen, von der Universität von Oslo (Norwegen), für sein Bemühen um das Verständnis dafür, warum wir in unserem alltäglichen Leben seufzen.

- 2011 – **Mathematik:** Dorothy Martin, Pat Robertson, Elizabeth Clare, Lee Jang Rim, Credonia Mwerinde und Harold Camping, für ihre Voraussagen, das Ende der Welt komme 1954 bzw. 1982 bzw. 1990 bzw. 1992 bzw. 1999 bzw. 1994 (wobei dieses Datum korrigiert und auf den 21. Oktober 2011 verschoben wurde). Sie wurden dafür ausgezeichnet, dass sie der Welt vor Augen führten, wie vorsichtig man Vermutungen begegnen sollte, die auf Berechnungen beruhen.

- 2012 – **Psychologie:** Anita Eerland, Rolf Zwaan und Tulio Guadalupe, für ihre Arbeit, mit der sie zeigen konnten, dass der Eiffelturm kleiner aussieht, wenn man sich beim Betrachten nach links beugt.

- 2012 – **Anatomie:** Frans de Waal und Jennifer Pokorny, für ihre Erkenntnis, dass Schimpansen ihre Artgenossen auch dann erkennen, wenn sie nur ein Foto von deren Hinterteil sehen.

- 2013 – **Wahrscheinlichkeiten:** Bert Tolkamp, Marie Haskell, Fritha Langford, David Roberts und Colin Morgan (Großbritannien), für ihre beiden eng miteinander verknüpften Entdeckungen: Sie haben zunächst gezeigt, dass je länger eine Kuh liegt, die Wahrscheinlichkeit immer größer wird, dass sie bald aufsteht; wenn die Kuh dann aber steht, ist der Moment, zu dem sie sich wieder hinlegt, nur sehr schwer vorauszusagen.

- 2014 – **Physik:** Kiyoshi Mabuchi, Kensei Tanaka, Daichi Uchijima, Rina Sakai (Japan), für ihre Berechnungen der Reibung zwischen einer Schuhsohle und der Schale einer Banane sowie zwischen einer Bananenschale und dem Fußboden, wenn eine Person auf einer Bananenschale ausrutscht.

- 2014 – **Psychologie:** Peter K. Jonason, Amy Jones und Minna Lyons von der Western Sydney University (Australien), für ihren Beweis, dass Menschen, die spät aufstehen, im Durchschnitt eingebildeter, manipulativer und psychopathischer sind als Frühaufsteher.

- 2015 – **Chemie:** Callum Ormonde und Colin Raston (Australien), für die Erfindung einer Methode, wie sich Eier teilweise wieder entkochen lassen.

- 2015 – **Biologie:** Bruno Grossi, Omar Larach, Mauricio Canals, Rodrigo A. Vásquez und José Iriarte-Diaz, für den Beleg, dass der Gang von Dinosauriern vermutlich ähnlich aussah wie der von Hühnern, deren Hinterteil man mit einem Stock beschwert hat.

- 2015 – **Medizinische Diagnostik:** Diallah Karim, Anthony Harnden, Nigel D'Souza, Andrew Huang, Abdel Kader Allouni, Helen Ashdown, Richard J. Stevens und Simon Kreckler, für die Erkenntnis, dass man auf verlässliche Weise eine Blinddarmentzündung diagnostizieren kann, abhängig vom Schmerz, den ein betroffener Patient verspürt, wenn er mit einem Auto über eine Bremsschwelle fährt.

TERMINOLOGIE DER WELTRAUMFAHRER

Der älteste Begriff für Menschen im Weltall ist »Astronaut«: Zum ersten Mal wurde diese Bezeichnung vom englischen Science-Fiction-Schriftsteller Percy Greg verwendet, der in einem seiner Romane 1880 allerdings ein Raumschiff auf diesen Namen taufte. Im Folgenden verbreitete sich das Wort in vielen europäischen Sprachen; im Deutschen wird es nachweislich erst seit den 1950er-Jahren verwendet. Die NASA entschied sich 1958, als sie die ersten Kandidaten für die Reise ins All suchte, fortan ihre Raumfahrer Astronauten zu nennen. In Zeiten des Kalten Kriegs war es für die Sowjetunion von größter Wichtigkeit, sich von ihrem Klassenfeind abzusetzen, und so war Juri Gagarin, der erste Mensch im Weltall, kein Astronaut, sondern ein Kosmonaut. Sowohl die Presse als auch die wissenschaftlichen Institutionen in den beiden verfeindeten Blöcken hielten krampfhaft an dieser terminologischen Unterscheidung fest, und sie blieb bis heute bestehen. Einige Linguisten halten, ganz unabhängig von jeglicher politischer Überlegung, eine begriffliche Trennung durch eine nützliche Nuance für berechtigt: Der Kosmonaut wäre demnach der Raumfahrer, der die Erdatmosphäre zwar verlässt, ohne jedoch zwingend ein Gestirn zu erreichen. Aus der Gewohnheit dieser Unterscheidung heraus hat man später noch weitere Bezeichnungen für andere Nationen erfunden, ohne sich dabei Gedanken um die Kohärenz oder Vollständigkeit zu machen. Viele Sprachwissenschaftler sind heute der Meinung, dass diese Begriffsvielfalt ein frei erfundenes und unnötiges Übergewicht ist. In jedem Fall dürfte der Beruf des Weltraumfahrers der einzige sein, dessen Berufsbezeichnung je nach der Nationalität des Ausübenden variiert.

Aus folkloristischen Gründen hier nun die unterschiedlichen Begriffe, um ihn zu benennen:

Bezeichnung des Weltraumfahrers	Nationalität	Etymologie
Astronaut	US-Amerikaner	Aus dem Griechischen *astron* (Stern) und *nautes* (Seefahrer)
Kosmonaut	Bürger der Sowjetunion / Russe	Aus dem Griechischen *kosmos* (Weltraum)
Spationaut	Franzose	Aus dem Lateinischen *spatium* (Raum). Dieser Begriff wurde 1976 von der Académie française vorgeschlagen. Dabei ging es nicht darum, französische Weltraumfahrer zu bezeichnen, sondern eine allgemeingültige Bezeichnung zu schaffen, die die internationalen Streitigkeiten überwinden könnte.
Taikonaut	Chinese	Aus dem Chinesischen *taikong* (Weltraum)
Vyomanaut	Inder	Aus dem Sanskrit *vyoma* (Himmel). Ein von der indischen Weltraumorganisation geprägter Begriff, mit dem die Raumfahrer bezeichnet werden sollen, die dem Plan nach 2021 ins Weltall abheben.

SKLAVEREI-AMEISEN

Bei den sogenannten Amazonenameisen, etwa der *Polyergus rufescens*, die in fast allen Klimazonen vorkommt, findet man ein Sklavenhalterverhalten, das jeden moralischen Anspruchs entbehrt. Diese Ameisenart ist nicht in der Lage, sich selbstständig zu ernähren, vielmehr sind ihre Arbeiterinnen darauf spezialisiert, auf die Jagd nach Sklaven zu gehen. Regelmäßig brechen sie zu Plünderungszügen auf und überfallen die Nester z. B. der Ameisenart *Formica fusca*. Dabei greifen sie mit bis zu 3000 Soldatinnen an. Während einige der Amazonen ihre spitz zulaufenden und wie Säbel gekrümmten Mundwerkzeuge nutzen, um die Körper ihrer Gegner aufzuschlitzen, nutzen andere sie, um die Eier der Opfer zu rauben und in die eigene Kolonie zu verschleppen. Die jungen Arbeiterinnen der *Fusca* bemerken nicht, dass sie am falschen Ort geboren werden, und spulen ihr übliches Entwicklungsprogramm ab, indem sie sich um die Eier der Königin kümmern, als wären diese von ihrer eigenen Art, und sich auf die Suche nach Nahrung begeben. Da das Leben der Sklavinnen nicht ewig währt, muss bald schon der nächste Feldzug begonnen werden, um die fehlenden Arbeitskräfte zu ersetzen.

2013 wurde eine neue Sklavenhalterart in den Vereinigten Staaten von Amerika entdeckt: die *Temnothorax pilagens*. Im Unterschied zu den Amazonenameisen begeht sie ihre Raubzüge eher heimlich und mit geringem Einsatz von Mitteln, was ihr auch den Beinamen »Ninja-Ameise« eingebracht hat. Anstatt einen großen Kampf vom Zaun zu brechen, schleicht sie sich in Vierertrupps in den zu überfallenden Bau und umgibt sich dabei mit chemischen Substanzen, die verhindern, dass sie erkannt wird.

In der Kolonie angekommen, entführen die Angreiferinnen Larven und sogar ausgewachsene Ameisen, die sie anschließend für sich arbeiten lassen. Sollte doch einer der Eindringlinge erkannt werden, nutzt er seinen ungemein präzisen Stachel, um seinen Feind mit einem einzigen Stich zu töten: Eine Einheit von nur wenigen Ninja-Ameisen ist somit durchaus in der Lage, eine ganze Kolonie zu dezimieren.

LISTE DER AM STÄRKSTEN VOM AUSSTERBEN BEDROHTEN ARTEN (TEIL 3 VON 6)

Typus	Art	Trivialname / Beschreibung	geografische Verbreitung	geschätzte Population	Bedrohung
Pflanze	Dendrophylax fawcettii	Cayman-Islands-Orchidee	Ironwood Forest, George Town, Grand Cayman	unbekannt	Zerstörung des Lebensraums durch Infrastrukturmaßnahmen
Säugetier	Dicerorhinus sumatrensis	Sumatra-Nashorn	Sabah und Sarawak (der malaiische Teil Borneos) und die Malaiische Halbinsel, die indonesische Insel Sumatra und Kalimantan (der indonesische Teil Borneos)	< 250 Exemplare	Jagd (sein Horn wird in der traditionellen Medizin genutzt)
Vogel	Diomedea amsterdamensis	Amsterdam-Albatros	Brutplätze auf dem Plateau des Tourbières auf der Amsterdam-Insel, Indischer Ozean	100 erwachsene Exemplare	Krankheiten, Opfer der Langleinenfischerei
Pflanze	Dioscorea strydomiana	Wilde Yams	Gebiet von Oshoek, Mpumalanga, Südafrika	200 Exemplare	Verwendung als Medizinpflanze

Pflanze (Baum)	Diospyros katendei	Ebenholzbaumart	Schutzgebiet Kasyoha-Kitomi, Uganda	20 Exemplare, die die einzige bekannte Population bilden	Landwirtschaft, illegaler Holzeinschlag, Erkundung von Schwemmgoldvorkommen, kleine Populationsgröße
Pflanze (Baum)	Diptero-carpus lamellatus	Zweiflügelfrucht-baumart	Schutzgebiet Siangau, Sabah, Malaysia	12 Exemplare	Rodung der Flachlandwälder, Ausbreitung von industriell genutzten Plantagen
Amphibie	Disco-glossus nigriventer	Israelischer Scheibenzüngler	Hula-Tal, Israel	unbekannt	Beutetier von Vögeln, Verringerung des Lebensraums durch Zerstörung des Habitats
Pflanze	Dombeya mauritania	aus der Familie der Malvengewächse	Mauritius	unbekannt	Eroberung des Lebensraums durch invasive Pflanzen, Cannabis-Anbau
Pflanze (Baum)	Elaeocarpus bojeri	Ganiterbaumart	Grand Bassin, Mauritius	< 10 Exemplare	Zerstörung des Habitats
Amphibie	Eleutherodactylus glandulifer	aus der Familie der Antillen-Pfeiffrösche	Massif de la Hotte, Haiti	unbekannt	Kohleabbau, Brandrodung
Amphibie	Eleutherodactylus thorectes	aus der Familie der Antillen-Pfeiffrösche	Gipfel des Formon und des Macaya, Massif de la Hotte, Haiti	unbekannt	Kohleabbau, Brandrodung
Pflanze	Eriosyce chilensis	Chilenito (Kaktus)	Los Molles und Pichidangui, Chile	< 500 Exemplare	Ernte
Pflanze	Erythrina schliebenii	Korallenbaum	Wald von Namatimbili-Ngarama, Tansania	< 50 Exemplare	Verletzlichkeit aufgrund eines begrenzten Habitats und eines schwachen Wachstums der Population
Pflanze (Baum)	Euphorbia tanaensis	aus der Familie der Wolfsmilchgewächse	Schutzgebiet Witu, Kenia	4 Exemplare	illegale Rodung, Ausbreitung der Landwirtschaft, Ausbau der Infrastruktur

Vogel	*Eury-norhyn-chus pygmeus*	Löffelstrand-läufer	brütet in Russland, wandert über den ostasiatischen und australischen Korridor Richtung Bangladesch und Myanmar	100 Paare	Jagd mit Fallen, Ausbeutung des Habitats durch den Menschen
Pflanze	*Ficus katendei*	aus der Familie der Feigen	Schutzgebiet Kasyoha-Kitomi, Ishasha River, Uganda	< 50 er-wachsene Exemplare	Landwirtschaft, illegaler Holzein-schlag, Erkundung von Schwemm-goldvorkommen
Vogel	*Foudia flavicans*	Rodrigues-weber	Rodrigues, Mauritius	2600 bis 5400 er-wachsene Exemplare	Verlust des Habitats durch Waldrodung und das Eindringen exotischer Arten

DAS MOORE'SCHE GESETZ

Im Jahr 1965 formulierte Gordon Moore, Mitbegründer der Firma Intel, in der Zeitschrift *Electronics* ein Gesetz, das sich in den Folgejahren zur unbestrittenen Referenz für die gesamte Informationstechnologie-Industrie entwickelte. Basierend auf dieser Idee produziert man nun schon seit 50 Jahren immer kleinere, immer stärkere und immer billigere Computer. Das Moore'sche Gesetz ist keine wissenschaftliche Theorie, sondern vielmehr eine Reihe von Beobachtungen und Vorhersagen. Im Wesentlichen hatte Moore vorausgesagt, dass die Anzahl der Transistoren, die in integrierte Schaltkreise eingebaut werden, sich alle zwei Jahre verdoppeln werde, was auch zu einer Verdopplung der Leistungsfähigkeit des Computers führt. Im gleichen Maß, wie sich die Dichte der Transistoren verdoppelt, reduziert sich auch die Größe der Schaltkreise und folglich reduziert sich der Preis der Prozessoren.

Das Moore'sche Gesetz, das seit Jahrzehnten Gültigkeit besitzt, scheint jedoch in absehbarer Zeit vor einer unüberwindbaren Mauer anzukommen. Die Transistoren sind inzwischen derart winzig, dass es demnächst nicht mehr gelingen wird, noch darüber hinauszugehen. Zum einen, da dies für die Geräte physikalisch keinen Sinn ergeben würde, zum anderen, da die Produktion immer feinerer Chips irgendwann zu kostspielig werden und damit kein wirtschaftlicher Anreiz mehr sein dürfte. Wenn 2020 die 7 Nanometer erreicht sind, könnte dies die letzte Verkleinerungsstufe vor dem radikalen Wandel der Technologie gewesen sein: Diese wird dann auf der Quantenmechanik beruhen. Die Form, die diese neuen Architekturen annehmen werden, lässt sich heute noch nicht klar erkennen. Sicher ist jedoch schon jetzt, dass sie ihren Schwerpunkt nicht mehr auf die reine Leistungsstärke legen werden, sondern eher auf die Energieeffizienz. Man wird weiterhin immer noch leistungsfähigere Chips bauen können, jedoch wird der Leistungsanstieg in Zukunft weniger stark ausfallen als heute.

WENN ZWEI SEKUNDEN VERSTRICHEN SIND …

… wurden weltweit 3,3 Kilogramm Zahnpasta verschwendet. Denn es ist so, dass durchschnittlich etwa vier Prozent der Zahnpasta in der Tube zurückbleiben und weggeworfen werden, ohne von jemandem genutzt worden zu sein.

DAS TOTE MEER

Das Tote Meer ist ein Salzsee, den sich Israel mit Jordanien und Palästina teilt. Er wird von einer einzigen Süßwasserquelle gespeist, dem Fluss Jordan. Das Tote Meer verdankt seinen Namen der Tatsache, dass keine makroskopische Art (Fisch oder Alge) in ihm überleben kann. Die Besonderheit des Toten Meeres ist der Anteil an gelöstem Salz im Wasser. Der Salzgehalt eines Meeres liegt gewöhnlich zwischen zwei und vier Prozent. Das Tote Meer jedoch enthält 275 Gramm Salz pro Liter, was einem durchschnittlichen Salzgehalt von 27,5 Prozent entspricht. Es ist damit so salzig, dass nur wenige Mikroorganismen wie Plankton und Bakterien dort überleben können. Das Tote Meer hat in den letzten 50 Jahren rund ein Drittel seiner Oberfläche eingebüßt. Pro Jahr verdunsten etwa 300 Millionen Kubikmeter Wasser. Der Hauptgrund für den Rückgang des Toten Meeres ist jedoch die übermäßige Entnahme von Wasser aus dem Fluss Jordan, das man für die Bewässerung der Landwirtschaft nutzt.

SALZEXZESS

Die Weltgesundheitsorganisation WHO hat bereits vor langer Zeit darauf hingewiesen, dass eine chronische Überdosierung von Salz das Risiko von arterieller Hypertonie (Bluthochdruck), kardiovaskulären Erkrankungen (Herz-Kreislauf-Erkrankungen) und Nierenbeschwerden ansteigen lässt. In Frankreich beispielsweise ist der Salzexzess verantwortlich für den Tod von 100 Menschen täglich, also mehr als 35 000 pro Jahr. Der britische Professor Graham MacGregor schätzt, dass die Halbierung des täglichen Salzkonsums jedes Jahr ungefähr 2,5 Millionen Menschen weltweit das Leben retten könnte. Die Deutsche Gesellschaft für Ernährung DGE rät Jugendlichen und Erwachsenen, insgesamt nicht mehr als 6 g Kochsalz pro Tag aufzunehmen. In Frankreich werden maximal 4 g, in den Niederlanden 9 g und in Japan 10 g empfohlen. Es ist jedoch schwierig, den Salzkonsum zu kontrollieren, da er zum Großteil von dem versteckten Salz in Fertigprodukten abhängt, also etwa Brot, Wurstwaren oder sogar Kuchen. So sind 80 Prozent des Salzes, das wir zu uns nehmen, in Lebensmitteln enthalten, die von der Nahrungsgüterindustrie verarbeitet wurden.

ERBRINGEN SPORTLER IMMER MEHR BESTLEISTUNGEN?

Sportstatistiker beobachten, dass neue Rekorde immer seltener erbracht werden und sagen voraus, bestehende Bestleistungen dürften in Zukunft immer seltener überboten werden. Hier nun die zehn ältesten sportlichen Rekorde, die bislang noch nicht übertroffen wurden – und es womöglich auch niemals werden:

Dreisprung	18,29 m	Jonathan Edwards (Großbritannien) 1995
Hochsprung	2,45 m	Javier Sotomayor (Kuba) 1993
400 Meter Hürden	46,78 s	Kevin Young (USA) 1992
Weitsprung	8,95 m	Mike Powell (USA) 1991
100 Meter der Frauen	10,49 s	Florence Griffith-Joyner (USA) 1988
200 Meter der Frauen	21,34 s	Florence Griffith-Joyner (USA) 1988
Hochsprung der Frauen	2,09 m	Stefka Kostadinowa (Bulgarien) 1987
Hammerwurf	86,74 m	Jurij Sedych (Ukraine) 1986
400 Meter der Frauen	47,60 s	Marita Koch (Deutschland, DDR) 1985
800 Meter der Frauen	1:53.89 min	Jarmila Kratochvílová (Tschechien) 1983

KAMPF BAKTERIEN
GEGEN ZELLEN

Anfang 2016 wurde ein wissenschaftlicher Mythos zerstört. Seit den 1970er-Jahren konnte man in der entsprechenden Literatur so ziemlich überall lesen, der menschliche Körper enthalte in etwa zehn Mal mehr Bakterien als menschliche Zellen. Israelische Forscher haben nun eine neue Berechnung durchgeführt und sind zu dem Ergebnis gekommen, dass das Verhältnis Bakterien zu Zellen rund 1,3 zu 1 ist. Das wären also 40 000 Milliarden Bakterien auf 30 000 Milliarden Zellen. Wir haben also ungefähr ebenso viele Bakterien wie Zellen in unserem Körper.

NEUE STARS (TEIL 3 VON 6)

Arten, die nach berühmten Persönlichkeiten benannt wurden

geehrte Persönlichkeit(en)	Gattung oder Art	Typus	Bemerkung
Goethe und Shakespeare	*Goetheana shakespearei*	Wespe	
Michael Gorbatschow	*Maxillaria gorbatchowii*	Orchidee	
Al Gore	*Liturgusa algorei*	Fangschrecke	Benannt, um die Bemühungen Al Gores für den Umweltschutz zu würdigen.
Charles Gounod (französischer Komponist)	*Gounodia*	Wespe	
Grateful Dead	*Dicrotendipes thanatogratus*	Mücke	*Thanatos* bedeutet auf Griechisch »Tod« und *gratus* auf Lateinisch »gnadenvoll«, so wie der Name der Band Grateful Dead.

Matt Groening (Schöpfer der *Simpsons*)	*Albunea groeningi*	Krebs	
Hugo Grotius (niederländischer Philosoph)	*Grotiusomyia*	Wespe	
Jules Grévy (ehemaliger französischer Staatspräsident)	*Equus grevyi*	Zebra	
Che Guevara	*Cheguevaria*	Käfer	
Nina Hagen	*Heteropoda ninahagen*	Spinne	
Hannibal	*Hannibalia*	Fransenflügler (»Gewitterfliegen«)	
Hugh Hefner	*Sylvilagus palustris hefneri*	Kaninchen	
Adolf Hitler	*Anophthalmus hitleri*	Käfer	Dieser seltene Käfer lebt in einigen Höhlen in Slowenien und wurde 1933 vom deutschen Amateur-Käferforscher und NS-Anhänger Oscar Scheibel entdeckt. Heute ist der Käfer vom Aussterben bedroht, da er unter Neonazis als Sammlerobjekt gilt und gejagt wird.
Adolf Hitler und Hermann Röchling	*Roechlingia hitleri*	ausgestorbenes Insekt	Fossiliertes Insekt, das 1934 zu Ehren des Diktators und des NS-Industriellen getauft wurde.
Homer	*Homeryon*	Krebstier	

DER EFFEKT DER ERSTEN NACHT

In der Zeitschrift *Current Biology* erschien im April 2016 ein Artikel, in dem Forscher erklären, warum wir die erste Nacht in einem fremden Bett häufig so schlecht schlafen. Dafür haben sie mithilfe eines bildgebenden Verfahrens das Gehirn eines Schlafenden untersucht. Ihre Beobachtungen aus der ersten Nacht in einem fremden Bett haben eindeutig gezeigt, dass die beiden Hirnhälften ungleichmäßig aktiv sind: Die linke Gehirnhälfte bleibt wachsam und reagiert auf externe Stimuli wie etwa Geräusche, die rechte Gehirnhälfte bleibt passiv. Die gute Nachricht dabei: Diese Asymmetrie ist ab der zweiten Nacht verschwunden.

KÜNSTLICHE INTELLIGENZ

Im März 2016 musste sich der Südkoreaner Lee Sedol, eine lebende Legende des Go-Spiels, gegen einen Computer geschlagen geben; er hatte nur eine, der Computer aber vier Runden gewonnen. Nachdem das von IBM erstellte Programm *Deep Blue* 1996 den Schachweltmeister Garri Kasparow besiegt hatte und das ebenfalls von IBM programmierte Watson 2011 im Fernsehquiz *Jeopardy!* überlegen war, waren nur noch die Go-Spieler geblieben, um sich gegen die Übermacht der künstlichen Intelligenz zu behaupten. Dieses uralte, aus China stammende Spiel, das auf einer ungeheuren Anzahl von möglichen Stellungen basiert (10^{170} verschiedene Positionen, also 10^{100} mehr als beim Schach), verlangt von den Spielern viel Intuition und Kreativität. Aus diesem Grund hat die Leistung von *AlphaGo*, dem vom Google-Ableger DeepMind entwickelten Programm, das Publikum auch derart erstaunt: Dass ein Computer mit seinen immer zahlreicheren und schnelleren Prozessoren den Sieg über einen Menschen davonträgt in einem Spiel, das auf Berechnungen beruht, war erwartet worden. Verblüfft war man aber, als die programmierte Intelligenz bewies, dass sie über Einfallsreichtum und Originalität verfügte, die man bis dato allein der Menschheit zugestand. *AlphaGo* gehört zur neuesten Generation der künstlichen Intelligenz (KI) und ist in der Lage »zu lernen«. Diese Formen der künstlichen Intelligenz verfügen über ein Netz von Neuronen, dessen Aufbau schematisch von biologischen Neuronen inspiriert wurde und das es ihnen ermöglicht, sich an unbekannte Situationen, mit denen sie konfrontiert werden, anzupassen. Und all dies, ohne zu ermüden oder sich von etwas beeindrucken zu lassen – im Gegensatz zum Menschen.

Die Fortschritte bei der künstlichen Intelligenz wecken unvermeidlich auch Science-Fiction-Fantasien. Stehen die Roboter kurz davor, dem Menschen den Rang abzulaufen und sich von ihm zu emanzipieren? Wir haben die Tendenz, Maschinen, die zweifellos sehr weit entwickelt sind, aber dennoch niemals mehr sein werden als eine Zusammenstellung von Silizium-Chips, voreilig eine Seele zuzusprechen. Ja selbst die Bezeichnung »künstliche Intelligenz« ist eine anthropomorphe Projektion. Man spricht davon, dass es *AlphaGo* gewesen sei, das gewonnen habe, dabei haben in Wirklichkeit jene Menschen gewonnen, die den dazugehörigen Algorithmus geschrieben haben. Um derlei Vermischungen zu vermeiden, gibt es nicht wenige, die denken, es sei wichtig, den Robotern keine allzu große äußere Ähnlichkeit mit Menschen zu verleihen beziehungsweise sie absichtlich hässlich zu gestalten, damit sie nicht unsere unangemessene Sympathie erregen. Auch Philosophen weisen auf eine Gefahr beim zukünftigen Umgang mit menschenähnlichen Robotern hin: So wie der Gebrauch von Smartphones bei uns dazu geführt hat, dass wir nur noch sehr schlecht das Gefühl des Wartens aushalten können, so könnten humanoide Roboter, die darauf programmiert wurden, willig und mit uneingeschränktem Einverständnis all unsere Bedürfnisse zu erfüllen, die Idee verkümmern lassen, was eine gelungene soziale Beziehung ausmacht. Eine andere Denkrichtung, die eher enthusiastischen transhumanistischen Philosophen, bereitet sich hingegen bereits darauf vor, einen Teil ihrer Freiheit an die künstliche Intelligenz abzutreten und ihr eigene Rechte zuzuerkennen. In früheren, dunklen Zeiten habe man ja auch geglaubt, weder Frauen noch Schwarze hätten eine Seele, und so würde auch unsere derzeitige Weigerung, den Wert der Roboter anzuerkennen, eines Tages als Rassismus gegenüber der Silizium-Intelligenz erkannt werden. Auch wenn es überraschen mag, so ist dies doch eine grundsätzliche Überlegung über die Natur des Bewusstseins und des Lebens. Und während sie angestellt wird, erklären uns Wissenschaftler, dass starke und autonome künstliche Intelligenz frühestens in einhundert Jahren auftauchen wird. Was unsere Aufmerksamkeit viel mehr beschäftigen sollte, sind die kleinen KIs, die sich mehr und mehr in unserem Alltag ausbreiten. Etwa die Data-Mining-Programme in den selbstfahrenden Autos. Man schätzt, dass schon 2030 in den USA kaum noch ein menschlicher Fahrer das Steuer in der Hand habe dürfte.

NATÜRLICHE INTELLIGENZ: DIE NOBELPREISTRÄGERINNEN

Eine aufschlussreiche Studie, 2015 von der L'Oréal-Stiftung in Auftrag gegeben, kam zu dem Ergebnis: 67 Prozent der Europäer sind überzeugt, Frauen verfügten nicht über die nötigen Kapazitäten, um Spitzenforschung zu betreiben. Bei dieser Umfrage zeigten sich Frauen übrigens nicht weniger sexistisch als Männer, wenn es darum ging, die Fähigkeiten und Unzulänglichkeiten ihres eigenen Geschlechts einzuschätzen. Hier nun, um dieser Ansicht zu widersprechen, eine Liste weiblicher Nobelpreisträgerinnen in den Naturwissenschaften. In dieser Aufzählung tauchen einige der weltweit brillantesten Köpfe der Forschung auf:

Nobelpreis für Physik

1903	Marie Curie (zusammen mit Pierre Curie und Henri Becquerel)	Frankreich/Polen	»Als Anerkennung der außerordentlichen Leistungen, die sie sich durch ihre gemeinsame Forschung über die von Professor Henri Becquerel entdeckten Strahlungsphänomene erworben haben.«
1963	Maria Goeppert-Mayer (zusammen mit J. Hans D. Jensen)	USA	»Für ihre Entdeckung im Zusammenhang mit der nuklearen Schalenstruktur.«

Nobelpreis für Chemie

1911	Marie Curie	Frankreich/Polen	»Als Anerkennung ihrer Verdienste um den Fortschritt der Chemie durch die Entdeckung der Elemente Radium und Polonium, durch die Isolierung des Radiums und die Untersuchung der Natur und der Verbindungen dieses bemerkenswerten Elementes.«
1935	Irène Joliot-Curie (zusammen mit Frédéric Joliot-Curie)	Frankreich	»Als Anerkennung ihrer Synthese neuer radioaktiver Elemente.«
1964	Dorothy Crowfoot Hodgkin	Großbritannien	»Für die Bestimmung der Strukturen bedeutender biochemischer Substanzen durch den Einsatz von Röntgenstrahlen.«
2009	Ada Yonath (zusammen mit V. Ramakrishnan und Th. Steitz)	Israel	»Für ihre Studien zur Struktur und Funktion des Ribosoms.«

Nobelpreis für Physiologie oder Medizin

1947	Gerty Theresa Cori (zusammen mit Carl Cori)	USA	»Für die Entdeckung des Ablaufs der katalytischen Umwandlung des Glycogens.«
1977	Rosalyn Yalow	USA	»Für die Entwicklung radioimmunologischer Methoden der Bestimmung von Peptidhormonen.«
1983	Barbara McClintock	USA	»Für ihre Entdeckung der springenden Gene.«
1986	Rita Levi-Montalcini (zusammen mit Stanley Cohen)	Italien	»Für ihre Entdeckung des Wachstumsfaktors.«
1988	Gertrude Elion (zusammen mit J. Black und G. Hitchings)	USA	»Für ihre Entdeckung wichtiger Prinzipien bei der Arzneimitteltherapie.«
1995	Christiane Nüsslein-Volhard (zusammen mit E. B. Lewis und E. F. Wieschaus)	Deutschland	»Für ihre Forschungen über die genetische Kontrolle der Embryonalentwicklung.«
2004	Linda Brown Buck (zusammen mit Richard Axel)	USA	»Für ihre Arbeiten über das olfaktorische System und die olfaktorischen Rezeptoren.«
2008	Françoise Barré-Sinoussi (zusammen mit Luc Montagnier)	Frankreich	»Für ihre Entdeckung des Humanen Immundefizienz-Virus.«
2009	Elizabeth Blackburn und Carol Greider (zusammen mit Jack Szostak)	Australien und USA	»Für ihre Entdeckung des Schutzes von Chromosomen durch Telomere und das Enzym Telomerase.«
2014	May-Britt Moser (zusammen mit John O'Keefe und Edvard Moser)	Norwegen	»Für ihre Entdeckung von Zellen, die ein Positionierungssystem im Gehirn bilden.«
2015	Tu Youyou (zusammen mit William C. Campbell und Satoshi Ōmura)	China	»Für ihre Arbeiten zur Entwicklung einer neuen Therapie gegen Malaria.«

Nobelpreis für Wirtschaft

2009	Elinor Ostrom (zusammen mit Oliver Williamson)	USA	»Für ihre Analyse der Wirtschaftsverwaltung, insbesondere von Gemeinschaftseigentum.«

DIE PIONEER-PLAKETTE

Zu Beginn des Jahres 1972 kam ein US-Journalist auf die Idee, mit der Weltraumsonde *Pioneer* eine Art Botschaft zu verschicken, denn dieser Flugkörper würde das erste menschengemachte Objekt sein, das unser Sonnensystem verlässt. Der Astronom Carl Sagan war von der Vorstellung einer solchen Nachricht für den (unwahrscheinlichen) Fall einer Begegnung mit Außerirdischen begeistert und schlug der NASA vor, dazu eine Plakette an das Raumschiff anzubringen. Zusammen mit einem weiteren Astronom, Frank Drake, beauftragte man ihn, innerhalb weniger Monate eine Zeichnung anzufertigen, die dann an Bord der Sonden *Pioneer 10* (1972) und *Pioneer 11* (1973) ins All geschossen wurde.

Material: Aluminium und Gold	Länge: 229 Millimeter
Breite: 152 Millimeter	Dicke: 1,27 Millimeter

Auf der Grafik S. 136 ist links oben ein Wasserstoffatom (das im Universum am häufigsten vorkommende Element) in zwei unterschiedlichen Energiezuständen zu sehen. Beim Übergang von dem einen Zustand in den anderen strahlt das Atom ein Photon mit der Wellenlänge von 21 Zentimetern aus; diese Einheit dient als Maßstab für alle weiteren Größenverhältnisse in der Zeichnung. Die Zahl 8 (dargestellt im Binärcode) rechts der Frau gibt damit auch ihre Größe an: 8 x 21 cm = 1,68 m. Der Mann neben ihr hebt die Hand und gibt mit dieser Geste ein universelles Zeichen des Wohlwollens. Die Pulsare, links von den Menschenfiguren, sind astronomische Objekte, die es jener Intelligenz, die diese Flaschenpost im interstellaren Meer einmal finden mag, erlauben soll, unser Sonnensystem in der Galaxie zu orten.

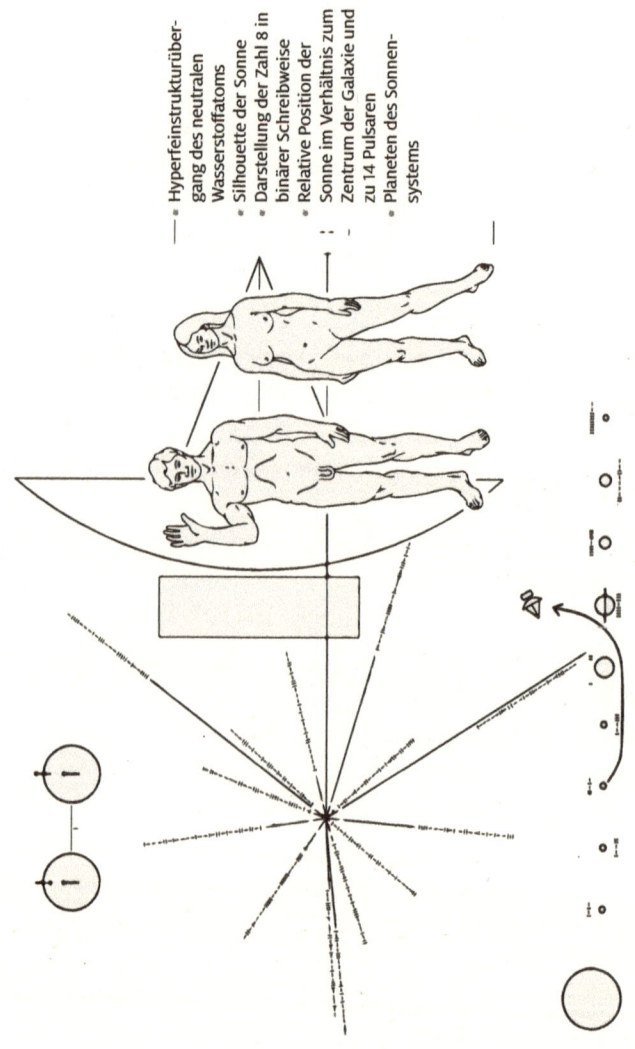

- Hyperfeinstrukturübergang des neutralen Wasserstoffatoms
- Silhouette der Sonne
- Darstellung der Zahl 8 in binärer Schreibweise
- Relative Position der Sonne im Verhältnis zum Zentrum der Galaxie und zu 14 Pulsaren
- Planeten des Sonnensystems

136

PANDO, DER ÄLTESTE LEBENDE ORGANISMUS

An den Hängen, die sich im Westen des US-Bundesstaates Utah über den Fish Lake erheben, erstreckt sich eine riesige Kolonie von Amerikanischen Zitterpappeln: 47 000 identische Bäume, die alle durch ein und dasselbe Wurzelsystem miteinander verbunden sind. Die Kolonie wird aus einzelnen Trieben gebildet, die für sich allein genommen eine Lebenserwartung von rund 130 Jahren haben, doch das System als Ganzes hört nicht auf, sich durch Klonen zu regenerieren. Pando (aus dem Lateinischen »ich breite mich aus«) wird diese pflanzliche Gemeinschaft genannt, deren Alter man auf 80 000 Jahre schätzt. Damit ist sie der älteste bekannte noch lebende Organismus der Erde.

EIN MANN AUSSERHALB DER ZEIT

In den 1960er-Jahren stellte man sich darauf ein – die Welt befand sich schließlich mitten im Kalten Krieg –, lange Zeit in unterirdischen Atombunkern verbringen zu müssen. Auch mit den ersten Atom-U-Booten waren nun lange Fahrten in tiefen Gewässern möglich, wie es etwa die *USS Nautilus* bei ihrer Fahrt unter der Packeisschicht des Nordpols hindurch bewiesen hatte. Juri Gagarin und dann John Glenn wiederum waren durchs All gereist, und die Forschung dachte bereits über Langstreckenflüge durch den Weltraum nach. Zudem wurden transatlantische Flüge zum Alltagsgeschäft, womit immer häufiger Probleme mit der Zeitverschiebung (Jetlag) auftraten.

So machte sich am 17. Juli 1962 der junge und kühne Höhlenforscher Michel Siffre daran, am eigenen Leib das bedeutendste Experiment auszuprobieren, das man je zur Frage des menschlichen Biorhythmus durchgeführt hatte. Der 23-Jährige stieg mehr als 100 Meter in die Tiefe des Scarasson, eines Gletschers in den ligurischen Alpen, und blieb mehr als zwei Monate in diesem Abgrund. In diese Grotte, in der absolute Dunkelheit herrscht und die Temperatur nie mehr als drei Grad Celsius erreicht, hatte er keine Uhr mitgenommen: Er wollte das Gefühl für die Zeit verlieren.

Über ein Telefon gab Michel Siffre Informationen über den Anfang und das Ende seiner Schlafzeiten an die Oberfläche durch, vor jedem Einschlafen und nach jedem Aufwachen. Auch seinen Puls notierte er. Sein Ziel war es zu verstehen, wie die innere Uhr des Menschen auf den Körper einwirkt, wenn dieser sich außerhalb des vom Tag-Nacht-Wechsel geregelten Zyklus befindet. Michel Siffre verlor recht schnell an Kraft, und als er am 14. September, erschöpft von der Kälte und der Isolation, ans Tageslicht zurückkam, war er überzeugt, es sei der 20. August. Einige seiner Schlafphasen waren nicht einfach nur ein Mittagsschlaf gewesen, wie er angenommen hatte, sondern richtige Nächte; so hatte er sich nach und nach beim Abzählen der Tage geirrt. Siffres Heldenmut wurde gefeiert, und sein Versuch führt zumindest zu zwei wichtigen Erkenntnissen: Der Schlaf-Wach-Rhythmus des Menschen ist stabil und wird in einem Zeitraum von 24,5 Stunden, also ein wenig mehr als einem Tag auf der Uhr, spontan aufrechterhalten. Der Höhlenforscher erlebte also mit, wie sich seine Gewohnheiten Stück für Stück verschoben, bis er schließlich um 19 Uhr abends sein Frühstück einnahm und sich am Ende des Vormittags zur Nachtruhe begab.

37 Jahre nach seinem ersten Einsatz in Isolation führte Michel Siffre sein letztes Experiment »außerhalb der Zeit« durch, dieses Mal in der Höhle von Clamouse, in der Nähe von Montpellier. Er begab sich in der Silvesternacht 2000 allein unter die Erde, ohne Zeitmesser, und kam zweieinhalb Monate später wieder an die Oberfläche zurück. Er wollte die Entwicklung seines Biorhythmus im Alter untersuchen.

WARTEN AUF THE BIG ONE

Der US-Bundesstaat Kalifornien wird der Länge nach von der San-Andreas-Verwerfung durchzogen. Diese geologische Spalte wölbt sich immer weiter auf, da hier die Pazifische Platte und die Amerikanische Platte aufeinanderstoßen und sich durch Tektonik aneinanderreiben. Die Spalte hat eine Länge von rund 1300 Kilometern und ist durchschnittlich einige Kilometer breit. Die beiden Metropolen San Francisco und Los Angeles liegen ganz in ihrer Nähe. Es kommt in dieser Region recht häufig zu durchaus gefährlichen Erdbeben, die von der Plattenbewegung verursacht werden. Seismologen hoffen, durch genaue Überwachung der Verwerfung den Moment ankündigen zu können, in dem *The Big One*, das große zerstörerische Erdbeben auftritt, dessen Wiederkehr man alle 100 Jahre erwartet. Das letzte, das sich im Jahr 1906 ereignete, steckte San Francisco in Brand und riss rund 3000 Menschen in den Tod. Die Wahrscheinlichkeit, dass ein Ereignis dieses Ausmaßes zwischen heute und 2032 eintritt, liegt bei 62 Prozent. Kalifornien bereitet sich daher auf *The Big One* vor, das schon jetzt eine unerschöpfliche Inspirationsquelle für alle US-Katastrophenfilme ist.

Die wichtigsten Erdbeben
in der San-Andreas-Spalte

Stadt	Datum	Magnitude auf der Richterskala	Menschliche Opfer und Schäden
Orange County	28. Juli 1769	6	
San Diego	22. November 1800	6,5	
San Francisco	21. Juni 1808	6	
Fort Tejon	9. Januar 1857	8,3	2 Tote
Santa Cruz Mountains	8. Oktober 1865	6,5	
Hayward	21. Oktober 1868	7	
San Francisco	18. April 1906	7,8	3000 Tote, 500 Millionen Dollar Sachschaden
Santa Barbara	29. Juni 1925	6,3	14 Tote, 6,5 Millionen Dollar Sachschaden
Santa Barbara	4. November 1927	7,3	
Long Beach	11. März 1933	6,3	115 Tote, 100 Verletzte, 50 Millionen Dollar Sachschaden
Kern County	21. Juli 1952	7,7	14 Tote, 18 Verletzte, 50 Millionen Dollar Sachschaden
San Francisco	22. März 1957	5,3	40 Verletzte
San Fernando	9. Februar 1971	6,6	65 Tote
Loma Prieta (San Francisco)	17. Oktober 1989	7,1	63 Tote, 3757 Verletzte, 6 Milliarden Dollar Sachschaden
Parkfield	28. September 2004	6,0	Der Riss dieses Segments war seit mehr als einem Jahrzehnt erwartet worden. Der Schaden war sehr gering, da in diesem Bereich sehr wenige Gebäude errichtet worden waren.
Los Angeles	29. Juli 2008	5,5	Wenig Schäden
Los Angeles	16. März 2010	4,4	Keine Schäden
Mexicali	4. April 2010	7,2	2 Tote, rund 100 Verletzte
Los Angeles	17. März 2014	4,4	Keine Schäden
Napa	24. August 2014	6,0	120 Verletzte

TIERE AUF ZWEI BEINEN

Die Bipedie, die Fortbewegung auf zwei Beinen, wird häufig als Ausgangspunkt der Menschheit aufgefasst: Als die großen Affen von den Bäumen kletterten und begannen, auf dem Boden zu gehen, wurden sie zu Menschen. Seit der Antike stellen Philosophen Überlegungen zu dieser Eigenart des Menschen an, dem einzigen Säugetier, das seinen Kopf gen Himmel streckt, dem Ort der Ideen oder dem Reich Gottes, fernab aller Materialität der Erde. Der Paläoanthropologe Pascal Picq hat jedoch gezeigt, dass es weniger die Bipedie war, die den Menschen geformt hat, sondern dass es der Mensch war, der seine Zweibeinigkeit entwickelt und an sich angepasst hat. Das Gehen auf zwei Beinen gab es schon lange vor uns, und man kann es auch heute noch bei einigen Tieren finden.

Dinosaurier

Sie gehörten zu den furchterregendsten und am breitesten diversifizierten aller zweibeinigen Tiere. Jene Dinosaurier, die sich auf zwei Füßen fortbewegten, waren die Jäger, wohingegen die Pflanzenfresser sich damit zufriedengaben, schwer auf ihren vier Beinen zu stehen. Unter den bissigen Zweibeinern sind der Tyrannosaurus, der Allosaurus, der Velociraptor etc., die gemeinsam mit anderen die Gruppe der Theropoden bilden. Der größte uns bekannte Vertreter ist der Spinosaurus, der 15 Meter lang und elf Tonnen schwer werden konnte.

Vögel

Zusammen mit den Theropoden, von denen sie abstammen, und mit Ausnahme des Menschen sind Vögel die einzigen Tiere, die sich *systematisch* auf die Zweibeinigkeit verlassen, um sich auf dem Boden fortzubewegen. Wie die fleischfressenden Dinosaurier halten sie das Gleichgewicht ihres Körpers, indem sie sich in einer horizontalen Achse ausstrecken, wenn sie längere Entfernungen laufend zurücklegen wollen. Nur Pinguine haben eine vertikale Körperachse, was auch zur Schwerfälligkeit ihres Gangs passt. Die anderen Vögel stellen sich jedoch beispielsweise bei Paarungstänzen ebenfalls aufrecht auf die Füße.

Reptilien

Einige Echsen, etwa die Kragenechse aus Australien, die ihren eindrucksvollen Kragen ausstellen kann, attackieren ihre Gegner, indem sie sich auf die Hinterbeine stellen.

Säugetiere

Die Landsäugetiere haben grundsätzlich alle einen Körper, der sie dazu zwingt, sich vierbeinig fortzubewegen. Man findet jedoch bei einer ganzen Reihe von Arten zweibeiniges Auftreten, mal mehr, mal weniger virtuos beherrscht:

- **Affen:** Die Affen der Alten Welt (Afrika, Asien, Europa) sind alle Quadrupeden. Einige der großen Affen hingegen, unsere engsten Cousins (Schimpansen, Gorillas, Orang-Utans und Gibbons), sind problemlos in der Lage, je nach Untergrund soziale Interaktionen oder auch einfach Dinge, auf die sie Lust haben, auf zwei Beinen zu erledigen.
- **Beuteltiere:** Kängurus und Wallabys könnten als Landzwei-

beiner gelten: In Wirklichkeit *gehen* sie jedoch nicht auf ihren großen Füßen, sondern sie springen.

- **Nagetiere:** Viele Nagerarten nehmen eine aufrechte Haltung an, um ihre Umgebung im Blick zu halten, wie etwa Erdmännchen und Murmeltiere. Dabei handelt es sich aber nicht um ein Mittel zur Fortbewegung.
- **Huftiere:** Einige wildlebende Arten stellen sich auf ihre Hinterbeine, um Blätter und Früchte in großer Höhe zu erreichen, etwa die Antilope. Der überlange Hals der Giraffe ist eine andere Antwort der Evolution auf dieses Feinschmeckerbedürfnis.

Auf zwei Beinen laufen: Einige Vierbeiner sind, mit ein wenig Schwung, dazu in der Lage, allerdings können sie nicht sehr lange in dieser unbequemen Haltung verharren. Hunde, Robben und sogar Elefanten sind Tiere, die vom Menschen zum zweibeinigen Gang dressiert werden, um damit ein Zirkuspublikum zu unterhalten. Der Bär macht hier eine Ausnahme: Er kann sich ganz leicht erheben und auf zwei Füßen laufen, wenn man ihn dazu ermutigt. Der Bär teilt sich diese Besonderheit mit den Affen, denn auch sein Schwerpunkt liegt auf dem Hinterteil und nicht auf Höhe des Widerrists wie bei den anderen Säugetieren. Wegen dieser Fähigkeit musste der Bär im Mittelalter nicht wenige Qualen erdulden.

DIE FLEDERMAUS

Die Fledermaus ist das einzige Säugetier, das fliegen kann. Zwar gibt es Hörnchen, von denen es heißt, sie seien in der Lage zu fliegen, doch in Wahrheit gleiten diese nur mithilfe einer Membran zwischen ihren Vorder- und Hinterbeinen durch die Luft. Der Flug der Fledermaus ist aus vielerlei Gründen hochinteressant. Sie orientiert sich dank einer Echoortung, deren Prinzip wie ein Sonar funktioniert. Im Jahr 1791 konnte Lazzaro Spallanzani zeigen, dass selbst eine blinde Fledermaus sich problemlos orientieren kann, eine Taube hingegen dazu nicht mehr in der Lage ist. Die Mehrheit der Fledermäuse stößt Ultraschallwellen aus, entweder durch den Mund oder die dafür in ihrer Form angepasste Nase, indem sie ihre Stimmbänder vibrieren lässt. Die ausgesandten Töne sind bei jeder Fledermausart unterschiedlich, auch wenn sie von Tieren einer anderen Art wahrgenommen werden können. Das Echo dieser Schallwellen erlaubt es dem kleinen Säugetier, Gegenstände zu lokalisieren sowie die Größe und die Bewegung des Objekts mit unglaublicher Präzision zu bestimmen. Eine Fledermaus mit einem Netz zu fangen ist sehr schwierig, da sie einen Faden von nur 0,1 Millimeter Dicke schon aus einer Entfernung von 10 Metern wahrnehmen kann! Einige Fledermäuse sind darüber hinaus in der Lage, ihre Echoortung an die jeweilige Umgebung anzupassen: Je nachdem, ob sie sich in einer Höhle oder im Freien befinden, rufen sie verschiedene »Fragen« hinaus in den Raum. So können sie sich mit noch größerer Effizienz durch die Lüfte bewegen.

DIE KLASSIFIZIERUNG VON VULKANAUSBRÜCHEN

Eine kürzlich veröffentlichte Studie ermöglicht es, die Geschichte der Vulkanausbrüche der letzten 2000 Jahre nachzuvollziehen. Dazu analysierten Wissenschaftler die Reste von Sulfaten, die sich in Bohrproben mit Antarktis-Eis nachweisen ließen. Die Ergebnisse zeigen, dass es im Laufe der letzten zwei Jahrtausende mindestens 116 Vulkanausbrüche von sehr großer Tragweite gegeben haben muss. Es dürften besonders ausgeprägte geologische Phänomene gewesen sein, denn sie stießen Rauchwolken aus Sulfaten in die Atmosphäre aus, die bis zum Südpol transportiert worden sind. Dank der Studie kann nun eine Liste mit den zehn größten Vulkanausbrüchen der letzten 2000 Jahre erstellt werden:

Platz 10 – Rinjani, Indonesien	Datum unbekannt	Auf der indonesischen Insel Lombok gelegen, ist der Vulkan Rinjani mit seinen mehr als 3700 Metern der zweithöchste des Landes. Er ist seit dem 19. Jahrhundert rund ein Dutzend Mal ausgebrochen, zuletzt im Jahr 2016.
Platz 9 – Grímsvötn, Island	1785	Der Grímsvötn ist ein Schildvulkan, der unter der Gletscherschicht Vatnajökull verborgen liegt. Er gilt als einer der aktivsten Islands. An zwei geologischen Rissen gelegen, kam es zwischen 1783 und 1785 zu einer Reihe von Eruptionen, die Rekordmengen an fragmentierter Lava in den Himmel schleuderten. Sein letzter Ausbruch war 2011 und wurde von Experten als der stärkste seit rund einem Jahrhundert bezeichnet.
Platz 8 – Ilopango, Mittelamerika	450	Der Ilopango ist heute der größte See El Salvadors, doch in ihm verbirgt sich ein ehemaliger Vulkan, von dem nur noch die Caldera* und einige Lavadome übrig geblieben sind. Im 5. Jahrhundert ereignete sich hier ein gewaltiger Ausbruch, dessen riesige heiße Wolken das gesamte Land in der Umgebung vollständig verwüstet haben dürften. Diese Eruption war der Grund für den Einsturz der Magmakammer und die Bildung der Caldera. Der letzte Ausbruch des Ilopango fand im 19. Jahrhundert statt.
Platz 7 – Quilotoa, Anden	1280	Der Quilotoa, in Ecuador gelegen, ist ein Schichtvulkan, der über 3900 Meter hoch aufragt. Vor nicht ganz 800 Jahren fand hier ein Ausbruch katastrophalen Ausmaßes statt, der Gas- und Aschewolken in den Himmel schleuderte, wo sie sich ausbreiteten. Diese Eruption formte die Caldera, die einen Durchmesser von drei Kilometern hat, sich anschließend mit Wasser füllte und heute noch gut zu sehen ist.
Plätze 6 und 5 – Rabaul, Papua-Neuguinea	zwischen 566 und 531 v. Chr.	Der Rabaul ist ein aktiver Schichtvulkan auf der Insel Neubritannien in Papua-Neuguinea. Eine Reihe von aktiven vulkanischen Kegeln steht dabei rund um eine große, zum Meer hin offene Caldera. Vor rund 2500 Jahren dürften hier, mit einem Abstand von nur wenigen Jahren, zwei enorme Explosionen stattgefunden haben. Sie führten, zusammen mit den folgenden Eruptionen, auch zur Bildung der heute noch erkennbaren Caldera.

---

* Eine Caldera ist ein riesiger runder Krater, der sich im Zentrum einiger Vulkane gebildet hat, als die Eruption die dort befindliche Magmakammer komplett leerte. Der Krater füllt sich meist mit Wasser und bildet so einen Caldera- oder Kratersee.

Platz 4 – Mount Churchill, Alaska	674	Der rund 4700 Meter hohe Mount Churchill ist ein Schichtvulkan, der zur Gebirgskette der Saint Elias Mountains in Alaska gehört. Er gilt heute als erloschen, bildet aber den Ursprung dessen, was Wissenschaftler den *White River Ash* (den »weißen Aschefluss«) nennen, ein rund 1300 Jahre altes Aschedepot. Es dürfte nach einer Reihe von Ausbrüchen entstanden sein, die etwa im Jahr 670 stattfanden und eine große Menge Asche in die Luft schleuderten (schätzungsweise mehr als 50 Kubikkilometer).
Platz 3 – Tambora, Indonesien	1815	Der Stratovulkan Tambora liegt auf der Insel Sumbawa, Indonesien. Auf diesem 2850 Meter hohen Berg kam es am 10. April 1815 zu einem katastrophalen Vulkanausbruch, der heute als einer der tödlichsten aller Zeiten angesehen wird. Die Eruption, die man auch noch in mehr als 2000 Kilometern Entfernung hören konnte, schleuderte rund 160 Kubikkilometer glühendes Gestein und eine ebenso beachtliche Menge an vulkanischer Asche in die Höhe. Die Explosion war für den unmittelbaren Tod von 10 000 Menschen in der Umgebung verantwortlich und führte weit darüber hinaus zu Hungersnöten und Krankheiten, die noch einmal etwa 70 000 Menschen das Leben kosteten. Der Ausbruch wird für beachtliche klimatische Anomalien verantwortlich gemacht, vor allem für den Rückgang der Temperatur in der Folgezeit. 1816 wurde aus diesem Grund schließlich weltweit das »Jahr ohne Sommer« getauft.
Platz 2 – Kuwae, Vanuatu	1452	Der Kuwae ist eine Unterwasser-Caldera, die vor den Shepherd-Inseln des südpazifischen Archipels Vanuatu liegt. Der Kuwae befindet sich zwischen zwei getrennten Inseln, die laut Geologen nicht schon immer geteilt waren. Sie haben früher vermutlich eine zusammenhängende, noch größere Insel gebildet, bis sich im 15. Jahrhundert der Vulkan entlud. Bei dieser enormen Eruption, die mehr als 30 Kubikkilometer Magma und sehr viel Asche in die Atmosphäre schleuderte, kam es zum Einsturz des Vulkans und der Schaffung dieser Caldera, die sich über zwölf mal sechs Kilometer erstreckt. Auch dieser Ausbruch verursachte schwerwiegende klimatische Störungen weltweit.
Platz 1 – Samalas, Indonesien	1257	Der explosivste Vulkanausbruch in der Geschichte geht auf das Konto des Vulkans Samalas, der sich auf der Insel Lombok erhebt, in der Nähe des Vulkans Rinjani. Häufig als »kolossal« bezeichnet, stieß diese Eruption eine rund 40 Kilometer hohe vulkanische Rauchwolke aus, dazu glühende Dämpfe, die im Umkreis von mehr als 20 Kilometern alles bedeckten. Der Ausbruch hat zudem den Einsturz der Magmakammer des Vulkans verursacht, die damals rund 4000 Meter hoch war. So bildete sich die Caldera Segara Anak, die heute durch den gleichnamigen See gefüllt ist.

EINIGE BERÜHMTE BUGS

1947: Der erste Bug

Glaubt man der Legende, so tauchte am 9. September 1947 um 15:45 Uhr der erste Bug der Informatikgeschichte auf. Es handelte sich dabei um eine Motte, die sich in den Rechner *Mark II* in der Harvard University (USA) verirrt hatte. Dieser Vorfall ist die populärste Erklärung dafür, warum die Bezeichnung für einen Computerprogrammfehler *bug* lautet, das englische Wort für Ungeziefer. Tatsächlich wurde dieser Begriff schon einige Zeit zuvor verwendet, doch die Historie hält an diesem Tierchen fest, vor allem da es sich, mit Klebeband befestigt, noch immer auf dem Logbuch der Informatikerin Grace Hopper befindet. Heute wird dieses Buch in der Smithsonian Institution aufbewahrt.

1982: Die transsibirische Gasleitung explodiert

Es war die größte nicht nukleare und menschengemachte Explosion der Geschichte: Die CIA wollte durch Sabotage verhindern, dass die Sowjetunion Gas nach Europa exportiert. Die Informatiker des US-Geheimdiensts schleusten daher einen Bug in die Software der Gasleitung ein – eine Software, die der KGB den Kanadiern gestohlen hatte. Bei der Explosion kam niemand zu Schaden, da das Gebiet unbewohnt ist, doch das Ausmaß war derart groß, dass man für kurze Zeit an einen Atombombenangriff glaubte.

1985–1987: Therac-25

Der *Therac-25* war ein therapeutischer Apparat, der zur Bestrahlung von Krebszellen eingesetzt wurde. Ein Fehler in der Software führte dazu, dass die Patienten einer Überdosis Strahlung ausgesetzt wurden, was bei sechs von ihnen zum Tod führte. Einige hatten das Hundertfache der üblichen Strahlendosis erhalten. Diese 25. Version des *Therac* funktionierte im Prinzip nach den Routinen, die man für seinen Vorgänger geschrieben hatte; darunter waren einige sehr fehlerhaft. Doch die für die ersten *Theracs* entwickelten Sicherheitsmaßnahmen bremsten die Fehler aus und sorgten dafür, dass sie unerkannt blieben. Als beim *Therac-25* diese Einstellungen aufgehoben oder verändert worden waren, zeigten die Programmierfehler ihre tödlichen Schwächen.

1992: Die Pepsi-Verlosung

1992 startete der US-Getränkehersteller eine große Werbekampagne auf den Philippinen, bei dem einem glücklichen Gewinner eine Millionen Pesos (rund 20 000 US-Dollar) ausgezahlt werden sollten. Die Begeisterung für die Verlosung kam überraschend: Mehr als die Hälfte aller Philippinos nahm teil und hoffte, dass die drei Ziffern, die sich auf dem Boden ihrer Cola-Dose fanden, ausgelost würden. Am 25. Mai gab Pepsi dann bekannt, die Nummer 349 habe gewonnen. Ärgerlich dabei war, dass diese Ziffern in mehr als 800 000 Dosen gedruckt worden waren! Die Software, die zur Auswahl der Gewinnzahlen eingesetzt wurde, hatte keinen Befehl bekommen, diese Zahl auszulassen. Zehntausende von Philippinos wollten sich nun ihren Gewinn auszahlen lassen. Als sich Pepsi weigerte, kam es zu Unruhen in der Hauptstadt Manila. Mehrere Wochen lang warfen Demonstranten Steine auf Gebäude und Lastwagen. Ein Molotowcocktail, der einen Pepsi-LKW in Brand gesetzt hatte, kostete mehrere Menschen das Leben. Pepsi erkaufte sich den Frieden dann mit dem Angebot, jedem Besitzer einer Gewinnerdose 20 Dollar zu bezahlen.

1996: Die Explosion der *Ariane* beim Start

Am 4. Juni 1996 geriet die europäische Rakete *Ariane 5* während des Abhebens außer Kontrolle, wodurch sie und fünf Wissenschaftssatelliten, die sie an Bord hatte, völlig zerstört wurden. Der Fehler lag darin, dass das Navigationssystem sich bemühte, die 64-Bit-Daten in 16-Bit-Daten umzuwandeln, was zu einem arithmetischen Überlauf (einem *overflow*) führte. Die Sicherungseinheit, die eingriff, nutzte denselben Algorithmus und geriet in denselben Datenüberlauf. Die Kosten dieses Unfalls werden auf 500 Millionen Euro geschätzt, was diese wenigen Zeilen falschen Software-Codes zu den teuersten in der Geschichte werden ließ.

2002: Chronik der angekündigten Tode

Durch einen Bug im Computerprogramm des St. Mary Mercy Krankenhauses im US-Bundesstaat Michigan wurden 8500 Patienten für verstorben erklärt, obwohl sie noch quicklebendig waren. Die angeblichen Toten erhielten nicht nur eine Rechnung, sondern auch einen Brief des Krankenhauses, mit dem sie von ihrem eigenen Tod unterrichtet wurden. Außerdem ging die Nachricht ihres Todes auch an die jeweiligen Versicherungen und die staatliche US-Krankenversicherung. Die lebenden Toten benötigten im Anschluss mehrere Wochen, um bei den unterschiedlichen Behörden wiederauferstehen zu können.

BERÜHMTE FOSSILIEN

Toumaï

Fossiler Schädel eines Primaten, der von Archäologen unter Leitung von Michel Brunet 2001 in der Djurab-Wüste im Norden Tschads entdeckt wurde. Er führte zur Definition einer neuen Art, dem *Sahelanthropus tchadensis*, den einige Paläoanthropologen als eine der ältesten Arten im Stammbaum des Menschen ansehen. Das Alter des Fossils wurde auf rund 7 Millionen Jahre bestimmt, was bedeutet, dass uns heute rund 350 000 Generationen von ihm trennen.

Orrorin tugenensis

So wird ein Hominide genannt, der vor rund 6 Millionen Jahren gelebt haben dürfte. Man kennt von ihm eine disparate Reihe von Fossilien, von denen einige im Oktober und November 2000 in den Tugen Hills in Kenia durch Brigitte Senut und Martin Pickford ausgegraben wurden.

Little Foot

Fossilien eines Hominiden, den Ronald J. Clarke in Sterkfontein, Südafrika, entdeckte. Little Foot, also Kleiner Fuß, ist das vollständigste Skelett eines Australopithecus, das bislang gefunden wurde. Eine 2015 veröffentlichte Studie schätzt, dass es etwa 3,67 Millionen Jahre alt sein dürfte und damit älter als Abel und Lucy.

Abel

Der Unterkiefer, den das Team von Michel Brunet 1995 im Tschad entdeckte, ist bislang das einzige Fragment der Art *Australopithecus bahrelghazali*. Abel lebte vor 3,5 bis 3 Millionen Jahren in Westafrika, zur selben Zeit, in der auch der *Australopithecus afarensis* in Ostafrika nachgewiesen wurde. Michel Brunet, der die Ausgrabungen leitete, gab dem Fossil seinen Namen in Gedenken an Abel Brillanceau, einen Geologen und Kollegen, der einige Jahre zuvor in Kamerun verstorben war.

Lucy

Hierbei handelt es sich nicht um das erste Fossil, das je von einem Australopithecus entdeckt wurde, aber um das erste, das relativ vollständig ausgegraben werden konnte. Lucy wurde am 24. November 1974 von einer internationalen Archäologengruppe unter Leitung von Yves Coppens, Donald Johanson und Maurice Taieb am Ufer des Flusses Awash in Äthiopien gefunden. Sie erhielt ihren Namen nach dem Beatles-Song *Lucy In The Sky With Diamonds*, den die Archäologen abends in ihren Zelten häufig gehört hatten. In Äthiopien wird sie Dinknesh genannt, was auf Amharisch so viel bedeutet wie »du bist schön«. Der Fund wurde 1976 zum ersten Mal beschrieben, doch es dauerte bis 1978, bis er der Art *Australopithecus afarensis* zugeordnet wurde. Heute befindet sich das Skelett im äthiopischen Nationalmuseum in Addis Abeba.

PHRENOLOGIE

Diese Pseudowissenschaft, deren Wortstamm sich von *phren*, dem griechischen Wort für Gehirn oder Geist ableitet, wurde Ende der 1790er-Jahre vom Wiener Arzt Franz Joseph Gall entwickelt. Für Gall, der sich als Arzt auf Neurologie spezialisiert hatte, sind all unsere intellektuellen und moralischen Fähigkeiten, all unsere Neigungen angeboren und lassen sich einem exakten Ort im Gehirn zuordnen. Es ist daher möglich, unsere Veranlagungen dadurch zu messen, dass man die Form des Schädels analysiert, denn die darunter verborgenen Gehirnstrukturen sind an dessen oberflächlicher Form zu erkennen. In seiner Zeit besaß Galls Idee hohes Ansehen als revolutionäre Theorie. So revolutionär, dass Gall vom Kaiser persönlich aus Österreich vertrieben und sogar aus der katholischen Kirche verstoßen wurde, die sich von so viel Rationalismus schockiert zeigte. Gall fand in Frankreich Unterschlupf und zählte die Kaiserin Joséphine und den Arzt Napoleons, Jean-Nicolas Corvisart, zu seinen Anhängern.

Noch nach seinem Tod 1828 regte seine Theorie zahlreiche Wissenschaftler zu weiteren Forschungen an, darunter auch solche, die in gutem Glauben handelten wie etwa Paul Broca, der die ganz und gar seriöse Entdeckung machte, dass ein spezieller Teil unseres Gehirns für die Verarbeitung von Sprache zuständig ist. Dieser Teil des Gehirns heißt noch heute Broca-Areal. Schon seit ihrem Aufkommen meldeten sich jedoch auch zahlreiche Stimmen, die die Phrenologie ablehnten, da die Zweifler nicht glauben konnten, dass sich unser gesamtes Verhalten an einigen Buckeln unseres Gehirns ablesen lasse. Zur Geschichte der Phrenologie gehören auch gefährliche Abwege, so bemühte man sich beispielsweise, solche Hirnregionen zu identifizieren, die nur Kriminelle haben. Um 1880 begann dann der endgültige Niedergang dieser Pseudowissenschaft, als das Wissen um die Funktionsweisen des Gehirns immer weiter zunahm. Paradoxerweise hatte die Phrenologie genau zu diesem Wissen ebenfalls ihren Teil beigetragen.

Im Folgenden nun einige Abbildungen phrenologischer Areale und ihre Definition in der Sprache der Phrenologen – wobei wir uns von diesen Inhalten natürlich distanzieren:

Phrenologische Karte des Schädels

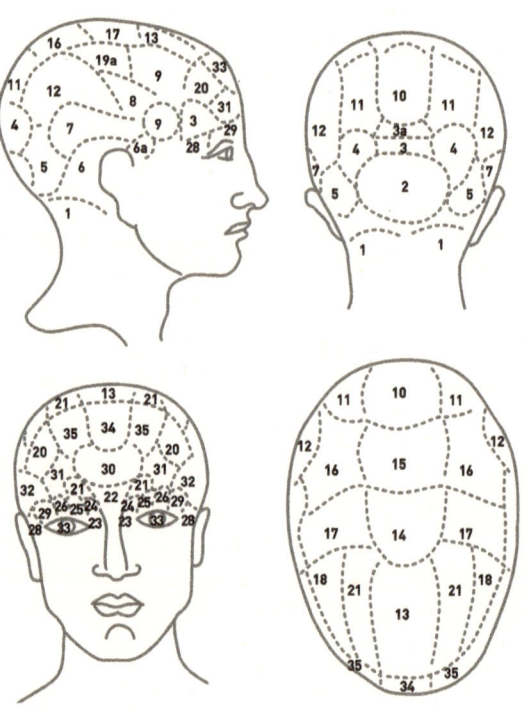

1. Amativität: Impuls, das andere Geschlecht zu lieben, (hetero-) sexueller Instinkt.

2. Philoprogenitur: Tendenz, Kinder zu zeugen und zu erziehen.

3. Konzentrativität: Fähigkeit einiger Individuen, an einer fixen Idee festzuhalten, mit der gesamten Aufmerksamkeit und aller Energie sich auf das Vorhaben zu konzentrieren.

3a. Unfähigkeit zur Konzentrativität.

4. Adhesivität: Instinkt der Anhänglichkeit; Grundlage der Freundschaft. Impuls zu lieben, allerdings ohne Unterschied des Geschlechts.

5. Kombativität: Instinkt des Widerstands, das heißt die Fähigkeit des Menschen, dem zu widerstehen, was seiner freien Handlung im Wege steht. Wichtiges Element des Muts.

6. Destruktivität: Instinkt des Angriffs, Neigung zur Zerstörung.

6a. Allimentivität: Hier wird die Wahl der Lebensmittel und der Geschmack bestimmt. Dieses Areal kann für die Verfeinerung des Geschmacks sorgen oder, sollte es nicht ausreichend funktionieren, zu Gefräßigkeit und Trunksucht führen.

7. Sekretivität: Instinkt der Zurückhaltung, der Reserviertheit; Tendenz, seine Gefühle und Gedanken zu verschleiern.

8. Akquirierität: Sitz des Triebs zum Erwerb und zum Bewahren dessen, was man besitzt. Dominiert dieses Areal, wird der Mensch geizig. Dieses Areal entspricht dem, was man die »Arbeitsneigung« nennt.

9. Konstruktivität: Wahrnehmung und Auffassung von Körpern, Volumen und den Kräften; Fähigkeit zur Konstruktion, mechanisches Verständnis.

10. Selbstachtung: Achtung des eigenen Werts, Selbstvertrauen.

Grundlegende Voraussetzung für das Machtstreben und den Stolz.

11. Approbativität: Verlangen, von anderen bewundert zu werden; Wunsch zu gefallen. Dies ist das zweite wesentliche Element für den Ehrgeiz. Im übertriebenen Ausmaß führt sie zu Verletzlichkeit und Eifersucht.

12. Besonnenheit: Instinkt der Vorsicht, der Wachsamkeit, der Vorsorge, der Befürchtung. Greift ein, sobald es darum geht, eine Gefahr zu antizipieren.

13. Wohlwollen: Gefühl der Güte, der Nächstenliebe, Mitgefühl. Dies ist die überpersönlichste Eigenschaft, die wir besitzen, denn sie ist nicht auf uns, sondern ganz und gar auf den Nächsten gerichtet.

14. Verehrung: Gefühl des Respekts, der Ehrerbietung. Es gehört mit einigen anderen zu den Elementen, die das religiöse Gefühl ermöglichen.

15. Willenskraft: Instinkt der Stabilität, der Zähigkeit. Im Zusammenspiel mit der Intelligenz hilft sie, Aufgaben zu Ende zu führen; ansonsten wird sie zur Dickköpfigkeit.

16. Gewissen: Gefühl des Ausgleichs und der Gerechtigkeit, Instinkt der Schuldigkeit. Grundlage der Empörung, aber auch der Anständigkeit.

17. Hoffnung: Gefühl der freudigen Vorwegnahme, das uns im Vorhinein verspricht, dass unsere Wünsche sich erfüllen werden.

18. Wundergläubigkeit: instinktiver Glaube; Fähigkeit, an Übernatürliches beziehungsweise an all das zu glauben, was über die etablierte Logik hinausgeht. Damit ist die Wundergläubigkeit ein entscheidendes Element für alle religiösen, poetischen und künstlerischen Gefühle.

19. Idealität: Gefühl für das Schöne, das Ideale; Streben nach Perfektion. Entscheidendes Element der Vorstellungskraft.

19 a. unbestimmt

20. Geistesblitz: Begabung für brillanten Wortwitz, Humor und Schlagfertigkeit. Läuft auf die vergrößerte Wahrnehmung von Kontrasten und Antithesen hinaus.

21. Nachahmung: Fähigkeit zur Wiederholung von Gesten, Verhalten und dem Gewusst-wie.

22. Individualität: Fähigkeit, den Unterschied zwischen Dingen zu empfinden, einen bestimmten Gegenstand in einer Reihe anderer wiederzuerkennen.

23. Konfiguration: Wahrnehmung von Umrissen und Formen. Grundlage für die Begabung für bildende Künste wie Bildhauerei, Malerei, Zeichnung und Grafik, für die Architektur und die Mechanik.

24. Weitläufigkeit: Wahrnehmung von Distanzen, Dimensionen. Zusammen mit der Konfiguration gehört sie zu den beiden geometrischen Sinnen schlechthin.

25. Schwere: Wahrnehmung der Schwerkraft, des Gleichgewichts, des Gewichts von Dingen. Unverzichtbar für die handwerkliche Geschicklichkeit.

26. Kolorit: Wahrnehmung von Farbnuancen; Gefühl für Farbharmonien.

27. Lokalität: Wahrnehmung von den Positionen der Objekte im Vergleich; Fähigkeit, sich zu orientieren, und wichtig für ein gutes Ortsgedächtnis.

28. Zahlen: Leichtigkeit im Umgang mit Zahlen; allgemeine Fähigkeit für das Rechnen und die Arithmetik. Hier gründet die berühmte »Mathebegabung«.

29. Ordnung: Neigung zur symmetrischen Koordination, Ins-

tinkt für die materielle Anordnung. Entscheidendes Element bei der Fähigkeit zur Klassifizierung.

30. Eventualität: Wahrnehmung von Ereignissen, inneren wie äußeren. Wahrnehmung von Änderungen, die sich zwischen zwei Augenblicken ergeben haben.

31. Zeit: Fähigkeit, dank derer man den Zusammenhang in einer Folge von Ereignissen innerhalb eines Zeitrahmens bemessen kann; Wahrnehmung des verstrichenen Intervalls zwischen zwei Empfindungen, zudem das Rhythmusgefühl.

32. Töne: Wahrnehmung von Tönen und Erinnerung an Töne. Grundlage für die musikalische Begabung.

33. Sprache: Wahrnehmung von Wörtern und Gespür für Wörter; Fähigkeit, sie mit Ideen oder Gefühlen zu verknüpfen, die sie ausdrücken. Selbstverständlich ist dieses Element wichtig beim Erlernen von Sprachen.

34. Vergleich: Wahrnehmung von Ähnlichkeiten; Fähigkeit, eine Parallele zwischen Dingen zu erkennen und verschiedene Elemente neu zu sortieren.

35. Kausalität: Wahrnehmung des Zusammenhangs zwischen Ursache und Wirkung; Fähigkeit zur Induktion und Deduktion. Diese Fähigkeit bringt Kinder zu der Frage: »Warum?«. Später wird sie zur Grundlage des philosophischen Denkens.

DIESE TIERE TÖTEN
DIE MEISTEN MENSCHEN

Im Jahr 2015 stellte die Zeitschrift *Good* eine Liste jener Tiere auf, die für den Menschen die tödlichste Gefahr darstellen – ohne dabei den Menschen selbst zu übergehen.

Name	getötete Menschen pro Jahr
Hai	10 Tote pro Jahr
Wolf	10 Tote pro Jahr
Löwe	100 Tote pro Jahr
Elefant	100 Tote pro Jahr
Nilpferd	500 Tote pro Jahr
Krokodil	1000 Tote pro Jahr
Taenia / Bandwurm	2000 Tote pro Jahr
Tsetsefliege	9000 Tote pro Jahr (Schlafkrankheit)
Raubwanzen	12 000 Tote pro Jahr (Chagas-Krankheit)
Hunde	40 000 Tote pro Jahr
Schlangen	50 000 Tote pro Jahr
Spulwurm (Darm-Parasit)	60 000 Tote pro Jahr
Süßwasserschnecken	100 000 Tote pro Jahr (beim Verzehr Übertragung von Schistosomiasis, eine Parasitenkrankheit)
Mensch	475 000 Tote pro Jahr (Morde)
Mücken	725 000 Tote pro Jahr (Malaria, Gelbfieber)

SEHR GIFTIGE TIERE

Die Vogelspinne *Atrax robustus*

Diese nur in Australien vorkommende Art gilt als gefährlichste Spinne der Welt. Das Männchen verfügt über ein extrem wirksames Nervengift, das einen erwachsenen Mann in weniger als einer Stunde tötet.

Die Schwarze Mamba

Diese gefährliche Art besitzt nicht nur ein ungemein starkes Gift (es tötet einen Menschen in 20 Minuten), sondern diese Schlange ist darüber hinaus noch äußerst aggressiv. Nicht zuletzt gilt sie als schnellste Schlange der Welt, was die Sache nicht unbedingt besser macht. Man kann ihr allerdings nur in Afrika südlich der Sahara begegnen.

Die Landkartenkegelschnecke

Diese unter anderem im Pazifik vorkommende Schnecke ist das giftigste Tier der Erde. In seinem Saugschlund hat der Landkartenkegel einen Giftzahn, dessen Gift einen Menschen in zwei Stunden zu töten vermag. Bis heute ist kein Gegengift bekannt.

Der Schreckliche Pfeilgiftfrosch

Er ist an seiner grell gelben Färbung zu erkennen, die bereits deutlich auf die Gefahr hinweist. Der Frosch trägt das Gift nämlich direkt auf seiner Haut. Das nutzen Jäger einiger Amazonasindianer in Kolumbien aus und reiben die Spitzen ihrer Jagdpfeile über die Haut des Frosches. Somit erklärt sich auch der Name dieser giftigsten Amphibie der Welt.

Der Gelbe Mittelmeerskorpion

Der Stich dieser Art, die vor allem in Nordafrika vorkommt, ist ungemein schmerzhaft, führt bei Menschen jedoch nicht zwangsläufig zum Tod.

Würfelquallen

Würfelquallen, wie etwa die Seewespe, gehören zu den gefährlichsten Quallen: Jeder ihrer Tentakeln ist mit Hunderttausenden von giftigen Nesseln besetzt. Man findet Würfelquallen vor allem entlang asiatischer Küsten, doch sie sind auch schon im Mittelmeer gesehen worden. Ihr Gift tötet jedes Jahr mehrere Menschen, die nach einer Berührung der Nesseln nicht schnell genug ärztlich versorgt werden konnten.

Der Blaugeringelte Krake

Trotz ihrer geringen Größe können die Blaugeringelten Kraken mit ihrem Speichel ein Gift abgeben, das einen Menschen durch Atemlähmung tötet. Man findet diese Arten unter anderem vor Neukaledonien und südlich des Great Barrier Reef.

Der Kugelfisch

Der auch unter seinem japanischen Namen *Fugu* bekannte Kugelfisch verfügt über ein Gift, das einen Menschen in nur vier Stunden töten kann. Bis heute ist noch kein Gegengift bekannt!

Der Steinfisch

Wegen seiner 13 harten Rückenstacheln, die mit Giftdrüsen ausgestattet sind, gilt der Steinfisch als giftigster Fisch der Welt. Er versteckt sich, als Stein oder Koralle getarnt, auf dem Meeresboden, und seine Stacheln können spielend leicht eine Schuhsohle durchbohren.

Der Inlandtaipan

Das Gift dieser australischen Schlange ist fünfundzwanzig Mal stärker als das der Kobra. Die durch einen einzigen Biss injizierte Giftmenge würde ausreichen, um 100 erwachsene Männer zu töten. Glücklicherweise ist der Inlandtaipan sehr scheu und greift den Menschen nicht an.

DER ANSTIEG DER MEERE

Aufgrund der thermischen Dilatation (Ausdehnung) der Ozeane (warmes Wasser hat ein größeres Volumen als kaltes Wasser) und des Abschmelzens der Polarkappen gehört der Anstieg des Meeresspiegels zu der Reihe alarmierender Folgen der Klimaerwärmung. Der Weltklimarat (Intergovernmental Panel on Climate Change, IPCC) weist darauf hin, dass es im schlimmsten Falle bis zum Jahr 2100 einen Anstieg des Meeresspiegels um 82 Zentimeter geben könne, im günstigsten Fall noch um 26 Zentimeter. Die NASA rechnet mit einem unvermeidlichen Anstieg des Meeresspiegels um einen Meter in den nächsten ein- bis zweihundert Jahren. Diese Zunahme dürfte von verheerenden klimatischen Phänomenen begleitet werden wie etwa Orkanen, die wiederum zu großflächigen Überschwemmungen führen. Hier eine Liste der Regionen, die auf der Welt von diesen Veränderungen am stärksten bedroht sind:

Küstengebiete

Bangladesch	Nach einer Berechnung von Climate Central wird Bangladesch am stärksten unter den Veränderungen leiden. An einem enormen Flussdelta gelegen, wird es von zwei Seiten in die Zange genommen: vom Schmelzwasser der Himalaya-Gletscher im Norden und dem ansteigenden Indischen Ozean im Süden. Bereits jetzt strömt Salzwasser in das Land hinein und bedroht landwirtschaftliche Nutzflächen. In Dacca, der Hauptstadt des Landes, könnten bis 2070 mehr als elf Millionen Menschen von dramatischen Überschwemmungen bedroht sein.
Niederlande	Fast die Hälfte der Bevölkerung lebt in Küstenregionen, ein Viertel des Landes befindet sich gar unterhalb des Meeresspiegels. Daher sind die Behörden auch bereits auf der Suche nach Möglichkeiten, das Land zu schützen. 2014 wurden 20 Milliarden Euro bereitgestellt, um in den nächsten 30 Jahren die 200 Deiche des Landes zu verstärken. Einige Niederländer haben sich mit der Idee von schwimmenden Häusern angefreundet.
Cape Canaveral, Vereinigte Staaten von Amerika	1969 haben sich von diesem Küstenabschnitt in Florida aus die Astronauten des *Apollo*-Programms zum ersten Mal auf den Weg zum Mond begeben. Heute ist die Gegend vom Anstieg des Meeres bedroht, was durch die regelmäßig wiederkehrenden, verheerenden Wirbelstürme noch gefährlicher wird. Solange die NASA ihren Weltraumbahnhof hier noch nicht abbauen muss, baut sie künstliche Dünen, um die Erosion zu verlangsamen.
Guangzhou, China	Die ohnehin schon von Hochwasser bedrohte Stadt mit ihren 12,7 Millionen Einwohnern gerät mit dem Anstieg des Meeresspiegels noch mehr in Gefahr. Um weiterem Sachschaden vorzubeugen, möchte die Regierung die Deiche verstärken und Wellenbrecher bauen.
New Orleans, Vereinigte Staaten von Amerika	Der US-Bundesstaat Louisiana, in dem das Mississippi-Delta liegt, wird zunehmend durch den Golf von Mexiko angegriffen und überspült. Die Hälfte von New Orleans befindet sich unterhalb des Meeresspiegels, sodass ein Teil der Stadt völlig überflutet werden dürfte, sollte das Wasser in den nächsten hundert Jahren um einen Meter ansteigen. Die Klimaerwärmung lässt zudem das Risiko für Wirbelstürme zunehmen, wie es das Beispiel des Hurrikans Katrina zeigte, der 2005 rund 1800 Menschen getötet und 80 Prozent der Stadt überflutet hat.
Ho-Chi-Minh-Stadt (Saigon), Vietnam	Ho-Chi-Minh-Stadt, ebenfalls in einem Delta gelegen, erlebt regelmäßig Überschwemmungen. Setzt sich die Tendenz fort, dass Menschen sich in niedrig gelegenen Gebieten der Stadt ansiedeln, so werden sich im Laufe dieses Jahrhunderts zwei Drittel des Stadtgebiets in gefährdeten Gegenden befinden. Die Böden in der Gegend zeigen bereits Auswirkungen der Versalzung, was sich auch auf die Landwirtschaft auswirkt.

Abidjan, Elfenbeinküste	Zusammen mit Lagos in Nigeria und Alexandria in Ägypten ist Abidjan eine der vom Anstieg des Meeresspiegels am stärksten bedrohten Städte Afrikas. Der Hafen und der Flughafen liegen nur einen Meter über Normal Null. Bis zum Beginn des 22. Jahrhunderts könnten 562 Quadratkilometer der Küste vom Meereswasser überspült sein.
Jakarta, Indonesien	Laut der Organisation für wirtschaftliche Zusammenarbeit und Entwicklung OECD werden bis 2070 mehr als zwei Millionen der Einwohner Jakartas von den Folgen des Anstiegs des Meeresspiegels betroffen sein – derzeit sind es 513 000. Die indonesische Hauptstadt ist in den letzten 30 Jahren bereits um vier Meter abgesunken, was ein gewaltiges Tempo ist. Um das weitere Absenken zu verhindern, könnte die Stadt sich für die Erhaltung der Mangrovenwälder einsetzen, die wie ein Schutz gegen den Seegang wirken. Alternativ könnte man ein Pumpensystem installieren.

Inseln

Inselstaat Kiribati (110 000 Einwohner)	Pazifischer Ozean	Diese Inseln liegen knapp drei Meter über dem Meeresspiegel. 32 der zu dem Staat gehörenden Inseln sind bereits vollständig vom Wasser überspült. 2014 hat der Präsident Kiribatis eine 20 Quadratkilometer große Insel von Fidschi gekauft, um seine Bevölkerung bis 2050 dorthin umsiedeln zu können. Damit würde die Bevölkerung Kiribatis der erste Staat sein, der komplett aus klimatischen Gründen auswandern muss.
Carteret-Inseln (2600 Einwohner)	Papua-Neuguinea, südlicher Pazifischer Ozean	Die ungewöhnlich starken Gezeiten führen zur Erosion des Inselbodens, bedecken die Inseln zeitweise gänzlich mit Salzwasser und zerstören dabei die Landwirtschaft. Einige Einwohner haben ihre Heimat bereits verlassen, die anderen werden ihnen folgen müssen, denn ihnen fehlen alle nötigen Ressourcen.
Die Malediven (400 000 Einwohner)	Indischer Ozean	80 Prozent des Bodens dieses Archipels befinden sich weniger als einen Meter über der Wasseroberfläche. Mit dem Anstieg des Meeresspiegels wird daher ein Großteil der Inseln im Wasser versinken. Weitere Auswirkungen des Klimawandels zeigen sich schon jetzt: die Erosion der Küste, Unwetter, Überschwemmungen. 80 Prozent der 1200 Inseln, aus denen das Archipel der Malediven besteht, dürften bis zum Ende des Jahrhunderts im Meer verschwunden sein.

DAS GRÖSSTE JEMALS BEOBACHTETE PLANETENSYSTEM

2016 haben Astronomen eine Entfernung zwischen einem Planeten und seinem Stern beobachtet, wie sie zuvor noch nie gemessen wurde: 1000 Milliarden Kilometer, also rund 7000 Mal der Abstand zwischen Erde und Sonne! Dieser Exoplanet ist derart weit von dem Zentrum entfernt, um das er sich offenbar dreht, dass man ihn bis dahin für einen Einzelgängerplaneten hielt, der ohne um einen Stern zu kreisen alleine durchs Weltall unterwegs ist. Jetzt weiß man, dass er rund 9000 Erdenjahre braucht, um sich einmal um seinen Stern zu drehen. Er gehört damit zum bislang weitreichendsten bekannten Planetensystem.

DER NEUNTE PLANET

Schon seit mehreren Jahrzehnten sind Astronomen auf der Suche nach dem hypothetischen »Planeten X«, der sich jenseits des Neptuns befinden soll. Lange galt Pluto als dieser Planet, doch er wurde schließlich zu einem Zwergplaneten herabgestuft. Zu Beginn des Jahres 2016 wurde schließlich bekannt gegeben, der gesuchte Planet sei entdeckt worden. Hier weitere Details zu diesem Planet Neun:

Man hat ihn noch nicht »entdeckt«

Bislang ist der Planet noch mit keinem Apparat beobachtet worden. Dass er existieren muss, legen nur die (sehr glaubwürdigen) Berechnungen von Forschern des California Institute of Technology nahe. Seine Anwesenheit dort im Weltall würde die ovalen Umlaufbahnen einiger Zwergplaneten erklären, die man in diesem Bereich gesehen hat. Mit ähnlich gelagerten Berechnungen wurde im Jahr 1846 auch schon der Planet Neptun entdeckt.

Es wird kein Gesteinsplanet sein

Wenn es ihn gibt, dann wird dieser Planet eine Masse haben, die das Zehnfache der Erdmasse beträgt. Aus diesem Grund kann es sich bei dem neuen nur um einen Gasplaneten handeln. Denn in der Theorie können Planeten aus Gesteinen nicht größer sein als zwei Mal der Erddurchmesser.

Wir bräuchten 57 Jahre, um ihn zu erreichen

Der Planet dürfte rund 30 Milliarden Kilometer von der Erde entfernt sein. Ein Raumfahrzeug, das mit der Geschwindigkeit der Sonde *Voyager 1* durchs Universum reist (17 km/s) und 2018 gestartet würde, käme frühestens 2075 zum Planeten Neun.

Rendezvous im Jahr 2018

Das Weltraumteleskop James Webb, das 2018 das Hubble-Teleskop ablösen soll, wird die Beobachtung solch weit entfernter Himmelsobjekte erlauben. Den Planeten Neun werden wir in Form kleiner heller Pixel auf dessen Aufnahmen erkennen können.

SAUBERER TRANSPORT

Die folgende Aufstellung wurde 2011 von Ademe, der französischen Agentur für Umweltschutz und Energieverbrauch, in Zusammenarbeit mit der Zeitschrift *GEO* aufgestellt. Sie gibt den Ausstoß von CO_2 in Gramm pro zurückgelegtem Kilometer wieder; bei den öffentlichen Verkehrsmitteln gilt die Angabe pro Reisendem / Passagier.

- ICE: 11 g / CO_2 / km
- Auto mit Elektromotor: 22 g / CO_2 / km
- Intercity: 43 g / CO_2 / km
- Auto mit Biokraftstoff: 85 g / CO_2 / km
- Motorroller bis 125 cm³: 113 g / CO_2 / km
- Motorrad mit mehr als 750 cm³: 123 g / CO_2 / km
- Dieselauto der Mittelklasse: 127 g / CO_2 / km
- Hybridauto: 128 g / CO_2 / km
- Bus: 130 g / CO_2 / km
- Benzinauto der Mittelklasse: 135 g / CO_2 / km
- Inlandsflug: 145 g / CO_2 / km
- Flüssiggasauto der Mittelklasse: 188 g / CO_2 / km
- Langstreckenflug: 214 g / CO_2 / km
- Geländewagen: 250 g / CO_2 / km

Anatomie und Medizin (hauptsächlich Human-,
hin und wieder aber auch Veterinärmedizin)

- Morphologie: Wissenschaft von der Form und der Struktur von Lebewesen
- Physiologie: Wissenschaft von der Funktionsweise lebender Organismen
  - Elektrophysiologie: Wissenschaft von den elektrischen Vorgängen im Inneren von Organismen
- Teratologie: Wissenschaft von den anatomischen Anomalien von Lebewesen
- Neurologie: Wissenschaft vom Nervensystem
- Ophtalmologie: Wissenschaft vom Auge
- Otologie: Wissenschaft von den Ohren
- Audiologie: Wissenschaft vom Hören
- Rhinologie: Wissenschaft von der Nase
- Laryngologie: Wissenschaft vom Kehlkopf
- Stomatologie: Wissenschaft vom Mund
- Odontologie: Wissenschaft von den Zähnen
- Pneumologie: Wissenschaft von den Lungen
- Kardiologie: Wissenschaft vom Herzen
  - Rhythmologie: Wissenschaft vom Herzrhythmus
- Splanchnologie: Wissenschaft von den Eingeweiden
  - Gastroenterologie: Wissenschaft vom Verdauungsapparat
    - Enterologie: Wissenschaft vom Darm
    - Gastrologie: Wissenschaft vom Magen
    - Proktologie: Wissenschaft vom Anus und Rektum
  - Hepatologie: Wissenschaft von der Leber

- Splenologie: Wissenschaft von der Milz
- Urologie: Wissenschaft von den harnbildenden Organen
- Nephrologie: Wissenschaft von den Nieren
- Podologie: Wissenschaft von den Füßen
- Histologie: Wissenschaft von den Geweben, Analyse ihres Erscheinungsbildes
- Myologie: Wissenschaft von den Muskeln
- Osteologie: Wissenschaft von den Knochen
- Arthrologie: Wissenschaft von den Gelenken
- Chondrologie: Wissenschaft von den Knorpeln
- Hämatologie: Wissenschaft vom Blut und den Lymphknoten
- Lymphologie: Wissenschaft vom lymphatischen System
- Angiologie: Wissenschaft von den Gefäßen
  - Phlebologie: Wissenschaft von den Venen
- Dermatologie: Wissenschaft von der Haut
  - Trichologie: Wissenschaft von den Kopf- und Körperhaaren
- Lipidologie: Wissenschaft vom Fettstoffwechsel
- Ästhesiologie: Wissenschaft von den Sinnesorganen
- Kinesiologie: Wissenschaft von den Bewegungen des menschlichen Körpers
- Algesiologie: Wissenschaft vom Schmerz
- Endokrinologie: Wissenschaft von den Hormonen
  - Diabetologie: Wissenschaft von der Diabetes
- Immunologie: Wissenschaft vom Immunsystem
- Pathologie: Wissenschaft von den Erkrankungen
  - Nosologie: Wissenschaft von der Klassifizierung der Erkrankungen
  - Anatomo-Pathologie: Wissenschaft von den physischen Anomalien
  - Ätiologie: Wissenschaft von der Ursache der Erkrankungen

- Pathophysiologie: Wissenschaft von den Mechanismen der Erkrankungen
- Infektiologie: Wissenschaft von den Infektionskrankheiten
- Venerologie: Wissenschaft von den sexuell übertragbaren Krankheiten
- Rheumatologie: Wissenschaft von den Erkrankungen der Knochen, Gelenke, Muskeln, Sehnen und Bändern
- Onkologie: Wissenschaft vom Krebs
- Epidemiologie: Wissenschaft von den Epidemien
- Virologie: Wissenschaft von den Viren
- Pharmakologie: Wissenschaft von den Medikamenten und ihrer Verwendung
  - Posologie: Wissenschaft von der Dosis, in der Medikamente eingenommen werden
  - Vakzinologie: Wissenschaft von der Impfung
- Psychopharmakologie: Wissenschaft von den Psychopharmaka
- Toxikologie: Wissenschaft von den Giften
- Gynäkologie: Wissenschaft von der Physiologie der Frau
  - Senologie: Wissenschaft von der weiblichen Brust
- Andrologie: Wissenschaft der Physiologie des Mannes
  - Spermiologie: Wissenschaft vom Spermium
- Embryologie: Wissenschaft vom Embryo und dem Fötus
- Neonatologie: Wissenschaft von den Neugeborenen

PHONAGNOSIE

Phonagnosie ist eine seltene Erkrankung, die sich dadurch zeigt, dass die Betroffenen nicht in der Lage sind, die Stimme anderer Menschen wiederzuerkennen. Damit erschwert sie die Identifizierung eines Gesprächspartners anhand von dessen Stimme. Wie auch die Prosopagnosie, bei der die Betroffenen keine Gesichter wiedererkennen können, ist nur wenig über die Ursachen dieser Störung bekannt.

1-2-3-4-5-6

So lautet das weltweit am häufigsten verwendete Passwort, wie die auf IT-Sicherheit spezialisierte Firma SplashData in einer Studie herausfand. Auch auf den folgenden Plätzen findet sich wenig Einfallsreiches: »qwerty« (die ersten Buchstaben auf der englischen Tastatur), »password« und »abc123«. Diese Statistik erinnert wieder einmal daran, wie wichtig es ist, sich seine Passwörter sorgfältig auszuwählen, um es Internetpiraten und Onlinebetrügern nicht allzu leicht zu machen.

LÄRMSKALA

Wie kann man Lärm messen? Da Geräusche Schwingungen in der Luft sind, werden sie in der Regel in der Einheit Pascal ausgedrückt, der Einheit des Drucks. Das menschliche Ohr kann Geräusche von 20 Mikropascal (Hörschwelle) bis hin zu 20 Pascal (Schmerzgrenze) wahrnehmen.

Diese Einheit ist folglich nicht sehr hilfreich, wenn es darum geht, die Töne, die wir hören, zu messen, da sie zu Abständen mit gigantischen Werten führen würde. Deshalb greifen Akustiker zur Einheit Dezibel (dB), die es erlaubt, die Intensität von Geräuschen auf einer wesentlich engeren und genau auf unser Ohr angepassten Skala zu messen.

Aber Achtung: Dezibel ist eine logarithmische Größe, die nicht wie eine Dezimalzahl behandelt werden darf. Man muss sich dabei nur merken, dass man, wenn sich die Lautheit – die sogenannte Schallleistung – verdoppelt, 3 Dezibel hinzufügt. Zwei Waschmaschinen, von denen jede einzelne 60 dB hat, machen zusammen keinen Lärm von 120 dB, sondern von 63 dB.

- **10 bis 20:** normale Atmung
- **20 bis 30:** Flüstern, Blätterrauschen
- **30 bis 40:** Kühlschrank, Hintergrundgeräusche in einer Bibliothek
- **40 bis 50:** Regen, Hintergrundgeräusche in einem ruhigen Büro
- **50 bis 60:** Spülmaschine im Betrieb
- **60 bis 70:** normale Unterhaltung, Fernseher, Innenraum eines Autos, Klingelton eines Telefons
- **70 bis 80:** Wecker, Fön, Staubsauger, Waschmaschine beim Schleudern
- **80 bis 90:** lautes Restaurant, Innenraum einer U-Bahn
- **85: Gefahrenschwelle, von der an Lärm, dem ein Mensch andauernd oder wiederholt ausgesetzt ist, zu Hörschäden führen kann**
- **90 bis 100:** Hundegebell, Lärm einer vielbefahrenen Straße, Beschleunigung eines Motorrads

- **100 bis 110**: Hupen, Presslufthammer, Kino, Sinfonie-orchester, Babyschreie
- **110 bis 120**: Fußballstadion, Rockkonzert, Nachtclub
- **120 bis 130**: Notarztsirene, Donner
- **120: Schmerzgrenze**
- **130 bis 140**: Formel-1-Rennen, Flugzeug beim Starten
- **140 bis 150**: Luftballon beim Platzen
- **160 bis 170**: Walgesänge, Feuerwerk, Schusswaffen beim Abfeuern
- **190**: Rakete beim Start
- **190: ab dieser Intensität kann der Lärm zum Tod durch Herzstillstand führen**
- **210**: Explosion einer Tonne TNT
- **235**: Erdbeben der Stärke 5 auf der Richter-Skala

DATA

Allein im Jahr 2011 betrug die Gesamtmenge an digitalisierter Information, die die Welt gespeichert hatte, 10 hoch 21 Oktette[*]. Das ist eine Zahl mit einer 1 und 21 Nullen. 2013 war die Menge um das 4,4fache gestiegen. Wenn es in diesem Rhythmus weitergeht, dürfte die Menschheit 2020 etwa 44 Zettaoktette gespeichert haben, was 44 000 Milliarden Gigaoktette an Daten entspricht, die in unseren Computern, Tablets, Smartphones, Uhren, Brillen, Kühlschränken, Autos und anderen mit dem Internet verbundenen Gegenständen vorhanden sind.

---

[*] Der IT-Fachbegriff »Oktett« wird informell häufig auch mit »Byte« übersetzt.

WENN ZWEI SEKUNDEN VERSTRICHEN SIND …

… wurden von den Stränden unseres Planeten 4800 Kilogramm Sand abgebaggert, den man unbedingt für die Herstellung von Stahlbeton benötigt. 200 Tonnen Sand verbraucht man allein beim Bau eines durchschnittlich großen Hauses. Und jeder Kilometer Straße verschlingt mindestens 30 000 Tonnen Sand. Da sich der Wüstensand für derartige Baumaßnahmen nicht eignet, nimmt Meeressand auf der Liste der am häufigsten genutzten Ressourcen weltweit den dritten Platz ein, gleich nach Luft und Wasser und noch vor Erdöl. Der Sandmarkt setzt jedes Jahr weltweit 70 Milliarden Dollar um. Inzwischen muss man sich allerdings Sorgen machen, dass der Sand von unseren Küsten verschwinden könnte: Der Heißhunger auf Sand hat schon mindestens 75 Prozent aller Strände auf der Welt aufgezehrt und ganze Inseln verschluckt.

DIE ERSTE BLUME IM WELTRAUM

Zu Beginn des Jahres 2016 ist in der Internationalen Raumstation *ISS* eine Blume erblüht. Es handelte sich um eine essbare Zinnie mit leuchtend orangefarbenen Blütenblättern. Genau wie die von den Astronauten der NASA seit 2014 gezüchteten Salatköpfe gehört dieser Erfolg zum Projekt Veggie: Hier sollen Techniken entwickelt werden, um Astronauten bei Langstreckenflügen durchs Weltall ernähren zu können. Das ausdrückliche Ziel? Eine zukünftige Reise zum Planeten Mars.

MÄNNLICHER ORGASMUS VERSUS WEIBLICHEN ORGASMUS

	Mann	Frau
Um ihn zu erreichen	Einige Minuten sind ausreichend, evtl. sogar einige Sekunden	Hier dauert es länger. Die Sexologen W. Hartmann und M. Fithian sind nach einer Studie zu dem Ergebnis gekommen, dass es durchschnittlich 21 Minuten dauert.
Intensität	Das Sexologen-Paar W. Masters und V. Johnson schätzt, dass die Entladung beim Orgasmus für die Frau acht bis 10 Mal stärker ist als für den Mann.	
Dauer	Durchschnittlich sechs Sekunden	Durchschnittlich 20 Sekunden (Die Angaben stammen vom Physiologen Roy Levin)
Herzschlag	120 bis 130 Schläge pro Minute	150 bis 160 Schläge pro Minute
Wiederholbarkeit	16 Orgasmen in einer Stunde	134 Orgasmen in einer Stunde (Diese Höchstleistungen wurden von W. Hartmann und M. Fithian beschrieben.)

AIDS

Ungefähr 36,7 Millionen Menschen auf der Welt tragen das HI-Virus in sich (Zahlen aus dem Jahr 2015). Die AIDS-Epidemie hat in den letzten 30 Jahren bereits 30 Millionen Opfer gefordert.

MASSENAUSSTERBEN

Ein Massenaussterben ist streng genommen das Verschwinden von ungefähr 75 Prozent aller auf der Erde zu diesem Zeitpunkt lebenden Arten innerhalb eines kurzen Zeitraums – kurz gemessen an der geologischen Zeitskala (bei deren Größenordnung es kaum auf ein paar Millionen Jahre ankommt). Auch wenn man insgesamt 24 Aussterbeereignisse zählen kann, seit das Leben auf der Erde erschienen ist, so waren doch vor allem fünf davon wirklich massiv. Ein sechstes Massenaussterben könnte derzeit gerade im Gange sein.

Name	Epoche	Beschreibung
1. Ordovizisches Massenaussterben	vor rund 439 Millionen Jahren	Am Ende des Erdzeitalters Ordovizium war das Leben noch ausschließlich auf das Meer beschränkt. Als sich dann Gletscher bildeten, sank der Meeresspiegel, was zu dem Verschwinden von 25 Prozent aller Familien maritimer Arten führte. Das Erdzeitalter Silur begann, als das Meer wieder anstieg.
2. Kellwasser-Ereignis	vor rund 365 Millionen Jahren	Die Ursachen für dieses spektakuläre Aussterbeereignis sind unbekannt. Es sorgte dafür, dass 22 Prozent aller marinen Familien ausstarben. Auch dass Amphibien betroffen waren, ist bekannt, doch wir wissen nur sehr wenig über die Landtiere zu dieser Zeit.
3. Massenaussterben an der Perm-Trias-Grenze	vor rund 252 Millionen Jahren	Dies war das größte Massenaussterben, das die Erde je erlebt hat. Vulkanausbrüche im heutigen Sibirien dürften die Ursache für den Anstieg von Methan in der Erdatmosphäre gewesen sein. In der Folge starben 90 Prozent aller Arten, darunter insbesondere 70 Prozent aller terrestrischen Arten (Pflanzen, Insekten, Wirbeltiere). Von den Reptilien, die gerade erst aufgetaucht waren, starben 89 von 90 Arten gleich wieder aus.
4. Massenaussterben an der Trias-Jura-Grenze	vor 199 Millionen bis 214 Millionen Jahren	Verursacht wurde dieses Aussterben durch Vulkanausbrüche, in deren Nachgang gigantische Lavaströme aus der Zentralatlantischen Magmatischen Provinz herausflossen. Dieses Ereignis dürfte auch die Öffnung des Urkontinents Pangäa befördert und für eine tödliche Hitze auf unserem Planeten gesorgt haben. Der Vulkanismus schadete vor allem dem Leben im Meer (52 Prozent der Arten dort starben aus), aber auch unter den Reptilien, den Dinosauriern und den ersten Säugetieren kam es zu vielen Opfern.

5. Kreide-Paläogen-Grenze	vor rund 65 Millionen Jahren	Dieses Massenaussterben macht am meisten reden von sich: Es hat für das brutale Verschwinden von mindestens 70 Prozent aller Meeres- und Landtiere gesorgt, darunter zahlreiche Reptilien und Säugetiere, vor allem aber Dinosaurier, von denen keine einzige Art überlebte. Dieses Aussterben wurde wahrscheinlich verursacht, oder doch zumindest verschärft, durch den Einschlag eines Meteoriten mit mehreren Kilometern Durchmesser (10 bis 20 km), der einen riesigen Krater in Chicxulub hinterließ, heute die Yucatan-Halbinsel in Mexiko. Einige Geologen betonen zudem die bislang zu wenig beachteten Auswirkungen, die enorme Vulkanausbrüche in Indien kurz vor und nach dem Meteoriten-Einschlag auf das Erdklima hatten. Der Einschlag und die verstärkten Vulkanausbrüche zusammen haben die Erde mit einer Staubschicht bedeckt und giftige Dämpfe freigesetzt, die das Klima auf der Erde stark veränderten.
6. Massenaussterben des Holozän?	derzeit im Gange	Sehr vieles deutet darauf hin, dass wir derzeit eine sechste große Aussterbewelle miterleben, die dieses Mal durch den Menschen verursacht wird. Es sterben aktuell 100 bis 1000 Mal mehr Arten aus, als dies im natürlichen Durchschnitt der Fall wäre. 2015 galt eine von acht Vogelarten, eine von vier Säugetierarten, eine von drei Amphibienarten und galten 70 Prozent der Pflanzenarten als vom Aussterben bedroht. Dieses sechste Massenaussterben begann mit dem Verschwinden der großen prähistorischen Säugetiere wie dem Wollmammut und beschleunigte sich nach 1950 noch einmal sehr stark. Im 20. Jahrhundert dürften zwischen 20 000 und 2 Millionen Arten ausgestorben sein.

DIE SYMMETRISCHE NATUR

Die Symmetrie (aus dem Griechischen *summetria*, das Ebenmaß) ist bei allem Lebenden stets präsent: Wir erkennen sie beim Blick in das Gesicht eines Menschen, staunen über sie angesichts der Waben in einem Bienenstock oder stellen fest, dass alle Wirbeltiere entlang einer zweiseitigen Symmetrie (links – rechts) und alle Pflanzen entlang einer radial zirkulären Symmetrie organisiert sind.

Die Symmetrie hat den Menschen schon immer fasziniert, weshalb sie auch im Zentrum der Wissenschaft und der Künste zu finden ist, und so lässt sich eine Geschichte der Beobachtung der Symmetrie in der Natur schreiben. In dieser Geschichte spielt die Venus von Milo eine entscheidende Rolle. Als die aus Griechenland stammende Statue im Jahr 1802 in Paris eingetroffen war, zügelte ein deutscher Arzt mit seinen Bemerkungen die allgemeine Bewunderung, die sie ausgelöst hatte. Seinen Anatomiekenntnissen zufolge müsse es sich bei der Frau, die für die Statue Modell gestanden hatte, um eine von schwerer körperlicher Arbeit gekennzeichnete Bäuerin handeln, schließlich sei ihr Körper asymmetrisch und verformt.

Diese Ansicht stieß weit über die Kunstgeschichte hinaus auf Widerhall und war der Ausgangspunkt für eine lange Reihe von Untersuchungen über die Symmetrie beim Menschen und anderen Organismen. Man kam zu dem Schluss, die Symmetrie sei der Dreh- und Angelpunkt allen Lebens, das entscheidende Kriterium, das dessen Perfektion ausmache, und jede Abweichung von ihr stelle auf die eine oder andere Weise einen Makel, einen Nachteil in der Anpassung an die Umwelt dar. Und tatsächlich ergaben Untersuchungen bei Rennpferden und -hunden, dass diejenigen Tiere, deren Skelett besonders symmetrisch war, häufiger gewonnen hatten. Ähnliches gilt für Stare, bei denen die Exemplare, deren Federn leichte Abweichungen von der perfekten zweiseitigen Symmetrie aufweisen, weniger gut fliegen können. Fliegen wiederum werden dann öfter von Vögeln gefangen, wenn ihre Flügel asymmetrisch sind, und die Lebensdauer einer Raupe nimmt mit der Asymmetrie ihrer Füße ab. Sogar Blumen werden dann häufiger von Bienen bestäubt, wenn die Symmetrie ihrer Blüten ohne

Fehler ist. Die Symmetrie ist damit der Schlüssel im Kampf um das Überleben und die Fortdauer der eigenen Art.

Von einer stabilen Zellentwicklung, bereits beim Embryo, hängt die Symmetrie eines Organismus ab. Eine ganze Reihe von Umweltfaktoren kann diese Entwicklung beeinträchtigen, wie etwa die Qualität der Ernährung, aber auch Wärme, Kälte, Lärm, Strahlung, Einwirkung des Lichts, Parasiten und Krankheiten spielen eine Rolle. Auch der Mensch ist davon betroffen: Die Kinder von Alkoholikerinnen zeigen, unter anderem, weniger symmetrische Fingerabdrücke als Kinder von Frauen, die während der Schwangerschaft keinen Alkohol getrunken haben. Man könnte in diesem Zusammenhang auch eine mögliche biologische Erklärung finden (die für den Menschen offenbar nur etwas abgeschwächt zutrifft), warum die Symmetrie eine solch große Rolle bei der Beurteilung von Schönheit spielt. Ein Mitglied einer Art sucht für die Fortpflanzung instinktiv nach einem starken und völlig gesunden Individuum, denn dies garantiert den Erfolg der Vermehrung. Übrigens haben die Menschen im Laufe der Evolution genau aus diesem Grund ihre Körperbehaarung immer mehr verloren: Es ist einfacher, bei einem unbehaarten Mann oder einer unbehaarten Frau festzustellen, dass er oder sie nicht von Parasiten befallen und unverletzt ist. Auf die gleiche Art wird ein symmetrisches Individuum, das grundsätzlich als leistungsstärker gilt, eher für die Fortpflanzung ausgewählt. Glücklicherweise ist der Mensch eine komplexere Kreatur und beschränkt sein Verlangen nicht allein auf ein regelmäßiges Gesicht.

Es bleibt aber festzuhalten, dass die völlige Asymmetrie unserer inneren Organe bislang ein ungelöstes Rätsel für uns ist.

Typus	Art	Trivialname / Beschreibung	geografische Verbreitung	geschätzte Population	Bedrohung
Vogel	*Geronticus eremita*	Waldrapp	nistet in Marokko, der Türkei und in Syrien. Die syrische Population verbringt den Winter in Zentraläthiopien.	200–249 erwachsene Tiere	Raubbau und Zerstörung des Habitats, Jagd
Pflanze	*Gigasiphon macrosiphon*	aus der Familie der Hülsenfrüchtler	Waldschutzgebiete Kaya Muhaka, Gongoni und Mrima, Kenia; Naturschutzgebiet Amani, Waldschutzgebiet Kilombero und die Kihansi-Schlucht, Tansania	33 Exemplare	Rodung, Ausbreitung der Landwirtschaft, Futter von Wildschweinen
Weichtier	*Gocea ohridana*	Art der Wasserdeckelschnecke	Ohridsee, Mazedonien	unbekannt	Umweltverschmutzung, übermäßige Wassernutzung, Sedimentierung
Amphibie	*Heleophryne rose*	Gespenstfrosch	Tafelberg, Provinz Western Cape, Südafrika	unbekannt	Lebensraumzerstörung durch invasive Pflanzen und Wasserförderung
Weichtier	*Hemicycla paeteliana*	Landschneckenart	Halbinsel Jandía, Fuerteventura, Kanarische Inseln	unbekannt	Überweidung, Trittschäden durch Ziegen und Touristen
Vogel	*Heteromirafra sidamoensis*	Sidamospornlerche	Liben Plain, Südäthiopien	90–256 Exemplare	Ausbreitung der Landwirtschaft, Überweidung, Brandrodung

Pflanze (Strauch)	*Hibisca-delphus woodii*	aus der Familie der Malven-gewächse	Kalalau Valley, Hawaii	unbekannt	Zerstörung des Lebensraums durch wilde Huftiere, Ver-drängung durch invasive Pflanzen
Fisch	*Hucho perryi*	Japanischer Huchen	Gewässer im Osten Russlands und Norden Japans	unbekannt	Überfischung (Sportangler und Beifang der kommerziellen Fischerei), Zerstörung des Habitats durch Sperren und Landwirtschaft
Krebs-tier	*Johora singapo-rensis*	Singapur-Süßwasser-krabbe	Naturschutzgebiet Bukit Timah, Singapur	unbekannt	Rückgang der Wassermenge und Verschlech-terung der Wasserqualität
Pflanze	*Lathyrus belinensis*	aus der Art der Platt-erbsen	rund um das Dorf Belin, Antalya, Türkei	< 1000 Exemplare	Verstädterung, Überweidung, Pflanzung von Nadelbäumen, Straßenbau
Amphi-bie	*Leiopelma archeyi*	Archey-Frosch	Coromandel-Halbinsel und Waldgebiet Whareorino, Neuseeland	unbekannt	Chytridiomy-kose (Pilz-erkrankung), Jagd durch invasive Tierarten
Amphi-bie	*Lithobates sevosus*	Dunkler Gopherfrosch	Harrison County, Mississippi, USA	60 bis 100 Exemplare	Pilzinfektion, Klimawandel, veränderte Landnutzung
Vogel	*Lophura edwardsi*	Edwardsfasan	Provinzen Quang Binh, Quang Tri und Thua Thien-Hue, Vietnam	unbekannt	Verlust des Habitats, Jagd

DER GRÖSSTE BAUM
DER WELT

Irgendwo in einem abgelegenen Teil des Redwood National-parks in Kalifornien erhebt sich ein Koloss von Baum, dessen Spitze 115,55 Meter über dem Boden thront. Das entspricht in etwa der Höhe des Hochhauses Zoofenster in Berlin-Charlotten-burg oder dem Turm des Neuen Rathauses in Leipzig. Schon 2006 wurde dieser Küstenmammutbaum entdeckt; man taufte ihn auf den Namen Hyperion, nach dem Titanen aus der griechi-schen Mythologie. Sein genauer Standort ist nur einer Handvoll Wissenschaftlern bekannt. Aber warum hält man den Baum vor der Öffentlichkeit verborgen? Weil Hyperion ein Baum ist, des-sen Wurzeln nur sehr flach unter der Oberfläche verlaufen und der seinen Wasserbedarf aus dem Wasser deckt, das in den obersten Bodenschichten vorhanden ist. Ein großer Besucher-strom würde auch ein großes Gewicht auf dem Boden um den Baum herum bedeuten, mit der Folge, dass das Oberflächen-wasser, das die Wurzeln tränkt, nicht mehr versickern könnte. Somit wäre das Ökosystem des Baums zerstört.

DAS GIRAFFENJUNGE

- Tragezeit der weiblichen Giraffe: 15 Monate
- Geburtshaltung: aufrechter Stand
- Durchschnittliche Distanz zwischen dem Uterus der Mutter und dem Boden: zwei Meter
- Mit der Geburt verbundene Gefahr: Sturz, der zum Bruch des Nackens führen kann

- Anzahl der Jungen bei einer Geburt: eines, in seltenen Fällen auch zwei Junge
- Größe bei der Geburt: zwei Meter
- Gewicht: zwischen 40 und 80 Kilogramm
- Wachstum: ein Meter während des ersten Lebensjahres. Mit sechs Monaten kann die junge Giraffe bereits fast drei Meter groß sein. Mit sieben Jahren erreicht sie ihre endgültige Größe, die bei einer erwachsenen Giraffe bei mindestens fünf Metern liegt.
- Wichtigste Feinde: Hyänen, Löwen und Krokodile. Im ersten Lebensjahr liegt die Sterblichkeitsrate zwischen 50 und 75 Prozent.

VERERBUNG DES IQ

Der Intelligenzquotient (IQ) ist ein Maß, mit dem die abstrakte Intelligenz eines Menschen vergleichbar gemacht werden soll. Die ersten Tests dazu wurden Anfang des 20. Jahrhunderts durchgeführt. Die Ergebnisse sollten aber immer mit großer Vorsicht behandelt werden: Man kann damit nur einen sehr kleinen Teil der Persönlichkeit der untersuchten Personen einschätzen. Zudem gibt es keine theoretische Wissenschaft des IQ, außerdem findet man sehr unterschiedliche IQ-Tests, deren Auswertungen zu sehr unterschiedlichen Schlussfolgerungen kommen. Behält man diese Einschränkungen im Hinterkopf, kann man den IQ als Vergleichsindex heranziehen, um eine Skala von Menschen zu erstellen, denen allen derselbe Test vorgelegt wurde. Und mit dieser Methode hat eine Gruppe von Wissenschaftlern an der Pittsburgh University den Zusammenhang untersucht zwischen dem IQ, den Mitglieder derselben Familie vorweisen können. Man kann nicht einfach behaupten, Intelligenz vererbe sich genetisch, aber es lässt sich zeigen, dass sie von Parametern bestimmt wird, die unter Umständen mit der Genetik, aber auch mit der Erziehung und der Anregung durch das familiäre Umfeld zu tun haben. Die 2012 in der Zeitschrift *Nature* veröffentlichte Studie gilt als eine der besten zu diesem Thema. Hier die Ergebnisse der Forscher:

Verwandtschaftsverhältnis	Korrelation
Eineiige Zwillinge, zusammen aufgewachsen	0,85
Eineiige Zwillinge, getrennt aufgewachsen	0,74
Zweieiige Zwillinge, zusammen aufgewachsen	0,59
Geschwister, zusammen aufgewachsen	0,46
Kind und Durchschnitt der Eltern	0,50
Kind und alleinerziehendes Elternteil, zusammen lebend	0,41
Kind und alleinerziehendes Elternteil, getrennt lebend	0,24
Adoptiveltern und Kind, zusammen lebend	0,20
zwischen Ehemann und Ehefrau	0,33

LEBENSERWARTUNG JE LAND

Die folgenden Durchschnittsangaben stammen von der Weltgesundheitsorganisation WHO und gelten für das Jahr 2015.

	Land	Lebenserwartung in Jahren
1.	Monaco	87,2
2.	Japan	84,6
3.	Andorra	84,2
4.	Singapur	84
5.	Hongkong	83,8
6.	San Marino	83,5
7.	Island	83,3

8.	Italien	83,1
9.	Schweden	83
10.	Australien	83
11.	Schweiz	82,8
12.	Kanada	82,5
13.	Spanien	82,3
14.	Frankreich	82,3
15.	Israel	82,1
16.	Luxemburg	82
17.	Norwegen	81,9
18.	Neuseeland	81,7
19.	Österreich	81,5
20.	Niederlande	81,5
21.	Irland	81,4
22.	Zypern	81,2
23.	Finnland	81
24.	Deutschland	81
25.	Griechenland	81
26.	Südkorea	81
27.	Malta	81
28.	Belgien	81
29.	Großbritannien	81
30.	Liechtenstein	80,7
31.	Taiwan	80,6
32.	Portugal	80
33.	Slowenien	80
34.	Costa Rica	79,8
35.	USA	79,8
36.	Chile	79,5
37.	Dänemark	79,5
38.	Kuba	79,4
39.	Libanon	79,4
40.	Vereinigte Arabische Emirate	79,2
41.	Brunei	79
42.	Barbados	78,5
43.	Kuwait	78,2
44.	Tschechien	78
45.	Panama	77,8
46.	Polen	77,5
47.	Kroatien	77,5

48.	Uruguay	77,3
49.	Mexiko	77,2
50.	Malediven	77,2
51.	Bahrain	77
52.	Belize	76,9
53.	Slowakei	76,8
54.	Bahamas	76,5
55.	Grenada	76,5
56.	Brasilien	76,2
57.	Estland	76,1
58.	Ecuador	76
59.	Argentinien	76
60.	St. Vincent und die Grenadinen	76
61.	Oman	76
62.	Bosnien-Herzegowina	76
63.	China	76
64.	Litauen	75,9
65.	Antigua und Barbuda	75,8
66.	Malaysia	75,7
67.	St. Lucia	75,5
68.	Katar	75,5
69.	Mauritius	75,2
70.	St. Kitts und Nevis	75,1
71.	Vietnam	75
72.	Ungarn	75
73.	Venezuela	75
74.	Mazedonien	75
75.	Syrien	75
76.	Thailand	74,9
77.	Trinidad und Tobago	74,8
78.	Seychellen	74,7
79.	Sri Lanka	74,7
80.	Paraguay	74,7
81.	Peru	74,7
82.	Salvador	74,6
83.	Jordanien	74,6
84.	Kolumbien	74,6
85.	Tonga	74,5
86.	Kapverden	74,5
87.	Lettland	74,5

88.	Nicaragua	74,5
89.	Libyen	74,5
90.	Georgien	74,5
91.	Tunesien	74,5
92.	Montenegro	74,5
93.	Bulgarien	74,5
94.	Surinam	74,5
95.	Armenien	74,4
96.	Saudi-Arabien	74,3
97.	Samoa	74
98.	Palau	74
99.	Rumänien	74
100.	Honduras	74
101.	Albanien	74
102.	Serbien	74
103.	Jamaika	73,8
104.	Iran	73,5
105.	Marshallinseln	73,5
106.	Algerien	73,3
107.	Dominikanische Republik	73,3
108.	Ägypten	73,2
109.	Fidschi	73
110.	Philippinen	73
111.	Salomonen	73
112.	Nauru	73
113.	Marokko	73
114.	Weißrussland	72,5
115.	Indonesien	72
116.	São Tomé und Príncipe	72
117.	Vanuatu	72
118.	Aserbaidschan	71,5
119.	Guatemala	71,5
120.	Ukraine	71
121.	Moldawien	71
122.	Russland	70,5
123.	Bhutan	70,5
124.	Guyana	70,5
125.	Mikronesien	70
126.	Bangladesch	70
127.	Kirgisistan	69

128.	Nordkorea	69
129.	Nepal	69
130.	Mongolei	69
131.	Bolivien	69
132.	Irak	68,5
133.	Usbekistan	68,5
134.	Laos	68
135.	Myanmar	68
136.	Kasachstan	68
137.	Komoren	68
138.	Kiribati	68
139.	Tadschikistan	68
140.	Papua-Neuguinea	67,5
141.	Namibia	67,2
142.	Pakistan	67
143.	Turkmenistan	66,5
144.	Kambodscha	66
145.	Ghana	66
146.	Madagaskar	66
147.	Botswana	66
148.	Indien	65
149.	Gabun	64
150.	Jemen	64
151.	Osttimor	64
152.	Senegal	64
153.	Haiti	63
154.	Sudan	63
155.	Eritrea	61,5
156.	Kamerun	61,5
157.	Südafrika	61
158.	Dschibuti	61
159.	Äthiopien	60,5
160.	Kenia	60
161.	Ruanda	60
162.	Afghanistan	60
163.	Mauretanien	59,5
164.	Liberia	59
165.	Tansania	59
166.	Benin	59

167.	Gambia	59
168.	Malawi	58
169.	Republik Kongo	58
170.	Togo	57
171.	Burkina Faso	56,5
172.	Elfenbeinküste	56,5
173.	Uganda	56
174.	Niger	56
175.	Sambia	55,5
176.	Guinea	55
177.	Äquatorialguinea	54
178.	Simbabwe	54
179.	Burundi	53
180.	Nigeria	53
181.	Mosambik	52,5
182.	Angola	52
183.	Tschad	51
184.	Mali	51
185.	Lesotho	51
186.	Guinea-Bissau	50
187.	Swasiland	50
188.	Somalia	50
189.	Demokratische Republik Kongo	49,5
190.	Zentralafrikanische Republik	48,5
191.	Sierra Leone	47,5

Experten vermuten, dass in den entwickelten Ländern eines von zwei Mädchen, das 2003 geboren worden ist, einhundert Jahre alt werden dürfte.

Seit 1900 haben in Deutschland Männer wie Frauen durchschnittlich 35 Jahre Lebenserwartung hinzugewonnen, also rund 306 600 Stunden. Im 19. Jahrhundert war ein erwachsener Europäer noch 70 Prozent seiner wachen Zeit mit der Arbeit beschäftigt; heute sind es nur noch 14 Prozent.

TIERE IM WELTALL

Seit die Brüder Montgolfier im Jahr 1783 die erste Heißluftballon-fahrt unternommen und dabei in ihrem Korb eine Ente mit Na-men Coin-Coin, einen Hahn (Cocorico) und ein Schaf (Montau-ciel, dt: Himmelssteiger) mitgenommen haben, sind Tiere wahre Pioniere bei der Eroberung des Weltalls. Im Folgenden eine Aus-wahl der mehrbeinigen Astronauten, deren Schicksal es nicht immer gut mit ihnen meinte (bei jedem Beispiel werden auch der Name, das Herkunftsland und die Heldentat im All ange-führt):

Anonym
Fruchtfliegen, Vereinigte Staaten von Amerika

Die ersten Tiere, die jemals in den Weltraum geflogen sind, wa-ren Fruchtfliegen, die US-Amerikaner an Bord einer deutschen, während des Zweiten Weltkriegs eroberten V2-Rakete brachten. Die Rakete wurde dann am 20. Februar 1947 in der Wüste von New Mexico gezündet, erreichte eine Höhe von 109 Kilometern und brachte die Fruchtfliegen wieder heil auf die Erde zurück.

Albert I., II., III. und IV.
Alles Rhesusaffen, bis auf Albert III., ein Javaneraffe, Vereinigte Staaten von Amerika

In den folgenden Jahren konzentrierten sich die US-Amerikaner auf Affen, die sie wegen der dem Menschen ähnlichen Physiolo-gie ausgewählt hatten. Albert II. wurde am 14. Juni 1949 der erste Primat, der die Atmosphäre hinter sich ließ, da Albert I. nicht mehr als 60 Kilometer Höhe erreicht hatte. Alle vier fanden ein tragisches Ende: Albert I. erstickte während des Flugs; die V2-

Rakete von Albert III. explodierte nach dem Start, wohingegen Albert II. und Albert IV. beim Sturz auf die Erde zu Tode kamen, da ihre Fallschirme versagten.

Albert V.
Maus, Vereinigte Staaten von Amerika

Der letzte Albert in der Reihe war kein Affe, sondern eine Maus. Albert V. war das erste Nagetier, das in die Thermosphäre vordrang, am 31. August 1950. Die Maus endete zerfetzt in ihrer Rakete, die wegen einer Fehlfunktion des Fallschirmsystems explodierte. Albert V. war das letzte Tier, das mit einer V2 mitflog.

Dezik und Tsygan
Hündinnen, Sowjetunion

Die sowjetischen Wissenschaftler bevorzugten wahllos ausgewählte Hunde, in der Annahme, diese seien besonders widerstandsfähig gegen schwierige Umstände. Genauer gesagt, nahmen sie Hündinnen. Ihr Vorteil? Man hielt sie für folgsamer als die männlichen Tiere, und sie mussten zudem nicht die Hinterpfote heben, um zu urinieren, was sie für eine Reise in einer winzigen Raumkapsel noch geeigneter machte. Am 22. Juli 1951 flogen Dezik und Tsygan mehr als 110 Kilometer in den Weltraum und kamen lebend wieder zur Erde zurück. Für die Sowjets war dies ein enormer Erfolg, vor allem angesichts der katastrophalen Ergebnisse der US-amerikanischen Alberts. Dezik startete später noch ein weiteres Mal ins All, überlebte diesen Flug allerdings nicht. Tsygan wurde von einem der für die sowjetische Mission tätigen Astrophysiker adoptiert.

Yorick

Affe, Vereinigte Staaten von Amerika

Zusammen mit elf Mäusen brachte man ihn am 20. September 1951 an Bord einer *Aerobee*-Rakete. Die gesamte kleine Mannschaft kam heil und lebend zur Erde zurück, allerdings verstarb Yorick zwei Stunden nach der Landung. Dessen ungeachtet gilt er als der erste Affe, der einen Flug durchs Weltall überlebt hat.

Laika

Hündin, Sowjetunion

Am 3. November 1957, vier Jahre vor Juri Gagarin, nahm der Satellit *Sputnik 2* die schwarz-weiße Hündin Laika mit auf die Reise, womit sie zum ersten Lebewesen der Erde wurde, das eine Erdumlaufbahn erreichte (in 2000 Kilometern Höhe). Vor ihr war noch kein Tier auch nur annähernd in diese Entfernung gelangt; sie hatten nur die Grenze der Atmosphäre überschritten und dabei Flüge absolviert, die etwa zehn Mal höher gingen als Linienflugzeuge.

Wissenschaftler hatten Laika in den Straßen Moskaus aufgesammelt. Nannte man sie anfangs noch Kudrjawka (»Löckchen«), stellte sich jedoch bald heraus, dass dieser Name für ein internationales Publikum zu kompliziert war, weshalb sie schließlich Laika (»Kleiner Kläffer«) getauft wurde. Die US-Presse gab ihr den Spitznamen Muttnik, was vom englischen Ausdruck *mutt* (»Straßenköter«, »Mischling«) abgeleitet war und zugleich lautlich die Nähe zu »Sputnik« herstellte. Laika erhielt ein langes und intensives Training, zusammen mit zwei weiteren Hündinnen, Albina und Muschka, die allerdings nur bei Tests zum Einsatz kamen.

Es war nie vorgesehen, dass *Sputnik 2* wieder zur Erde zurückkehren sollte: Laika war daher von Anfang an zum Tode verurteilt. Anders als es die sowjetische Propaganda lange glauben machte, ist die Hündin jedoch nicht schmerzfrei verschieden. In der offiziellen Erklärung hieß es, sie habe den Widrigkeiten beim Abflug ins All standgehalten und dann noch vier Tage in der Erdumlaufbahn gelebt, bevor sie friedlich aus dem Leben schied, da man ihr zur Sterbehilfe Gift in das Futter gemischt habe. 2002 berichtete jedoch ein an der Mission beteiligter Wissenschaftler, dass Laika ein Martyrium durchgemacht hatte: Sie starb fünf Stunden nach dem Start an Stress und der Überhitzung ihrer Raumkapsel. Ihr durchs All rasender Sarg drehte 2750 Runden um die Erde, bevor er am 14. April 1958 beim Eintritt in die Atmosphäre über den Antillen verglühte. Moskau ließ 2008 für die kleine Märtyrerin des Alls ein Denkmal errichten.

Miss Able und Miss Baker
Rhesusaffe und Totenkopfaffe, Vereinigte Staaten von Amerika

Diese beiden Affenweibchen hoben am 28. Mai 1959 mit einer *Jupiter*-Rakete in Florida von der Erde ab. Sie erreichten eine Höhe von 579 Kilometern und verbrachten dabei neun Minuten in Schwerelosigkeit. Miss Able starb vier Tage nach ihrer Rundreise an einem misslungenen chirurgischen Eingriff, bei dem man ihr eine der für den Flug angebrachten Elektroden wieder entfernen wollte. Miss Baker hatte mehr Glück; sie wurde eine echte Berühmtheit in den US-Medien. Sie verbrachte ihr Rentnerinnendasein auf einer NASA-Basis in Alabama, wo sie 1984 auch verstarb.

Marfuscha und Otwajnaia
Kaninchenweibchen und Hündin, Sowjetunion

Marfuscha, die »Kleine Martha«, war das erste Kaninchen im Weltall, sie reiste am 2. Juli 1959 ab. Auch sie erreichte wohlbehalten wieder die Erde. Mit ihr an Bord waren einige Mäuse und zwei Hündinnen, darunter Otwajnaia, »die Mutige«. Sie ist das Tier mit den meisten Weltraumflügen: Fünf Mal war sie im All und kam jedes Mal heil wieder zurück.

Belka und Strelka
Hündinnen, Sowjetunion

Diese beiden Hündinnen waren die ersten Tiere, die in eine Erdumlaufbahn geschossen wurden und von dort lebend zur Erde zurückkehrten. Sie reisten an Bord der *Sputnik 5*, die am 19. August 1960 abhob. Einen der Welpen von Strelka, die sie nach dem Weltraumflug empfangen und geboren hatte, verschenkte Nikita Chruschtschow an die Tochter des US-amerikanischen Präsidenten, Caroline Kennedy.

Félicette
Katze, Frankreich

Nachdem die Ratten Hector, Castor und Pollux, die ersten von Frankreich ins All gebrachten Lebewesen, bereits 1962 unterwegs gewesen waren, sollte als Nächstes eine Katze an Bord der Rakete *Véronique* gehen. Ursprünglich war der Kater Félix vorgesehen gewesen, doch das von den französischen Astronomen für diese Mission ausgewählte Tier büxte ein paar Tage vor dem Abflug aus. So kam es also, dass die schwarz-weiße Katze Félicette am 18. Oktober 1963 die erste und bislang einzige Katze wurde, die jemals die Stratosphäre hinter sich gelassen hat. Ihre

Kapsel landete problemlos und lieferte ihre Insassin gesund wieder ab.

Martine und Pierette
Südliche Schweinsaffen, Frankreich

Am 7. beziehungsweise 13. März 1967 in mehr als 200 Kilometer Höhe ins All geschickt, waren diese beiden Affenweibchen die letzten tierischen Spationauten Frankreichs.

Arabella und Anita
Spinnen, Vereinigte Staaten von Amerika

Am 16. April 1972 hob *Apollo 16* ab und nahm zwei Spinnen mit, die uns in der Folge die ersten im Weltraum gewebten Spinnennetze mitbrachten.

UNTERSCHWELLIGE BILDER

In der Theorie ist ein subliminales, ein unterschwelliges Bild ein solches Bild, das in ein audiovisuelles Objekt derart schnell eingeschoben wird, dass der Betrachter es nicht bewusst wahrnehmen kann. Die Forschung schätzt, dass das Bewusstsein nicht erreicht wird, wenn ein Bild weniger als 20 Millisekunden zu sehen ist. Trotzdem trifft das Bild ja die Netzhaut in unserem Auge, sollte es also nicht doch unser Verhalten beeinflussen können? Was ist an dieser Vermutung dran? Man begann sich 1957 für die unterschwelligen Bilder zu interessieren, als James Vicary, Marketingberater in New Jersey, erklärte, er habe den Verkauf von Cola und Popcorn in einem Kinosaal dadurch gesteigert, dass er extrem kurze Werbeeinblendungen mitten in den Film eingebettet habe. Das Aufsehen, das er damit erregte, erreichte auch die CIA, die in der Folge eine Untersuchung über das Potenzial solch sublimer Botschaften beauftragte. In Wirklichkeit hatte Vicary das alles nur erfunden und es gelang niemandem, sein Experiment erfolgreich zu wiederholen. Doch die Schlagzeile war nun einmal in der Welt und gebar einen Mythos, in dem sich Verschwörungstheorien, Pseudowissenschaften und Fantasien über die Manipulation der Massen die Hand reichten.

Schon lange setzen Filmregisseure dieses Verfahren ein, wenn auch nicht um Limonade zu verkaufen, so dann doch, um Ideen zu suggerieren oder sublim bestimmte Emotionen zu betonen. Wie etwa bei der kurzen Einblendung der Dämonengottheit Pazuzu im Film *Der Exorzist*, die in einer albtraumhaften Szene deren Angst einflößenden Charakter noch verstärken soll. Berühmter noch ist die nackte Frau, die in einer Szene des Zeichentrickfilms *Bernhard und Bianca* für einen Augenblick an einem Fenster erscheint: Es handelte sich dabei um einen eingebauten Scherz des Postproduktionsteams. Die Firma Disney reagierte schnell und rief die Videokassetten zurück, auf denen diese Szene zu sehen war. Noch immer sehr präsent im Gedächtnis der Franzosen ist ein weiterer Vorfall, der kurz nach der Präsidentenwahl 1988 publik wurde. Die Nachrichtensendung des öffentlich-rechtlichen Fernsehsenders Antenne 2 hatte zwei Jahre lang ein Porträt von François Mitterrand in ihren Vorspann eingebaut. Doch der Manipulationsversuch durch die blitzschnelle Einblendung des Bildes flog schließlich auf, weil das Bild länger als eine fünfundzwanzigstel Sekunde zu sehen war.

Es gibt wenig wissenschaftliche Beweise dafür, dass es mithilfe unterschwelliger Botschaften gelingen könnte, den Verfasser dieses Buches zum Präsidenten wählen zu lassen. Ende der

1990er-Jahre konnte der Neurobiologe Paul Wahlen dies in einem aussagekräftigen Experiment belegen. Probanden wurde eine Bilderserie vorgeführt, die 200 Millisekunden dauerte: 33 Millisekunden war ein fröhliches (beziehungsweise erschreckendes) Gesicht zu sehen, die restlichen 167 Millisekunden zeigte das Gesicht einen neutralen Ausdruck. Das erste Gesicht war zu kurz eingeblendet, sodass die Teilnehmer der Studie den Eindruck schilderten, nur ein neutrales Gesicht gesehen zu haben. Ein MRT-Bild zeigte jedoch, dass die Angst, die in den Bildern zu sehen gewesen war, eine bestimmte Region im Gehirn, die Amygdala, zu einer charakteristischen Reaktion angeregt hatte. Auch wenn sich die Probanden dessen nicht bewusst waren, so erhielt ihr Gehirn doch ein Angstsignal und verarbeitete diese Information. Diese Effekte sind nachweisbar, jedoch deutlich zu schwach, um daraus den Schluss zu ziehen, es wäre wirklich möglich, das Gehirn von Menschen mit unterschwelligen Bildern zu manipulieren.

TIERISCHE REKORDE

- Das schwerste: der Blauwal (150 Tonnen)
- Das längste: der Schnurwurm Lange Nemertine (bis zu 60 Meter)
- Das lauteste: der Blauwal (bis zu 188 Dezibel)
- Das am schnellsten laufende: der Gepard (112 km/h)
- Das am schnellsten fliegende: der Wanderfalke (180 km/h)
- Das am schnellsten schwimmende: der Fächerfisch (110 km/h)
- Das am längsten fliegende: der Alpensegler (während seiner

Wanderung mehr als 6 Monate Flug, ohne ein einziges Mal zu landen; er erholt sich im Gleitflug)

- Das am höchsten springende: der blaue Delfin (7 Meter)
- Das am weitesten springende: der Springbock (15 Meter)
- Das die größte Strecke in seinem Leben zurücklegende: die Küstenseeschwalbe (dieser Vogel kann durch seine jährlichen Wanderungen bis zu 2,4 Millionen Kilometer in seinem Leben zurücklegen, was drei Mal dem Hin- und Rückweg zwischen Erde und Mond entspricht)
- Das die meisten Eier legende: der Mondfisch (bis zu 300 Millionen pro Laichvorgang)
- Das mit den meisten Zähnen: der Haifisch (bis zu 3000 Zähne)
- Das am weitesten sehen könnende: der Steinadler (er kann ein verstecktes Beutetier aus 3 Kilometern Entfernung erkennen; sein Blick ist 8 Mal präziser als der menschliche)
- Das mit dem größten Gehirn: der Pottwal (durchschnittlich 8 Kilogramm)
- Das mit der schnellsten Zunge: das Chamäleon *Rhampholeon spinosus* (seine Zunge kann sich von 0 auf 96 km/h in einer hundertstel Sekunde beschleunigen; es kann eine Grille, die sich in 15 Zentimetern Entfernung befindet, in einer zwanzig-tausendstel Sekunde erreichen)
- Das mit dem dichtesten Pelz: der Otter (100 000 Haare pro cm²)
- Das mit dem längsten Orgasmus: das Schwein (10 bis 15 Minuten)
- Das mit dem längsten Penis im Verhältnis zu seiner Körpergröße: die *Pollicipes pollicipes*, eine Art Entenmuschel (das 8fache seiner Körperlänge)

DIE SONNE HAT NOCH VERABREDUNGEN MIT DEM MOND

Eine Sonnenfinsternis entsteht, wenn, von der Erde aus gesehen, der Mond vor die Sonne zieht. Sobald diese vollständig verdeckt ist, spricht man von einer totalen Sonnenfinsternis. Wenn für einen Betrachter auf der Erde der Mond ein wenig kleiner erscheint als die Sonne, kann man einen sehr hell leuchtenden Kranz um die dunkle Scheibe erkennen: Dieses Phänomen nennt man eine ringförmige Sonnenfinsternis.

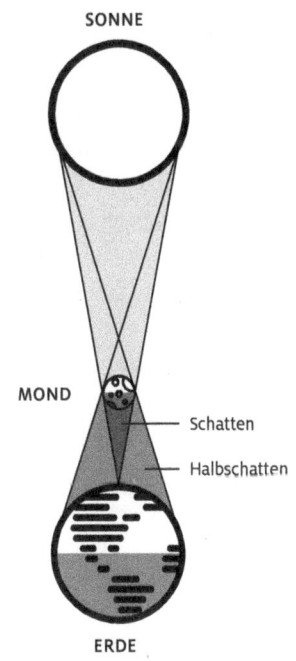

SONNE

MOND

Schatten

Halbschatten

ERDE

Kalender der nächsten Sonnenfinsternisse

Datum	Art	Dauer	Wo ist sie zu beobachten?
02. Juli 2019	total	4 min 33 sek	im Süden des Pazifischen Ozeans, Südamerika
26. Dezember 2019	total	3 min 39 sek	Asien, Australien
21. Juni 2020	ringförmig	0 min 38 sek	Afrika, im Osten Europas, Asien
14. Dezember 2020	total	2 min 10 sek	Pazifischer Ozean, im Süden Südamerikas, Antarktis
10. Juni 2021	ringförmig	3 min 51 sek	im Norden Nordamerikas, Europa, Asien
04. Dezember 2021	total	1 min 54 sek	Antarktis, im äußersten Süden Afrikas, im Süden des Atlantischen Ozeans

Eine Mondfinsternis ereignet sich, wenn sich für uns der Mond im Schatten der Erde befindet. Anders gesagt: Es ist eine Sonnenfinsternis, aber vom Mond aus gesehen. Im Gegensatz zu einer Sonnenfinsternis, die jeweils nur von einigen Gegenden der Erde aus zu beobachten ist, kann eine Mondfinsternis überall von der Nachtseite der Erde aus betrachtet werden. Die Finsternis heißt dann »total«, wenn die Mondkugel völlig in den Kernschatten der Erde eingetaucht ist, und heißt »Halbschattenfinsternis«, wenn sie nur den Halbschatten der Erde durchquert. »Partiell« nennt man die Finsternisse, wenn sich nur ein Teil des Mondes im Schatten befindet.

Kalender der nächsten Mondfinsternisse, die von uns aus zu sehen sind

Datum	Art	Dauer der totalen Finsternis
21. Januar 2019	total	62 min
16. Juli 2019	partiell	–
10. Januar 2020	Halbschatten	–
05. Juli 2020	Halbschatten	–
19. November 2021	partiell	–

HOCH GELEGENE STÄDTE

La Rinconada (Peru) thront in 5100 Metern Höhe, was den Ort dazu berechtigt, den Titel als höchstgelegene Stadt der Welt zu tragen. 2012 lebten dort rund 50 000 Menschen.

Der winzige Weiler **Wenquan (Tibet, China)** wurde vom *Guinness-Buch der Rekorde* fälschlicherweise als höchstgelegene menschliche Siedlung bezeichnet. Mit 4870 Metern über dem Meeresspiegel ist sie zumindest der am höchsten gelegene bewohnte Ort der Nordhalbkugel.

Hier nun die höchstgelegenen Hauptstädte der Welt mit der durchschnittlichen Höhenangabe:

- La Paz (Bolivien): 3650 Meter
- Lhasa (Tibet)[*]: 3600 Meter
- Quito (Ecuador): 2850 Meter
- Thimphu (Bhutan): 2648 Meter
- Bogota (Kolumbien): 2625 Meter
- Addis Abeba (Äthiopien): 2355 Meter
- Asmara (Eritrea): 2325 Meter
- Sanaa (Jemen): 2250 Meter
- Mexiko Stadt (Mexiko): 2240 Meter
- Nairobi (Kenia): 1795 Meter
- Kabul (Afghanistan): 1790 Meter
- Windhoek (Namibia): 1721 Meter
- Maseru (Lesotho): 1673 Meter
- Kigali (Ruanda): 1567 Meter

---

[*] Auch wenn Lhasa seit der Annexion Tibets durch China im strengeren Sinne nicht als Hauptstadt bezeichnet werden kann.

- Guatemala (Guatemala): 1529 Meter
- Harare (Simbabwe): 1483 Meter
- Kathmandu (Nepal): 1400 Meter
- Ulan Bator (Mongolei): 1350 Meter
- Antananarivo (Madagaskar): 1288 Meter
- Pretoria (Südafrika): 1271 Meter

Berlin liegt bei etwa 35 Metern über dem Meeresspiegel.

DIE AM STÄRKSTEN ZUBEISSENDEN TIERE

Man misst für die Beißkraft den Druck, den der Kiefer pro Quadratzentimeter ausübt. Zum Vergleich: Der Biss eines Menschen kommt auf etwa 60 kg/cm².

1. Tyrannosaurus (3,5 Tonnen/cm²)
2. Krokodil (2 Tonnen/cm²)
3. Schwertwal, Flusspferd und Alligator (1 Tonne/cm²)
4. Hyäne (900 kg/cm²)
5. Walross (800 kg/cm²)
6. Gorilla (590 kg/cm²)
7. Löwe (560 kg/cm²)
8. Steinadler (320 kg/cm²)
9. Weißer Hai (300 kg/cm²)
10. Pitbull (160 kg/cm²)

HEISS UNTERM HINTERN

Das Mammut hatte sich außergewöhnlich gut an seinen kalten Lebensraum angepasst. Es besaß einen dicken Pelz, darunter eine Fettschicht und hatte nur kleine Ohren. Darüber hinaus verfügte es aber auch über eine Art Analklappe, die es ihm ermöglichte, diesen kälteempfindlichen Bereich zu schützen und den Wärmeverlust zu verringern. Erst als man Mammuts fand, die im Permafrost dauerhaft konserviert worden waren, entdeckte man diese Klappe: So ließ sich der bis dahin unerklärliche Auswuchs erklären, den man auf einigen prähistorischen Darstellungen des Tieres erkennen konnte.

WENN ZWEI SEKUNDEN VERSTRICHEN SIND ...

... wurden weltweit (aufgerundet) etwa zwei Labormäuse verkauft. Genauer gesagt, werden jeden Tag 68 500 Versuchsmäuse verkauft, also mehr als 25 Millionen jedes Jahr. Damit ist die Maus das Tier, das am häufigsten für Experimente verwendet wird. Schnelle Entwicklung, große Nachkommenschaft, kleine Größe, anspruchslose Ernährung etc., all diese Qualitäten bringen weder Affe noch Schwein mit, die dem Menschen physiologisch doch viel näher sind.

RANGLISTE
DER INSEKTENSTICHE

In den 1980er Jahren ließ sich der US-amerikanische Entomologe Justin Schmidt im Dienste der Wissenschaft von so ziemlich allen möglichen Insekten stechen, um den Schmerz, den die Stiche verursachen, in eine aufsteigende Reihenfolge bringen zu können. Die Skala zur Einordnung der Schmerzen ist heute unter dem Namen Schmidt-Index bekannt:

1.0 leichter und flüchtiger Schmerz	Schmal- und Furchenbiene (*Lasioglossum* und *Halictidae*) sowie die Wespe *Sceliphron caementarium*
1.2 scharfer, plötzlicher, leicht beunruhigender Schmerz	Feuerameise (*Solenopsis invicta*), Zikadenkillerwespe (*Sphecius grandis*)
1.8 seltsamer, stechender, erhöhter Schmerz	Akazienameise (*Pseudomyrmex ferruginea*), Bulldoggenameise (*Myrmecia*)
2.0 reicher, heißer Schmerz	Riesenameise (*Dinoponera gigantea*), Hornissen, die Hummel *Bombus impatiens*, Zimmermann-Biene (*Xylocopa californica*), Westliche Honigbiene (*Apis mellifera*), Deutsche Wespe (*Vespula germanica*), Gallische Feldwespe (*Polistes dominula*), Wespe *Polistes arizonensis*
3.0 fetter und andauernder Schmerz	Rote Ernteameise (*Pogonomyrmex maricopa*)
3.0 ätzender und brennender Schmerz	Rote Papierwespe (*Polistes canadensis*), Ameisenwespe *Dasymutilla klugii*
4.0 blendender, wilder Schmerz, wie ein elektrischer Schlag	Die Vogelspinnen jagenden Wegwespen *Pepsis* und *Hemipepsis*, Wespe *Synoeca septentrionalis*
4.0+ reiner, intensiver, strahlender Schmerz	Gewehrkugelameise (*Paraponera clavata*)*

---

* Die auch unter dem Namen 24-Stunden-Ameise bekannte Art kommt in Süd- und Mittelamerika vor. Ihr Stich gilt nicht nur als äußerst schmerzhaft, sondern der Schmerz zudem als sehr langanhaltend, eben bis zu 24 Stunden. Bei einigen indigenen Stämmen im Amazonasgebiet wird die Ameise bei Initiationsritualen eingesetzt: Die jugendlichen Krieger der Sateré-Mawé müssen eine Hand in einen Blätterhandschuh stecken, der mit diesen Ameisen gefüllt ist, und sie dort zehn Minuten belassen. Die Initiation ist allerdings erst dann vollständig, wenn der junge Mann dies in den folgenden Monaten noch zwanzig Mal wiederholt.

SERENDIPITÄT

Dieses hübsche Wort – im Übrigen ein Anglizismus – beschreibt die Fähigkeit, zufällig etwas zu entdecken, das man gar nicht gesucht hat. Also den Glücksfall, der am Anfang einer ganzen Reihe von wissenschaftlichen Entdeckungen steht. Der Begriff wurde vom britischen Gelehrten Horace Walpole im 18. Jahrhundert geprägt, als er sich an eine Geschichte erinnerte, die er in seiner Jugend gelesen hatte: *Die drei Prinzen von Serendip* (eine alte Bezeichnung für das heutige Sri Lanka). In diesem ursprünglich persischen Märchen machen die Protagonisten auf ihren Reisen durch Serendip allerhand alberne Entdeckungen, während sie Hinweise interpretieren, die ihnen auf ihrem Spazierweg unterkommen. So schlussfolgern sie etwa, dass ein einäugiges Kamel vor ihnen die Straße entlanggegangen sein muss, denn das Gras wurde nur auf einer Seite des Wegs abgefressen. Um dieser Mischung aus Zufall und Scharfsinn einen Namen zu geben, formte Walpole den Neologismus *serendipity*. Für ein Jahrhundert lang geriet diese Bezeichnung wieder in Vergessenheit, bevor Gelehrte ihr ihre heutige Definition verpassten (die sich durchaus deutlich vom ursprünglichen Sinn entfernte): die Fähigkeit, etwas zu finden, das man zuvor nicht gesucht hatte. Anders als man es erwarten dürfte, wurde der Begriff in dem Moment populär, in dem er Eingang in die Wissenschaftssprache fand. Er erlaubt es, jenen Teil des Zufalls in einen Begriff zu fassen, der sehr vielen wissenschaftlichen Entdeckungen vorausgeht. Es darf dabei allerdings nie zu dem Missverständnis kommen, die Wissenschaft würde allein aus einer Reihe purer Zufälle bestehen: Damit die Serendipität zustande kommt, muss der Forscher in der Lage sein, die Entdeckung auch zu erkennen, sei sie noch so zufällig zustande gekommen. Wie es schon Louis Pasteur formulierte: »Die Keime großer Entdeckungen schwirren unablässig um uns herum, doch nur in einem Geist, der gut auf sie vorbereitet ist, können sie auch Wurzeln schlagen.« Die Serendipität ist damit vor allem eine Einladung, sich von dem Unerwarteten befruchten zu lassen; man sollte bereit sein, eine Sache zu entdecken, während man nach einer anderen sucht, und die Chancen ergreifen, die sich durch die Verkettung unglücklicher Umstände ergeben. Mit diesem Begriff wird eine Grundhaltung der Offenheit und Kreativität beschrieben, die von den allermeisten Wissenschaftlern, die eine freie und autonome Forschung verteidigen, als notwendig erachtet wird, sollte die Wissenschaft nicht zu einer geleiteten und geplanten Anstrengung verkommen.

Die Erkenntnistheoretiker unterscheiden zumeist zwei Kategorien von Serendipität:

- Die Pseudoserendipität: Der Forscher löst ein Problem, das er zu lösen sich vorgenommen hat, allerdings nur per Zufall oder Glück.

- Die echte Serendipität: Der Forscher entdeckt etwas, das er nicht wirklich beziehungsweise gar nicht gesucht hat.

Beispiele für Pseudoserendipität:

- Das archimedische Prinzip: In der Legende heißt es, der Tyrann von Syrakus habe von Archimedes verlangt, herauszufinden, ob seine Krone aus massivem Gold oder mit Silber vermischt sei, ohne dabei die Krone zu beschädigen. Archimedes wusste nur, dass Silber leichter ist als Gold. Eines Tages stieg er in seine Badewanne, deren Wasser dann überlief, woraufhin Archimedes »Heureka!« rief (»Ich habe es gefunden!«). Er hatte nämlich einen Weg entdeckt, das genaue Volumen der Krone zu bestimmen (das nämlich exakt dem Volumen des verdrängten Wassers entspricht) und konnte dieses dann mit der Dichte von reinem Gold vergleichen.

- Die Vulkanisation von Kautschuk: Charles Goodyear versuchte vergeblich, dem natürlichen Kautschuk jene Elastizität zu nehmen, die ihn für viele Einsätze unbrauchbar machte. Eines Tages fiel ihm zufällig ein mit Schwefel versetztes Stück Kautschuk auf einen Ofen: Er hatte gefunden, was er gesucht hatte.

- Die Struktur der DNS: James Watson und Francis Crick hörten, wie sich ihre Laborkollegen über das doppelläufige Treppenhaus im französischen Schloss Chambord unterhielten. Dieses Detail inspirierte sie, und sie versuchten, dieses Modell auf die DNS anzuwenden: Es funktionierte!

Beispiele für echte Serendipität

- Die Neue Welt: Christoph Kolumbus suchte eine Abkürzung auf dem Weg nach China; er verfuhr sich um 10 000 Kilometer und entdeckte Amerika.

- Die Milchstraße: Galileo Galilei perfektionierte das Fernrohr, um die *bekannten* Himmelskörper besser beobachten zu können. Als er sein neues Instrument benutzte, machte er eine lange Reihe von unvorhergesehenen Entdeckungen: die Milchstraße, die Monde des Jupiter und viele mehr.

- Die Kernspaltung: Enrico Fermi wollte einem seiner Studenten beweisen, dass es unmöglich sei, ein Atom zum Bersten zu bekommen. Als er sich daran machte, brachte er das Atom zum Platzen und bewies damit genau das Gegenteil dessen, was er hatte zeigen wollen.

- Der Klettverschluss: Georges de Mestral ging mit seinem Hund spazieren und regte sich darüber auf, dass sich die Früchte der Klette im Pelz seines Haustieres verfingen. Er wollte verstehen, warum diese kleinen Kugeln so zäh festhielten, und betrachtete sie unter dem Mikroskop. Dabei entdeckte er, dass sie mit kleinen elastischen Häkchen bedeckt sind, die an Haaren und Stoff hängen bleiben. Damit war das Prinzip des Klettverschlusses entdeckt.

NEUE STARS (TEIL 4 VON 6)

Arten, die nach berühmten Persönlichkeiten benannt wurden

geehrte Persönlichkeit(en)	Gattung oder Art	Typus	Bemerkung
Michael Jackson	*Mesoparapylocheles michaeljacksoni*	Einsiedlerkrebs (ausgestorben)	
Mick Jagger	*Aegrotocatellus jaggeri*	Trilobit	
Thomas Jefferson	*Chesapecten jeffersonius*	Jakobsmuschel	
Johannes Paul II. (Karol Józef Wojtyła)	*Aegomorphus wojtylai*	Käfer	
Elton John	*Leucothoe eltoni*	Flohkrebs	Er trägt seinen Namen aufgrund der Greifwerkzeuge in Schuhform, die an jene Schuhe erinnern, die Elton John im Film-Musical *Tommy* (1975) trug.
Angelina Jolie	*Aptostichus angelinajolieae*	Spinne	
Dschingis Khan	*Jenghizkhan*	Dinosaurier	
Rudyard Kipling (Autor des *Dschungelbuchs*)	*Bagheera kiplingi*	Spinne	Die Art wurde nach dem Panter Bagheera aus dem Dschungelbuch benannt.

Kleopatra	*Cleopatrodon*	ausgestorbenes Säugetier	
Konfuzius	*Confuciusornis sanctus*	prähistorischer Vogel	
Lady Gaga	*Gaga monstraparva*	Pflanze (Farn)	Der Name der Art bedeutet im Lateinischen »kleines Monster« und nimmt Bezug auf den Spitznamen, den die US-Sängerin ihren Fans gegeben hat (»*little monsters*«).
Gary Larson	*Strigiphilus garylarsoni*	Laus	Als er von dieser »Auszeichnung« erfuhr, erklärte der US-Zeichner: »Das ist für mich eine große Ehre. Ich hatte ohnehin nicht erwartet, dass man nach mir eine neu entdeckte Art Schwan benennen würde.«
Laurel und Hardy (Dick und Doof)	*Baeturia laureli* und *Baeturia hardyi*	Zikaden	
Lenin	*Leninia stellans*	ausgestorbenes Reptil	
John Lennon	*Avalanchurus lennoni*	Trilobit	
Jennifer Lopez	*Litarachna lopezae*	Milbe	
Martin Luther	*Lutheria*	Wespe	

DIE METEOROLOGEN AUF DEM SCHEITERHAUFEN

Ein Gesetz in England aus dem Jahre 1677 verurteilte »Regenmacher und Wetterpropheten« zum Tode auf dem Scheiterhaufen, denn man verdächtigte sie der Hexerei. Auch wenn diese Strafe im Laufe der Zeit nur selten verhängt wurde, so galt sie offiziell doch bis ins Jahr 1959. Im wörtlichen Sinne wurde sie allerdings schon lange zuvor nicht mehr umgesetzt.

DIE TERMINOLOGIE
DER STÜRME

Der **Zyklon:** Er entsteht bei sehr geringem Luftdruck und besteht aus starken Wirbelstürmen, die von wolkenbruchartigen Regenfällen sowie von riesigen Wellen auf den tropischen Ozeanen begleitet werden. Der Durchmesser eines Zyklons beträgt mehrere hundert Kilometer. Dieses Naturphänomen hilft dabei, die Temperatur der Erde zu regulieren, indem es überschüssige Energie aus den Tropenregionen in Richtung der Pole verschiebt. Die Bezeichnung Zyklon nutzt man vor allem im östlichen und südwestlichen Pazifik. Im Nordatlantik sowie dem nordöstlichen und südwestlichen Pazifik spricht man von einem **Hurrikan** (englisch *hurricane*). In Südostasien kennt man die tropischen Stürme unter dem Namen **Taifun.** Der Unterschied zwischen diesen Bezeichnungen ist also kein wissenschaftlicher, sondern ein rein geografischer. Im mittelalterlichen Japan nannte man diese Stürme *kamikaze* (»göttlicher Wind«).

Der **Tornado:** So nennt man einen sehr starken Wind, der jedoch nicht aus einem Tiefdruckgebiet resultiert, sondern aus Gewitterwolken entsteht. Durch seine Größe und seine Dauer könnte man ihn als Minizyklon bezeichnen, allerdings ist er heftiger und sorgt häufiger für große Zerstörungen.

DIE TORNADO-SKALA

In den 1970er-Jahren entwickelte der herausragende japanische Meteorologe Ted Fujita als Professor an der Universität Chicago eine Klassifizierung, anhand derer sich Tornados in sechs Stufen einteilen lassen. Seit 2007 nutzen die USA die sogenannte verbesserte Fujita-Skala (EF-Scale: Enhanced Fujita Scale):

Stufe	Windgeschwindig-keit in km/h	Schäden	Beschreibung
EF 0	105–137	leichte bis keine	Im schlimmsten Fall einige beschädigte Dächer; kleinere Schäden an Regenrinnen und Fassadenelementen; abgebrochene Äste; Bäume, die nur oberflächlich wurzeln, knicken um.
EF 1	138–177	mittlere	Abgedeckte Dächer; Gartenhütten, Bauwägen und Wohnmobile stürzen um oder werden ernsthaft beschädigt; herausgerissene Außentüren; zerbrochene Scheiben.
EF 2	178–217	bedeutende	Dächer solide gebauter Häuser werden herausgerissen; Fundamente von Häusern mit leichtem Gebälk verschoben; Gartenhütten und Bauwägen vollständig zerstört; große Bäume abgeknickt oder entwurzelt; große Gegenstände fliegen durch die Luft; Autos werden angehoben.
EF 3	218–266	schwere	Ganze Stockwerke solider Häuser werden zerstört; ernste Schäden an großen Gebäuden wie Einkaufszentren; umgeworfene Züge; Bäume werden entrindet, Autos angehoben und fortgeweht, Leichtbauhäuser vollständig umgeworfen.
EF 4	267–322	extreme	Solide Häuser werden dem Erdboden gleichgemacht, schwere Fahrzeuge fortgeweht.
EF 5	> 322	vollständige Zerstörung	Besonders solide Häuser werden aus den Fundamenten gerissen, Gebäude aus Stahlbeton sehr schwer beschädigt; große Häuser stürzen ein oder erleiden schwerwiegende Beschädigungen; Lastwagen und Züge können über eine Strecke von mehr als einem Kilometer durch die Luft getragen werden.

TORNADO-REKORDE

Der größte	• in der Welt: 4 Kilometer Durchmesser, in der Nähe von Hallam, USA, 2004. • in Europa: 3 Kilometer Durchmesser in Javaugues, in der Region Auvergne-Rhône-Alpes, Frankreich, 1902.
Der schnellste	der Tri-State Tornado im Jahr 1925 in den USA: er raste mit 117 km/h durch die US-Bundesstaaten Missouri, Illinois und Indiana.
Der die größte Strecke zurückgelegt hat	ein Tornado, der 1917 auf insgesamt 471,5 Kilometern zwischen Illinois und Indiana tobte.
Der tödlichste	der Tri-State Tornado von 1925: 750 Tote und mehr als 2300 Verletzte.
Der zerstörerischste	ein Tornado 1999 in Oklahoma, USA: Die Schäden wurden auf 1,24 Milliarden Dollar geschätzt.
Die größte Anzahl Tornados in den USA an einem einzigen Tag	148 Tornados am 3. April 1974.
Die wenigsten Tornados in einem Jahr in den USA	1950 gab es 201 Tornados.

WINDGESCHWINDIGKEITS-REKORDE

In Deutschland	In Frankreich	In der Schweiz	In Kanada	Auf der Welt
Im Flachland: 184 km/h in List/Sylt, 1999	Im Flachland: 252 km/h in Belfort, 1955	Im Flachland: 190 km/h in Glarus, 1985	201 km/h am Kap Hopes Advance auf der Ungava-Halbinsel, Québec, 1931	509 km/h während eines Tornados in Oklahoma (USA), 1999
In den Bergen: 335 km/h auf der Zugspitze, 1985	In den Bergen: 360 km/h auf dem Mont Aigoual, 1968	In den Bergen: 285 km/h auf dem Jungfraujoch, 1990		

ZYKLONEN-REKORDE

Der heftigste	Der niedrigste Luftdruck wurde für den Zyklon Monica 2006 im Norden Australiens gemessen: 868,50 hPa.
Der sich am schnellsten aufladende	Der Taifun Forrest im Nordwestpazifik: 1983 steigerte sich dort die Windgeschwindigkeit in knapp 24 Stunden von 120 km/h auf 285 km/h.
Der die größten Flut-wellen ausgelöst hat	Der Zyklon Mahina sorgte 1899 in der Bathurst Bay (Australien) für eine Sturmflut mit 13 Meter hohen Wellen.
Der die schnellsten Winde erzeugt hat	Der Zyklon Rick im Ostpazifik brachte es auf maximale Windgeschwindigkeiten von 350 km/h.
Der größte	Der Taifun Tip im Nordwestpazifik hatte 1979 einen Durch-messer von 2200 Kilometern.
Der am längsten andauernde	Der Hurrikan John im Nordpazifik dauerte 31 Tage zwischen August und September 1994.
Der tödlichste	Ein Zyklon in Bangladesch forderte 1970 300 000 Tote.
Der zerstörerischste	Der Hurrikan Sandy zog 2012 über New York hinweg und hinterließ Schäden zwischen 30 und 50 Milliarden Dollar.

EINIGE METEOROLOGISCHE REKORDE

- Das größte Hagelkorn der Welt: Es wurde am 23. Juli 2010 in Vivian, einem kleinen Dorf im US-Bundesstaat South Dakota gefunden. Es hatte einen Durchmesser von 20,32 Zentimetern und wog 879 Gramm.
- Der tödlichste Hagel: Am 30. April 1888 tötete Hagel in Uttar Pradesh (Indien) 246 Menschen.
- Der höchste Jahresdurchschnitt an Sonnenschein: in der liby-schen Sahara mit 4300 Stunden im Jahr, 97 Prozent der höchst-möglichen Sonnenscheindauer.
- Der niedrigste Jahresdurchschnitt an Sonnenschein: am Nord-pol mit 186 Tagen Winter pro Jahr.

- Der windigste Ort: die Commonwealth-Bucht in der Antarktis.
- Der Ort mit den häufigsten Gewittern: Kampala, die Hauptstadt von Uganda, wo es im Durchschnitt an 242 Tagen im Jahr gewittert.
- Der größte je gesichtete Eisberg: eine 330 Kilometer lange und 96 Kilometer breite Eisinsel, die von der Besatzung der *USS Glacier* 1956 im Südpazifik ausfindig gemacht wurde.

EINE ZUFÄLLIG ENTDECKTE BATTERIE MIT EINER 30FACH HÖHEREN LEISTUNG

Mya Le Thai forschte für ihre Doktorarbeit an der University of California. Im April 2016 könnte diese junge Frau die Batterie-Industrie revolutioniert haben, weil sie vergessen hatte, nun ja, sich die Hände zu waschen!

Das Labor, in dem sie ihre Untersuchungen durchführte, beschäftigte sich mit einem Projekt, das die Lebensdauer von Batterien verlängern wollte. Mya Le Thai arbeitete in diesem Zusammenhang mit nur wenige Nanometer dicken Goldfäden. Das Unpraktische an ihnen: Sie reißen beim wiederholten Ladevorgang der Batterie sehr leicht, und der Umgang mit ihnen ist heikel. Myas glücklicher Umstand dürfte gewesen sein, dass sie diese Nanofäden berührte, nachdem sie zuvor eine Elektrolyse durchgeführt hatte und sich nicht im Klaren gewesen war, dass sie noch ein plexiglasähnliches Gel an den Händen hatte. Eine hauchdünne Schicht des Gels ging auf die Fäden über und, oh Wunder, die Ladefähigkeit der Batterie hatte sich sehr deutlich verbessert. Das Gel wirkt wie eine Schutzhülle um die leitenden

Fäden. Dieser Fehler könnte es ermöglichen, einen neuen Batterietyp zu entwickeln, der 200 000 Mal geladen und entladen werden kann, wohingegen eine aktuelle Lithium-Batterie nur rund 7000 Ladevorgänge aushält. Für unsere Computer, Smartphones, Tablets und GPS-Geräte könnte damit ein Traum Wirklichkeit werden.

LISTE DER AM STÄRKSTEN VOM AUSSTERBEN BEDROHTEN ARTEN (TEIL 5 VON 6)

Typus	Art	Trivialname / Beschreibung	geografische Verbreitung	geschätzte Population	Bedrohung
Pflanze	Magnolia wolfii	eine Magnolienart	Risaralda, Kolumbien	< 5 Exemplare	Isolation der Pflanzen, schwache Regenerationszahlen
Weichtier	Margaritifera marocana	eine Art der Flussperlmuscheln	Oued Denna, Oued Abid und Oued Beth, Marokko	< 250 Exemplare	Umweltverschmutzung, zunehmender Eingriff des Menschen
Weichtier	Moominia willii	eine Art Wasserdeckelschnecke	Silhouette Island, Seychellen	< 500 Exemplare	invasive Arten, Klimawandel
Säugetier	Natalus primus	Große kubanische Trichterohr-Fledermaus	Cueva de la Barca und Isla de la Juventud, Kuba	< 100 Exemplare	Verlust des Lebensraums, menschliche Eingriffe
Pflanze	Nepenthes attenboroughii	eine Art aus der Gattung der Kannenpflanzen	Mount Victoria, Palawan, Philippinen	unbekannt	Ernte
Amphibie	Neurerqus kaiseri	Zagros-Molch	Lorestan, Zagros-Gebirge, Iran	< 1000 Exemplare	illegales Einfangen für den Haustier-Schwarzmarkt
Säugetier	Nomascus hainanus	Hainan-Schopfgibbon	Hainan-Insel, China	< 20 Exemplare	Jagd

Insekt	*Oreocnemis phoenix*	Rote Mulanje-Wasserjungfer	Mulanje Plateau, Malawi	unbekannt	Zerstörung des Lebensraums durch Entwässerung, Ausbreitung der Landwirtschaft, kommerzielle Nutzung des Waldes
Fisch	*Pangasius sanitwongsei*	Hochflossen-Haiwels	im Becken des Chao Phraya und des Mekong, Kambodscha, China, Laos, Thailand und Vietnam	unbekannt	Überfischung, Fang für den Markt von Aquariumfischen
Säugetier	*Panthera tigris altaica*	Sibirischer Tiger	Nordostchina	< 200 Exemplare	Jagd
Säugetier	*Panthera tigris amoyensis*	Südchinesischer Tiger	Südchina	< 25 Exemplare	Jagd, kleine Population
Säugetier	*Panthera tigris corbetti*	Indochinesischer Tiger	China und Indien	< 300 Exemplare	Jagd, kleine Population
Säugetier	*Panthera tigris jacksoni*	Malaysia-Tiger	Malaysia	500 Exemplare	Jagd, Waldrodung
Säugetier	*Panthera tigris sumatrae*	Sumatra-Tiger	Insel Sumatra	< 500 Exemplare	Jagd, Waldrodung
Säugetier	*Panthera tigris tigris*	Königstiger	Ostindien	1850 Exemplare	Jagd, Waldrodung
Insekt	*Parides burchellanus*	aus der Familie der Ritterfalter	Cerrado, Brasilien	< 100 Exemplare	Ausbreitung des Menschen, begrenztes Verbreitungsgebiet
Säugetier	*Phocoena sinus*	Kalifornischer Schweinswal	nördlicher Golf von Kalifornien, Mexiko	< 200 Exemplare	versehentlicher Beifang in Fischernetzen
Pflanze	*Picea neoveitchii*	Hubei-Fichte	Qin Ling-Gebirge, China	unbekannt	Waldrodung
Pflanze	*Pinus squamata*	aus der Gattung der Kiefern	Kreis Qiaojia, Yunnan, China	< 25 Exemplare	kleines Verbreitungsgebiet, kleine Population
Insekt	*Poecilotheria metallica*	eine Ornament-vogelspinne	Nandyal und Giddalur, Andhra Pradesh, Indien	unbekannt	Waldrodung, Fällungen zur Gewinnung von Feuerholz, Bürgerkrieg

Vogel	*Pomarea whitneyi*	Fatuhiva-Monarch	Fatu Hiva Marquesas-Inseln, Französisch-Polynesien	50 Exemplare	Jagd durch eingeschleppte Raubtiere (Hausratten und wilde Katzen)
Fisch	*Pristis pristis*	Gewöhnlicher Sägefisch	tropische und subtropische Küstengewässer im Indopazifik und Atlantischen Ozean. Heute vorwiegend die Gewässer nördlich von Australien	unbekannt	Nutzung der Meere hat zur Ausrottung der Art auf 95 Prozent ihres ursprünglichen Lebensraums geführt
Säugetier	*Prolemur simus*	Großer Bambuslemur	Regenwälder im Süden und Südosten Madagaskars	100 bis 160 Exemplare	Zerstörung des Lebensraums durch Landwirtschaft, Minenbau, illegalen Holzeinschlag
Säugetier	*Propithecus candidus*	Seidensifaka	zwischen den Städten Maroantsetra und Andapa sowie im Marojejy-Nationalpark, Madagaskar	100 bis 1000 Exemplare	Jagd, Störungen des Lebensraums
Reptil	*Psammobates geometricus*	Geometrische Landschildkröte	Western Cape Provinz, Südafrika	unbekannt	Zerstörung des Lebensraums, Prädation
Säugetier	*Pseudoryx nghetinhensis*	Saola	Truong-Son-Gebirge an der Grenze zwischen Vietnam und Laos	unbekannt	Zerstörung des Lebensraums, Jagd
Pflanze	*Psiadia cataractae*	eine Art aus der Familie der Korbblütler	Mauritius	unbekannt	Entwicklungsprojekte, Verdrängung durch invasive Pflanzen
Insekt	*Psorodonotus ebneri*	eine Art Laubheuschrecke	Beydaglari-Gebirge, Antalya, Türkei	unbekannt	Klimawandel, Verlust des Lebensraums
Säugetier	*Pteropus livingstonii*	Livingstone Fruchtfledermaus	Komoren	400 Exemplare	Waldrodungen
Reptil	*Rafetus swinhoei*	Jangtse-Riesenweichschildkröte	Hoan Kiem- und Dong Mo-See, Vietnam; Suzhou Zoo, China	4 Exemplare	Jagd für den Verzehr; Zerstörung von Feuchtgebieten; Umweltverschmutzung

DAS SPERMIUM VON MÄUSEN UND ELEFANTEN

Von beiden Tieren hat die Maus die größeren Spermien! Dieses wissenschaftliche Kuriosum findet eine ganz logische Erklärung: Die Größe eines Säugetiers ist ein entscheidender Faktor bei der Evolution seiner Gameten, seiner Geschlechtszellen. Je größer der Fortpflanzungsapparat des Weibchens ist, umso größer ist die Gefahr für die Spermien, sich auf dem Weg zur Eizelle zu verirren. Darauf reagieren die großen Säugetiere mit der Strategie der Verschwendung und produzieren eine übergroße Anzahl von Spermien, von denen ein Großteil auch vom Weg abkommen kann, ohne dass dies Folgen für die Fortpflanzung hätte. Im umgekehrten Falle sind kleine Tiere eher sparsam bei der Menge des Spermiums, produzieren aber eher große und stabilere Samenzellen, von denen jede einzelne daher eine viel höhere Erfolgsquote hat.

KLASSIFIZIERUNG DER GEFÜHLE

Es sind derart viele, dass man sie gar nicht mehr zählen kann – die Versuche, die seit den ersten antiken Philosophen unternommen wurden, um die Bandbreite der menschlichen Emotionen in ein vereinfachendes Schema zu sortieren. Eine der neuesten und stichhaltigsten Einteilungen beruht auf der psycho-evolutionistischen Theorie des US-amerikanischen Psychologen Robert Plutchik (1927–2006). Sie kann in Form einer Blüte oder eines Rads dargestellt werden und baut sich rund um acht grundlegende Emotionen auf, die als einander gegenüberliegende, gegensätzliche Paare dargestellt sind: Freude und Trauer, Angst und Wut, Abneigung und Vertrauen, Überraschung und Erwartung. Diese Basisemotionen können sich in unterschiedlicher Intensität ausdrücken und sich auch mit anderen verbinden und so weitere Emotionen bilden, die zwischen jedem Blatt der Blüte aufgeführt sind.

Plutchiks Rad der Emotionen

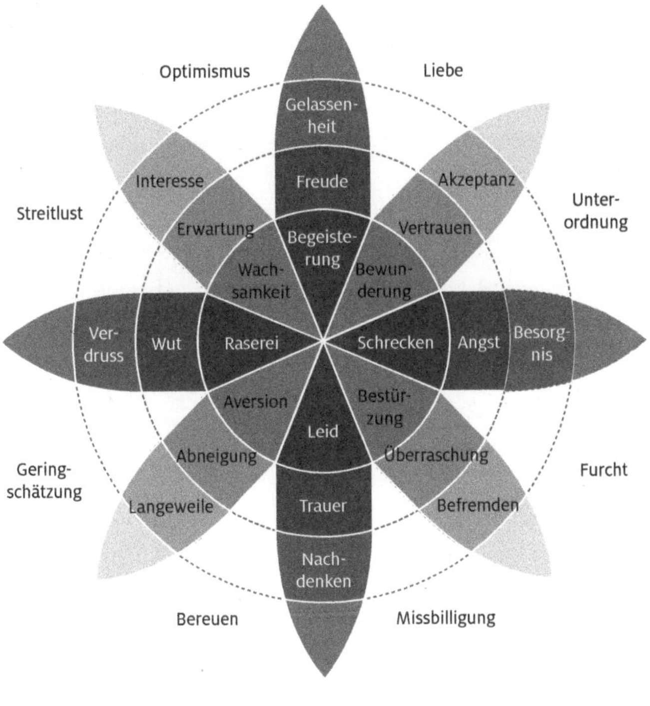

ASTRONOMISCHE EINHEIT

Die Astronomische Einheit, oder auch Astronomische Längeneinheit, wird seit 1958 genutzt, um die Entfernung zwischen zwei Himmelskörpern zu beschreiben. Bis 2012 wurde sie *ua* abgekürzt, für den französischen Ausdruck *unité astronomique*. Doch heute empfiehlt die Internationale Astronomische Union (IAU) die Abkürzung *au* für das englische *astronomical unit*, in der deutschsprachigen Forschung ist häufig noch die Abkürzung *AE* üblich. Sie soll der Entfernung zwischen der Erde und der Sonne entsprechen: Dies ist gezwungenermaßen ein Mittelwert, denn die Umlaufbahn der Erde um die Sonne ist keine perfekte Kreisbahn. Offiziell beträgt die Astronomische Einheit:

149 597 870 700 Meter.

Um es zu vereinfachen, sagt man, dass eine Astronomische Einheit rund 150 Millionen Kilometer sind. Damit lässt sich nun die Entfernung zwischen der Sonne und den anderen Planeten des Sonnensystems ableiten: Merkur ist 0,38 AE von der Sonne entfernt, Venus 0,72 AE, Mars 1,52 AE usw. Am 27. September 2014 war die Sonde *Voyager 1*, die 1977 gestartet ist, 129,14 AE von der Sonne entfernt.

MONOGAME TIERE

Die Monogamie kommt im Tierreich nur selten vor. Und doch gibt es einige Beispiele, von denen wir vieles über die treue Liebe lernen können:

Der Gibbon

Er ist einer der wenigen monogamen Primaten und zudem das Tier, dessen Familienmodell dem unseren noch am nächsten kommt. Seine Gruppe beschränkt sich auf ein eng verbundenes Paar, das seine drei bis vier Kinder gemeinsam aufzieht. Sie haben die Gewohnheit, alle aneinandergedrängt zu schlafen.

Der Schwan

Nach dem Hochzeitstanz, bei dem sich ihre Hälse elegant umeinander winden, machen sich das Männchen und das Weibchen gemeinsam auf, ein Gebiet für die Brut und das Familienleben zu finden. Die Zeit der Zweisamkeit dauert mindestens einige Jahre, nicht selten sogar ein ganzes Leben.

Der Franzosen-Kaiserfisch

Trotz seines Namens ist dies kein Fisch, den man an den Küsten der Bretagne finden könnte; er kommt vor allem in den Tropen und Subtropen vor. In anderen Sprachen heißt er auch »Engelfisch«, eine Bezeichnung, die er durch sein romantisches Verhalten auch verdient hat: Er bleibt seinem Partner ein Leben lang treu.

Der Wolf

Ein Wolfsrudel bildet sich um ein Alphamännchen und ein dominantes Weibchen herum. Ihnen allein gebührt das Privileg, sich fortzupflanzen, alle anderen Tiere der Gruppe verlieren ihre Fähigkeit, sich zu vermehren. Um ihre Macht und Einheit nach außen hin zu zeigen, heult das königliche Paar häufig gemeinsam, wobei das Männchen auf die Flanke des Weibchens steigt.

Der Albatros

Der Albatros kann als Einzelgänger Tausende von Kilometern zurücklegen, doch fliegt er immer wieder an denselben Ort, um sich mit demselben Partner zu paaren.

Die Termite

Während die Ameisenkönigin sich mit einem männlichen Tier fortpflanzt, das kurze Zeit nach dem Akt stirbt, bleiben bei den Termiten die Königin und der König lange genug zusammen am Leben, dass die zwei allein eine ganze Dynastie gründen können. Die Termitenkönigin speichert, ebenso wie die Ameisenkönigin, all die Geschlechtszellen in sich, die sie braucht, um über Jahre hinweg die gesamte Kolonie zu bevölkern.

Der Weißkopfseeadler

Der Wappenvogel der Vereinigten Staaten von Amerika kennt nur dauerhafte Beziehungen. Es sei denn, das Männchen verliert seine Potenz – nur in diesem Ausnahmefall schaut sich das Weibchen woanders um.

Der Rabengeier

Mit seinem Weibchen, von dem er sich niemals trennt, setzt dieser Aasfresser auf die Tugend der verteilten Aufgaben. Nachdem die Eier gelegt sind, bebrüten die Greifvögel abwechselnd das Nest, jeweils für 24 Stunden.

Die Präriewühlmaus

Im Gegensatz zu seiner Cousine, der Wiesenwühlmaus, ist dieser Nager treu. Hat sich das Paar fortgepflanzt, bleiben das Männchen und das Weibchen ein Pärchen. Das Männchen verhindert somit, dass sich andere seiner Frau nähern und hilft ihr bei der Ernährung und Aufzucht der Kleinen.

Die Turteltaube

Im Familiennest, das sie gemeinsam erbaut haben, bleibt das Turteltaubenpaar ein ganzes Leben vereint, was immerhin zwanzig Jahre bedeuten kann. Auch hegt und pflegt es seinen Nachwuchs immer zu zweit.

DREI MINUTEN

So lange können sich im Durchschnitt Kinder und Jugendliche konzentrieren, wie eine Gruppe von Psychologen der California State University in Dominguez Hills 2012 herausfand. Mehrere Hundert Schüler und Studenten sollten sich rund eine Viertelstunde in ihrer gewohnten Umgebung (zu Hause, in der Schule etc.) einer Aufgabe widmen. In fast allen Fällen reichten jedoch wenige Augenblicke, bis ihre Aufmerksamkeit von technischen Geräten in der Nähe abgelenkt wurde: schnell Facebook kontrollieren, einen Blick aufs Smartphone werfen oder kurz Fernsehen schauen. Das Multitasking (die Streuung der Aufmerksamkeit auf unterschiedliche Aufgaben) gilt als einer der Hauptfaktoren für schlechte schulische Leistungen.

WO BEGINNT DAS WELTALL?

Der Weltraum wird traditionell als das Gegenstück zur Erdatmosphäre definiert. Aber natürlich gibt es keine genaue Grenze zwischen den beiden, da die Atmosphäre nach und nach dünner wird. Aus praktischen Gründen haben verschiedene Institutionen eine theoretische Grenze festgelegt, hinter der man das Weltall erreicht. Hier die drei für gewöhnlich am häufigsten angegebenen Höhen:

50 Meilen (etwa 81 Kilometer)

Dies war die erste Definition, auf die man sich geeinigt hatte. Sie wurde von der NACA, der Vorläuferin der NASA, mehr oder weniger beliebig festgesetzt. Die Zahl hatte den Vorteil, rund zu sein. Sie sollte die Höhe angeben, von der man annahm, dass ein Flugzeug höchstens bis hierhin steuerbar war. Und noch heute gilt bei der US Air Force diese Grenze: Ein Pilot, der sie mit seinem Flugzeug überquert, wird mit dem Astronaut Badge ausgezeichnet.

100 Kilometer (Kármán-Linie)

In den 1950er-Jahren legte die Fédération Aéronautique Internationale (FAI – Internationale Aeronautische Vereinigung) diese gleichfalls willkürliche Grenze fest und benannte sie zu Ehren des Physikers Theodore von Kármán. Dieser hatte die Höhe berechnet, in der die Luft nicht mehr dicht genug ist, um den Auftrieb eines Flugzeugs sicherzustellen. Wollte man noch höher fliegen, müsste das Flugzeug weiter beschleunigt werden und in eine Umlaufbahn eintreten. Die 100-Kilometer-Linie ist nur eine bequeme Annäherung an den tatsächlichen Wert und ist bis heute die am häufigsten verwendete Definition.

400 000 Fuß (etwa 122 Kilometer)

Während der Flüge der US-amerikanischen Raumfähren (zwischen 1981 und 2011 waren es 135) hat die NASA ab dieser Höhe den Prozess zum Wiedereintritt in die Erdatmosphäre eingeleitet. Diese Angabe dient zugleich als hilfreicher Bezugspunkt, um die Schwelle zu benennen, ab der die Auswirkungen der Luft (Reibungskräfte) an einem Objekt zu bemerken sind, das auf die Erde zurückkehrt.

ATMOSPHÄRE, ATMOSPHÄRE!

Die Atmosphäre der Erde geht jedoch, wenn man sie in ihrer Gänze betrachtet, weit über diese doch recht geringen Höhen hinaus. Die Wissenschaft hat sich darauf verständigt, sie in fünf große Schichten einzuteilen: die Troposphäre, die Stratosphäre (in der sich auch die Ozonschicht befindet), die Mesosphäre, die Thermosphäre und die Exosphäre (in der Teilchen so selten aufeinandertreffen, dass man diese Ereignisse vernachlässigen kann).

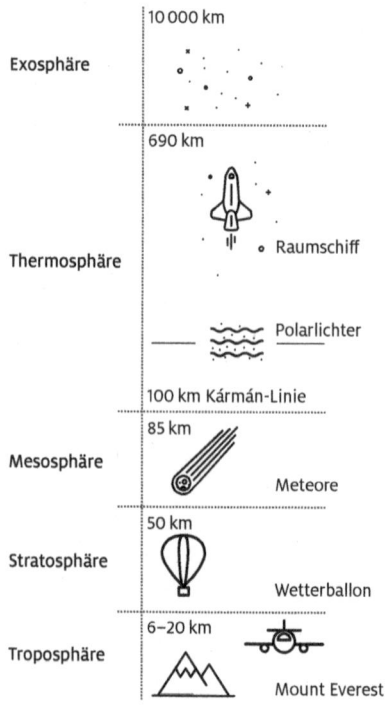

Exosphäre

10 000 km

690 km

Thermosphäre

Raumschiff

Polarlichter

100 km Kármán-Linie

85 km

Mesosphäre

Meteore

50 km

Stratosphäre

Wetterballon

6–20 km

Troposphäre

Mount Everest

DIE BIONIK

Noch immer stellen die Lebewesen der Erde für unsere Ingenieure die größte Inspirationsquelle dar. Im Laufe von Milliarden Jahren Evolution und durch die natürliche Auslese in der Funktion bestätigt, formte das Leben auf unserem Planeten einen großen Schatz an Beispielen dafür, wie man sich an seine Umgebung anpassen kann. Im Folgenden eine kleine Auswahl an natürlichen Inspirationen für den Menschen:

- **Wespennester**, die aus Resten von zerkautem Holz und Klebstoffen erbaut werden, als Vorbild für die Erfindung des Papiers in China im Jahr 105 n. Chr.
- **Die Fledermaus** als Vorbild für Leonardo da Vincis Idee für seine Flugmaschine.
- **Der menschliche Oberschenkelknochen** als Vorbild für die Metallkonstruktion des Eiffelturms.
- **Die Jakobsmuschel** als Vorbild für die Erfindung des Wellblechs in den 1930er-Jahren.
- **Die Früchte der Klette**, die sich an Tierhaaren und Kleidungsstücken anheften, als Vorbild für die Erfindung des Klettverschlusses 1941.
- **Die Schalen der Perlboote** als Vorbild für den Reaktor von U-Booten und, erst vor Kurzem, für eine neue Generation von Ventilatoren.
- **Fledermäuse und Delfine** als Vorbild für die Entwicklung der Echoortung mittels Sonargeräten.
- **Die Blätter des Lotus** als Vorbild für wasserabweisende Oberflächen wie etwa bei Duschwänden.
- **Spinnennetze**, deren Fäden unglaublich stabil und von einer

Seite klebrig, von der anderen Seite glatt sind, als Vorbild für die Verbesserung von Verbandsmaterial, Windschutzscheiben und kugelsicheren Westen.

- **Glühwürmchen** als Vorbild für die Entwicklung heller leuchtender LED-Lampen.
- **Seeigel und Seegurken** als Vorbild für die Entwicklung von Antifaltencrèmes.
- **Die Haut des Hais** als Vorbild bei der Herstellung von Taucheranzügen oder aerodynamischeren Flugzeugen.
- **Fischschwärme** als Vorbild bei der Suche nach der optimalen Position der Turbinen in einem Feld mit Windkraftanlagen.
- **Die antireflektierenden Augen der Nachtfalter** als Vorbild für den Bau noch effizienterer Solaranlagen.
- **Die Muschel** als Vorbild bei der Herstellung von Klebstoff, der auch in salzigem Milieu funktioniert (wie im Inneren unseres Körpers).
- **Katzenpfoten** als Vorbild für die Verbesserung der Bremsleistung von Reifen.
- **Termitenhügel**, die selbst bei drückender Hitze im Innern kühl bleiben und nachts die Wärme wieder abgeben, als Vorbild für den Bau eines Einkaufszentrums in Simbabwe 1996.
- **Der Rüssel einer Mücke** als Vorbild bei der Entwicklung von medizinischen Nadeln, die keine Schmerzen verursachen.
- **Der Stenocara- oder Nebeltrinker-Käfer aus Namibia**, der Feuchtigkeit aus dem Nebel auf seinem Rückenpanzer sammelt, als Vorbild für die Entwicklung von wasserabweisenden Materialien.
- **Die Finger des Geckos** als Vorbild bei der Suche nach anhaftenden Materialien, die sich immer wieder neu positionieren lassen.

- **Die eingedellten Flossen von Walen** als Vorbild für den Versuch, den Lärm von Windkraftanlagen zu reduzieren.
- **Bienenstöcke** als Vorbild bei der Produktion von wabenförmigen Fahrzeugrädern, die widerstandsfähiger und leiser sind.
- **Pfauenfedern** als Vorbild für die Entwicklung von Werbetafeln, deren Anzeige sich je nach dem Aufkommen von ultraviolettem Licht verändert.
- **Vogelnester** als Vorbild für den Bau des chinesischen Nationalstadions in Peking 2008.
- **Eulenfedern** als Vorbild beim Bemühen, den Shinkansen (den japanischen ICE) noch leiser zu machen.
- **Der Schnabel des Eisvogels** als Vorbild beim Versuch, eben diesen Shinkansen noch aerodynamischer zu machen.
- **Bienen** als Vorbild für die Entwicklung von winzigen fliegenden Spionagerobotern.
- **Libellen** als Vorbild für die Erfindung von Mikrodrohnen.
- **Der Dornteufel**, der mit seiner Haut das in der Luft vorhandene Wasser sammelt, als Vorbild, damit wir auch eines Tages beim Spaziergang durch die Wüste von unseren Füßen trinken können.

ERFINDUNGEN, DIE DEN LAUF DER GESCHICHTE VERÄNDERT HABEN

Man sollte bei der folgenden Liste im Hinterkopf behalten, dass eine Erfindung nur selten von einem einzigen und alleinigen Erfinder stammt: Sie ist das Ergebnis einer Reihe von Bemühungen und Entdeckungen, das mehreren Ingenieuren und Wissenschaftlern zu verdanken ist. So wurde beispielsweise das Fernsehen keineswegs eines Tages aus dem Nichts heraus erfunden. Ein Erfinder kann nicht viel mehr sein als derjenige, dem die entscheidende Verbesserung gelingt oder der mehrere bereits existierende Entdeckungen zusammensetzt.

Zudem ist es schwierig, in den Zeiten vor dem 19. Jahrhundert, als das »Patentfieber« ausbrach, die Urheberschaft einer Erfindung mit Sicherheit zuzuordnen. Die Quellen beschränken sich möglicherweise auf ein paar Zeugenaussagen, vielleicht sogar nur auf Bekundungen von Interessierten. Zudem vermischt sich die Geschichte gern mit Legenden. Es wurde aber auch nicht alles besser, als man anfing, systematisch Patente auszustellen. Sobald eine neue Technik in der Luft liegt, kann sich ihre schlussendliche Umsetzung fast zeitgleich an mehreren Orten ereignen. Die Erfinder liefern sich dann Wettrennen und klagen sich gegenseitig des Plagiats an. 2002 haben die USA offiziell Antonio Meucci als wahren Erfinder des Telefons anerkannt. Alexander Graham Bell hatte dem aus Italien nach New York eingewanderten Erfinder das Patent entrissen.

Aus all diesen Gründen kann die hier folgende Chronologie historischen Ansprüchen nur bedingt genügen. Sie möchte auch nicht mehr als einen Überblick geben über das große Abenteuer der menschlichen Erfindungen.

Datum	Erfindung	Erfinder	Land oder Region der Erde
Zwischen 800 000 und 400 000 v. Chr.	die Zähmung des Feuers		
Zwischen 420 000 und 300 000 v. Chr.	die ersten Spuren von Beerdigungsriten		
Etwa 150 000 v. Chr.	die Sprache		
Etwa 10 000 v. Chr.	die Landwirtschaft		Naher Osten
Etwa 4500 v. Chr.	die Seife		Mesopotamien
Etwa 4000 v. Chr.	das Rad		
Etwa 4000 v. Chr.	die Eisenverhüttung		
Etwa 3300 v. Chr.	die Schrift		Mesopotamien
Etwa 2400 v. Chr.	die Toilette mit Wasserabfluss		Industal (indischer Subkontinent)
Etwa 1200 v. Chr.	das phönizische Alphabet		Phönizien (Libanon)
Etwa 750 v. Chr.	die attische Demokratie		Griechenland
7. Jahrhundert v. Chr.	die Geldmünze aus Metall		Lydien (Kleinasien)
6. Jahrhundert v. Chr.	die Sonnenuhr	Anaximander	Griechenland
Etwa 300 v. Chr.	die Geometrie	Euklid	Griechenland
3. Jahrhundert v. Chr.	die Null		Mesopotamien
3. Jahrhundert v. Chr.	die Schraube	Archimedes	Sizilien (Großgriechenland)
2. Jahrhundert v. Chr.	das Astrolabium	Hipparchos	Griechenland

2. Jahrhundert v. Chr.	das Papier		China
1. Jahrhundert v. Chr.	die Schubkarre		China
7. Jahrhundert	das Schießpulver		China
Etwa 984	die Schiffsschleuse		China
Etwa 1000	der Kompass		China
12. Jahrhundert	das Steuerruder		Arabien
12. Jahrhundert	das Vergrößerungsglas	Robert Grosseteste	England
12. Jahrhundert	die Kanone		China
1450	die Druckerpresse mit beweglichen Lettern	Johannes Gutenberg	Deutschland
1500	der erste Kaiserschnitt		Schweiz
1590	das Mikroskop	Zacharias Janssen	Niederlande
1595	die Wasserspülung	John Harington	England
1608	das Fernrohr	Hans Lippershey	Niederlande
1612	das Thermometer	Santorio Santorio	Italien
1642	die Rechenmaschine	Blaise Pascal	Frankreich
1710	das Klavier	Bartolomeo Cristofori	Italien
1712	die Dampfmaschine	Thomas Newcomen	Großbritannien
1752	der Blitzableiter	Benjamin Franklin	Vereinigte Staaten von Amerika
1769	das erste Automobil	Nicolas Joseph Cugnot	Frankreich
1775	das U-Boot	David Bushnell	Vereinigte Staaten von Amerika
1783	das Leuchtgas	Jan Pieter Minckelers	Limburg (Niederlande)
1795	die Konservendose	Nicolas Appert	Frankreich
1796	die Pockenschutzimpfung	Edward Jenner	Großbritannien
1800	die hydroelektrische Batterie	Alessandro Volta	Italien
1813	das Fahrrad (»Veloziped«)	Karl Drais	Deutschland
1814	die Lokomotive	George Stephenson	Großbritannien
1818	die erste Bluttransfusion von Mensch zu Mensch	James Blundell	Großbritannien
1821	das Prinzip des Elektromotors	Michael Faraday	Großbritannien
1826	die Fotografie	Nicéphore Niépce	Frankreich

1829	die Schreibmaschine	William Austin Burt	Vereinigte Staaten von Amerika
1845	der Gummireifen	Robert William Thomson	Vereinigte Staaten von Amerika
1853	das Aspirin	Charles Gerhardt	Frankreich
1855	das Kondom (aus Kautschuk)	Charles Goodyear	Vereinigte Staaten von Amerika
1857	der erste Flug mit einem Flugzeug	Félix du Temple	Frankreich
1857	das Toilettenpapier	Joseph Gayetty	Vereinigte Staaten von Amerika
1865	die Pasteurisierung	Louis Pasteur	Frankreich
1876	das Telefon (Patent)	Alexander Graham Bell	Vereinigte Staaten von Amerika
1876	der moderne Kühlschrank	Carl von Linde	Deutschland
1879	die Glühbirne mit Glühfaden	Joseph Swan	Großbritannien
1885	die Tollwutschutzimpfung	Louis Pasteur	Frankreich
1895	die Röntgenstrahlen	Wilhelm Röntgen	Deutschland
1917	der Laser	Albert Einstein	Deutschland
1921	die Tuberkuloseschutzimpfung (BCG)	Albert Calmette und Camille Guérin	Frankreich
1925	das Einfrieren von Lebensmitteln	Clarence Birdseye	Vereinigte Staaten von Amerika
1928	das Penizillin	Alexander Fleming	Großbritannien
1930	der Klebestreifen	Richard Drew	Vereinigte Staaten von Amerika
1931	das Elektronenmikroskop	Ernst Ruska, Max Knoll	Deutschland
1934	die künstliche Radioaktivität	Irène und Frédéric Joliot-Curie	Frankreich
1939	der erste Flug mit einem Düsenflugzeug	Hans von Ohain	Deutschland
1939	das DDT (Insektizid)	Paul Hermann Müller	Schweiz
1941	die Entdeckung des Elements Plutonium	Glenn Seaborg, Edwin McMillan, Joseph William Kennedy und Arthur Wahl	Vereinigte Staaten von Amerika
1942	der Chicago Pile (der erste Kernreaktor)	Enrico Fermi	Vereinigte Staaten von Amerika
1945	die Atombombe	Robert Oppenheimer	Vereinigte Staaten von Amerika
1952	die Wasserstoffbombe	Edward Teller und Stanislaw Ulam	Vereinigte Staaten von Amerika

1953	die Entdeckung der DNS-Struktur (Doppelhelix)	James Watson und Francis Crick	Großbritannien und Vereinigte Staaten von Amerika
1954	die Polioschutzimpfung	Jonas Salk	Vereinigte Staaten von Amerika
1956	die Antibabypille	Gregory Pincus und John Rock	Vereinigte Staaten von Amerika
1965	die E-Mail		Vereinigte Staaten von Amerika
1967	die erste Herztransplantation	Christiaan Barnard	Südafrika
1968	die erste vollständige Synthese eines Gens	Har Gobind Khorana	Vereinigte Staaten von Amerika
1969	das Arpanet (der Vorläufer des Internets)		Vereinigte Staaten von Amerika
1969	das erste künstliche Herz	Denton Cooley	Vereinigte Staaten von Amerika
1973	das Mobiltelefon	Martin Cooper	Vereinigte Staaten von Amerika
1974	die Chipkarte	Roland Moreno	Frankreich
1975	die Glasfaser	Bell Laboratories	Vereinigte Staaten von Amerika
1977	die erste In-vitro-Fertilisation	Patrick Steptoe und Bob Edwards	Großbritannien
1978	das GPS	US-amerikanisches Verteidigungsministerium	Vereinigte Staaten von Amerika
1983	die Entdeckung des HI-Virus	Jean-Claude Chermann	Frankreich
1988	die Abtreibungspille	Étienne-Émile Baulieu	Frankreich
1989	das World Wide Web	Tim Berners-Lee und Robert Cailliau	CERN (Genf)
1998	der MP3-Player	Mpman	Südkorea
2004	Facebook	Mark Zuckerberg	Vereinigte Staaten von Amerika
2006	Twitter	Jack Dorsey, Evan Williams, Biz Stone und Noah Glass	Vereinigte Staaten von Amerika

WAS IST EIN JAHRHUNDERT-HOCHWASSER?

Darunter versteht man nicht, dass sich ein Hochwasser alle 100 Jahre wiederholt, sondern ein Hochwasser, das mit einer Wahrscheinlichkeit von 1 zu 100 jedes Jahr auftreten kann. Diese Wahrscheinlichkeit ist jedes Jahr dieselbe, der Zufall hat kein Gedächtnis. Das heißt, dass im Laufe eines Menschenlebens die Wahrscheinlichkeit, eine solche Flut zu erleben, bei eins zu anderthalb liegt. Prag scheint dabei eine Ausnahme zu bilden, denn die Stadt hat zwischen 2000 und 2010 gleich zwei Hochwasser erlebt. Diese Beschreibung hängt jedoch notwendigerweise von dem Ort ab, um den es geht: In Frankreich gilt als Bezugspunkt das Jahrhunderthochwasser der Seine im Jahr 1910, das rund vier Wochen dauerte. Von diesem Ereignis ausgehend, bestimmt die Stadtverwaltung von Paris ihre Prävention. Ein Anstieg des Wasserspiegels, der erneut diese Höhe erreichen würde, könnte die gesamte Hauptstadt lahmlegen. Man schätzt heute, dass bei einem solchen Hochwasser 1,5 Millionen Menschen keine Elektrizität mehr hätten, fünf Millionen Menschen kein Trinkwasser mehr zur Verfügung stünde und mindestens 400 000 Menschen ihren Arbeitsplatz verlieren könnten. Seit 2016 strahlt die Stadt Paris daher eine Videobotschaft aus, die auf dramatische Weise fragt: »Sind Sie bereit, sich dieser Flut zu stellen?« Also, wer hat Angst vor dem Jahrhunderthochwasser?

DIE HÖCHSTEN WELLEN AUF UNSEREM BLAUEN PLANETEN

Man dachte bisher, die höchsten Wellen seien jene Monsterwellen, die als Wasserwände mit 20 bis 35 Metern Höhe der Albtraum eines jeden Seemanns sind. Das ist jedoch nichts im Vergleich zu jenen Wellen, die Ozeanografen des Massachusetts Institute of Technology (MIT) seit 2015 studieren und die bis zu 500 Meter hoch werden können. Es ist jedoch schwer, sie als solche zu beobachten, denn es handelt sich um Unterwasserwellen. Als echte »interne Wellen«, die sich sehr langsam fortbewegen, dafür aber unglaublich große Mengen an Energie freisetzen, entstehen sie durch Druckunterschiede zwischen den unterschiedlichen Wasserschichten, aus denen sich ein Ozean zusammensetzt. Die Forschungen des MIT haben ein klares Ziel: Diese Wellen stellen eine mögliche Gefahr für alle Offshore-Förderanlagen dar und gelten zugleich bei der weiteren Nutzung von erneuerbaren Energien als bislang unentdecktes Potenzial.

WIE LANGE LEBEN DIE TIERE?

Die Grafik rechts bietet einen Überblick über die durchschnittliche Lebenserwartung einiger Tiere. Berechnet wurden die Zahlen anhand von Untersuchungen, die Tierparks und auf wild lebende Tiere spezialisierte Biologen angestellt haben.

Einige Exemplare, die ein außergewöhnlich langes Leben haben, leben dabei deutlich länger als hier im Durchschnitt angegeben. Das älteste je entdeckte Tier war eine Islandmuschel *Arctica is-*

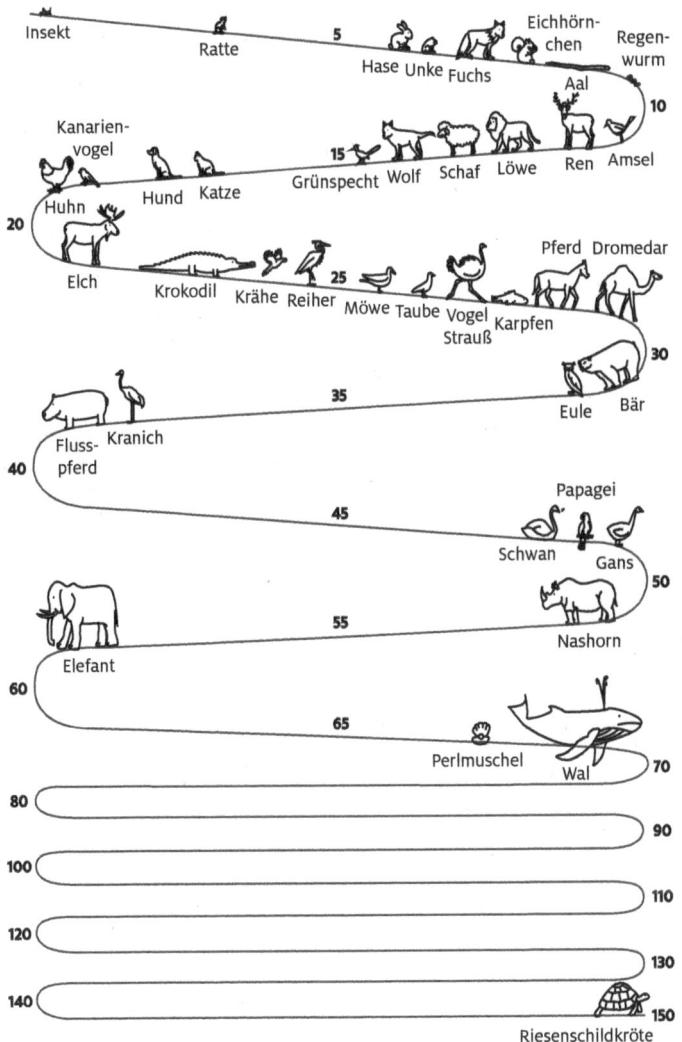

Insekt

Ratte

5

Hase Unke Fuchs

Eichhörn-chen

Regen-wurm

Aal

10

Kanarien-vogel

15

Grünspecht Wolf Schaf Löwe

Ren Amsel

Huhn Hund Katze

20

Elch

Krokodil Krähe Reiher Möwe Taube Vogel Strauß Karpfen

25

Pferd Dromedar

30

Eule Bär

Fluss-pferd Kranich

35

40

Papagei

45

Schwan Gans

50

Elefant

55

Nashorn

60

65

Perlmuschel Wal

70

80

90

100

110

120

130

140

150

Riesenschildkröte

landica, deren Alter auf 507 Jahre geschätzt wurde. (Auf diese Zahl kam man mithilfe der Sklerochronologie, einer Technik, die, vereinfacht gesagt, die Wachstumsstreifen auf der Muschelschale zählt.) Diese ehrwürdige Islandmuschel bekam den Namen Ming nach jener chinesischen Kaiserdynastie, unter deren Herrschaft sie zur Welt kam. 2006 starb Ming, nachdem man sie in einem Labor der walisischen Bangor University falsch behandelt hatte. Es wird immer schwieriger, mehrere hundert Jahre alte Muscheln an unseren Ufern zu finden, denn sie fallen zunehmend der Überfischung und Umweltverschmutzung zum Opfer. Ein prominenter Vertreter des Ältestenrats im Tierreich, die Riesenschildkröte Jonathan, lebt im Garten des Gouverneurs der Insel Sankt Helena: Er dürfte rund 185 Jahre als sein und strotzt vor Gesundheit. Er hat den Titel als älteste Schildkröte der Welt im Jahr 2006 geerbt, als Adwaita, eine Aldabra-Riesenschildkröte, im Alter von 256 Jahren verstarb. Sie war also 1750 auf die Welt gekommen! Japanische Koi-Karpfen sind ebenfalls dafür bekannt, sehr lange zu leben: Der Fisch Hanako, der 1977 verstarb, gilt mit seinen 226 Jahren als ältester der Welt. Im Jahr 2001 haben Forscher der University of Alaska Untersuchungen an Harpunspitzen von Inuit durchgeführt, die aus dem 19. Jahrhundert stammten. Anhand der Blutspuren konnten die Wissenschaftler feststellen, dass diese Jäger einen Wal erlegt hatten, der auf rund 211 Lebensjahre kam. Das würde ihn zu dem ältesten bekannten Säugetier machen. Man sollte jedoch nicht vergessen, dass auch diese jahrhundertealten Kreaturen von einer unfairen Konkurrentin locker geschlagen werden: Eine Qualle hat möglicherweise einen Weg zur Unsterblichkeit gefunden.

DIE VERGESSENE ÖLPEST
IN NIGERIA

Seit fünfzig Jahren ergießt sich in einem unaufhörlichen Schwall Rohöl in das Niger-Delta. Diese Region gehört zu den weltweit größten Erdöllagerstätten. Über Kilometer hinweg verteilen sich im Flussdelta von Rost angefressene oder gleich gänzlich aufgeplatzte Ölpipelines, aus denen ohne Pause literweise das schwarze Gold heraussprudelt. Die Bewohner der Region machen die Erdöl fördernden Firmen dafür verantwortlich, dass die Leitungen nicht instand gehalten werden, wohingegen die großen Produzenten (die fast ausschließlich aus den USA, Großbritannien und Frankreich stammen) die Verantwortung bei regionalen Rebellengruppen suchen, die man der Sabotage verdächtigt. Das Ergebnis ist nichts weniger als die schlimmste ökologische und gesundheitsgefährdende Katastrophe, die jemals im Zusammenhang mit der Förderung von Kraftstoffen aufgetreten ist. Laut Amnesty International haben sich dort in den letzten fünfzig Jahren rund 1 200 000 Tonnen Erdöl im Meer, dem Sumpf und auf dem Festland verteilt. Das heißt Jahr für Jahr genauso viel wie bei der durch den Öltanker *Erika* 1999 vor der Bretagne verursachten Ölpest. Problematisch ist dabei nicht nur, dass die Flüsse vom Heizöl verseucht werden: Auch die lokale Bevölkerung, die zum Großteil vom Fischfang und der Landwirtschaft lebt, gehört zu den ersten Opfern. Ihre Lebenserwartung ging in nur zwei Generationen auf 40 Jahre zurück. Wissenschaftler schätzen, dass es 25 bis 30 Jahre dauern würde, bis nach einer Entgiftung wieder eine lebensfähige Natur mit trinkbarem Wasser entstehen könnte. Und man hat noch nicht einmal mit den Arbeiten begonnen.

Biologie II: Phytologie / Botanik, die Wissenschaft von den Pflanzen

- Dendrologie: Wissenschaft von den Bäumen
  - Xylologie: Wissenschaft von den Holzarten
- Palynologie: Wissenschaft von den Pollen
- Agrostologie: Wissenschaft von den Gräsern
- Ampelografie: Wissenschaft von den Reben
- Pomologie: Wissenschaft vom Obstbau
- Geobotanik: Wissenschaft von den Pflanzengemeinschaften
- Bryologie: Wissenschaft von den Moosen
- Hydrobotanik: Wissenschaft von den Wasserpflanzen
- Herbologie: Wissenschaft von den Heilpflanzen

Biologie III: Andere biologische Disziplinen

- Mykologie: Wissenschaft von den Pilzen
- Lichenologie: Wissenschaft von den Flechten
- Mikrobiologie: Wissenschaft von den Mikroorganismen (Hefen, Mikroben etc.)
  - Bakteriologie: Wissenschaft von den Bakterien
- Zytologie: Wissenschaft von den Zellen
  - Zytomorphologie: Wissenschaft von der Form der Zellen
  - Karyologie: Wissenschaft vom Zellkern
  - Enzymologie: Wissenschaft von den Enzymen
- Auxologie: Wissenschaft vom Wachstum der Lebewesen
- Genetik: Wissenschaft von der Fortpflanzung und Vererbung
- Chronobiologie: Wissenschaft von der Zeitstruktur bei Lebewesen

- Somnologie (auch Hypnologie): Wissenschaft vom Schlaf
- Phänologie: Wissenschaft von den periodisch wieder-
  kehrenden Prozessen bei Lebewesen (Pflanzenblüte,
  Vogelwanderung etc.)
- Chorologie: Wissenschaft von der räumlichen Verteilung
  von Lebewesen
- Synökologie: Wissenschaft von dem Verhältnis zwischen
  unterschiedlichen Arten eines Ökosystems
- Ökologie (früher auch Mesologie): Wissenschaft von den
  Beziehungen zwischen Lebewesen und ihrer (unbelebten)
  Umwelt
- Ökotoxikologie: Wissenschaft von der Auswirkung der
  Umweltverschmutzung auf die Natur
- Aktinologie: Wissenschaft von den Auswirkungen von
  Strahlung auf Lebewesen
- Exobiologie: Wissenschaft von den notwendigen Bedingun-
  gen für das Auftauchen von Leben (auf der Erde und im Rest
  des Universums)
- Koprologie: Wissenschaft von den Exkrementen

Wissenschaften vom Universum und der Erde

- Kosmologie: Wissenschaft von der Natur und Struktur
  des Weltalls
- Heliologie: Wissenschaft von der Sonne
- Planetologie: Wissenschaft von den Planeten
  - Hermeologie: Wissenschaft vom Planeten Merkur
  - Zytherologie: Wissenschaft vom Planeten Venus
  - Selenologie: Wissenschaft vom Erdmond
  - Areologie: Wissenschaft vom Planeten Mars
  - Zenologie: Wissenschaft vom Planeten Jupiter

- Kronologie: Wissenschaft vom Planeten Saturn
- Uranologie: Wissenschaft vom Planeten Uranus
- Poseidologie: Wissenschaft vom Planeten Neptun
- Hadeologie: Wissenschaft vom Zwergplaneten Pluto
- Exoplanetologie: Wissenschaft von den Planeten außerhalb des Sonnensystems
- Geologie: Wissenschaft von der Erde
  - Aerologie: Wissenschaft von der Atmosphäre
    - Meteorologie: Wissenschaft vom Wetter (Temperatur, Winde, Niederschläge etc.)
      - Klimatologie: Wissenschaft vom Klima (Meteorologie auf lange Sicht)
    - Nephologie: Wissenschaft von den Wolken
    - Brontologie: Wissenschaft von den Gewittern
  - Pedologie: Wissenschaft von den Böden
    - Edaphologie (oder Agrologie): Wissenschaft von den Böden als Lebensraum von Pflanzen
    - Agrologie: Wissenschaft von den Böden im Kontext der Landwirtschaft
  - Geomorphologie: Wissenschaft von den Landformen
    - Karstologie: Wissenschaft vom Karst
    - Speläologie: Wissenschaft von den Grotten und Höhlen
  - Petrologie: Wissenschaft von den Gesteinen
    - Sedimentologie: Wissenschaft von den Sedimenten
    - Mineralogie: Wissenschaft von den Mineralien
      - Gemmologie: Wissenschaft von den Edelsteinen
  - Vulkanologie: Wissenschaft von den Vulkanen
  - Seismologie: Wissenschaft von den Erdbeben
  - Hydrologie: Wissenschaft vom Wasser
  - Hydrogeologie: Wissenschaft vom unterirdischen Wasser

- Limnologie: Wissenschaft von den Seen
- Potamologie: Wissenschaft von den Flüssen und Bächen
- Ozeanologie: Wissenschaft von den maritimen Umgebungen
- Glaziologie: Wissenschaft vom Packeis und den Gletschern
- Ufologie: (Pseudo-)Wissenschaft von den Ufos und der Suche nach Außerirdischen
- Cerealogie: (Pseudo-)Wissenschaft von den Kornkreisen (den angeblich von Außerirdischen in Kornfeldern angelegten Mustern)

WIE VIELE MENSCHEN HABEN BISLANG AUF DER ERDE GELEBT?

80 Milliarden. So lautet zumindest die letzte Hochrechnung jener Demografen, die es gewagt haben, die Gesamtzahl der Menschen zu bestimmen, die seit dem Auftauchen unserer Art geboren wurden. Das Ergebnis kann nur ein Schätzwert sein, schließlich sind die Daten, die uns zur Berechnung der antiken und besonders der prähistorischen Bevölkerungen zur Verfügung stehen, eher mager. Eine Tendenz lässt sich dennoch erkennen: Die Hälfte dieser Menschen hat in den letzten 2000 Jahren gelebt. Und das, obwohl wir schon mehr als 200 000 Jahre alt sind! Und noch beeindruckender: Einer von fünf Menschen ist zwischen dem 19. Jahrhundert und heute geboren, und fast einer von zehn wird im Jahr 2025 noch auf der Welt sein.

KERNSPALTUNG UND KERNSCHMELZE

Die Spaltung und die Fusion sind zwei unterschiedliche Arten, um Atomenergie zu produzieren.

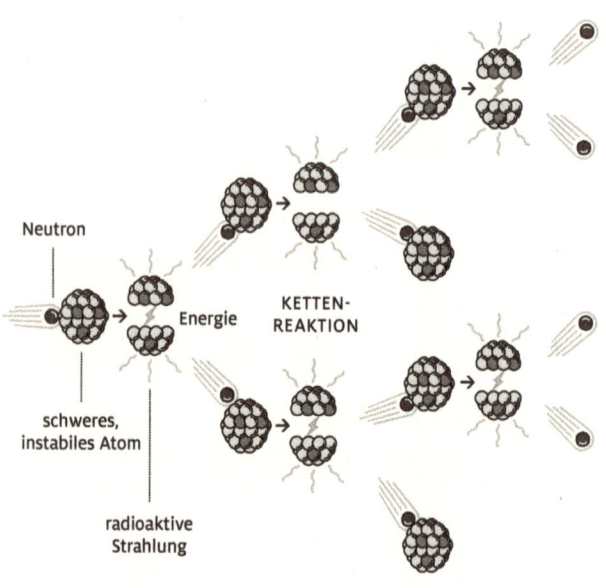

- Die **Kernspaltung** meint die Zerlegung eines schweren und instabilen Kerns in zwei leichtere Kerne. Dieses Auseinanderbrechen setzt Wärme und damit Energie frei. Das einzige natürlich vorkommende spaltbare Element ist Uran-235. Man beschießt zur Spaltung den Urankern mit einem Neutron, um ihn in zwei Teile aufzusprengen, wobei eine gigantische Menge an Energie freigesetzt wird. Ein Gramm Uran-235 genügt, um die gleiche Menge an Energie zu erzeugen wie das

Verbrennen von mehreren Tonnen Kohle. Neben der radio-aktiven Strahlung produziert die Kernspaltung auch noch weitere Neutronen, die wiederum selbst für die Aufspaltung weiterer Urankerne sorgen: Man hat eine Kettenreaktion in Gang gesetzt.

In unseren Atomreaktoren wird die Anzahl der Neutronen kontrolliert, um zu verhindern, dass die Reaktion außer Kontrolle gerät. Man bezeichnet die Reaktion daher auch als selbsterhaltend. Lässt man die Anzahl der Neutronen bis ins Unendliche steigen, kommt es zu einer explosiven Reaktion: So funktioniert eine Atombombe.

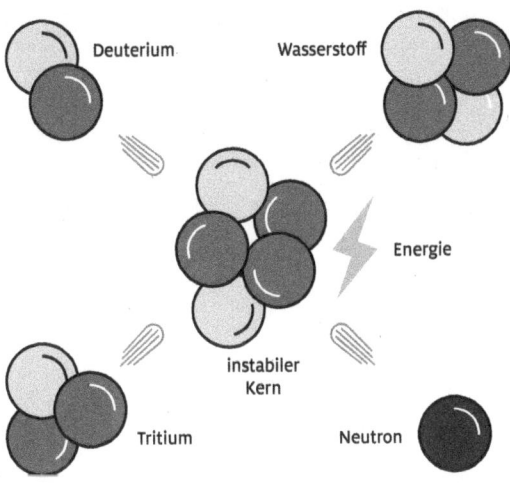

- Die **Kernschmelze** (auch Kernfusion) meint das Verschmelzen von zwei leichten Atomen (in diesem Fall von Tritium und Deuterium, den Isotopen des Wasserstoffs), bis diese sich zu einem schweren Kern vereint haben. Dazu muss man die Materie sehr hoch erhitzen, auf Temperaturen von etwa 100 Millionen Grad Celsius. Solche Reaktionen laufen unablässig im Innern der Sonne ab. Der neu entstandene Kern strebt danach, einen stabilen Zustand zu erreichen, und stößt dazu ein Helium-Atom (und dann ein Neutron) ab: Von hier stammt die freiwerdende Energie, die zehn Mal höher ist als jene, die bei einer Kernspaltung entsteht. Diesen Mechanismus nutzte man auch bei der Entwicklung der Wasserstoffbombe.

WIE VIEL WIEGT EINE WOLKE?

Da sie so ähnlich aussehen wie ein Wattebausch, wirken Wolken, als würden sie fast nichts wiegen. Dabei bringt schon eine kleine Cumulus-Wolke rund 500 Tonnen Wasser auf die Waage, eine große auch mal eine Million Tonnen. Zu jedem Augenblick enthält die Erdatmosphäre 12 000 km³ Wasser in Form von Dampf und Wolken: Das ist genug, um das gesamte Festland des Globus mit einer zwei Zentimeter hohen Wasserschicht zu überfluten.

KLASSIFIZIERUNG
VON WOLKEN

Cirrus

Einzelne Wolken in Form von weißen und feinen Fäden oder als Schichten oder gerade Bänder, die weiß oder zumindest größtenteils weiß sind. Diese Wolken wirken faserartig (wie Haare), können aber auch ein seidiges Aussehen annehmen oder eine Mischung aus beidem.

Cirrocumulus

Flecken, Felder oder kleine Schichten weißer Wolken ohne Eigenschatten, die sich aus sehr kleinen Elementen in Form von Körnchen, Falten etc. zusammensetzen. Sie können zusammenhängen, müssen aber nicht, und weisen eine mehr oder weniger regelmäßige Form auf. Ein Großteil der Cirrocumuli wirkt schmaler als ein Grad (in etwa so breit wie der kleine Finger bei ausgestrecktem Arm).

Cirrostratus

Transparenter oder weißlicher Wolkenschleier, der faserartig (wie Haare) oder auch glatt wirkt und den Himmel großflächig oder teilweise bedeckt. Cirrostratus-Wolken sorgen grundsätzlich für Halo-Effekte, vor allem rund um den Mond.

Dies sind die Wolken aus den höchsten Schichten. Sie treten in unseren Breiten in sechs bis 13 Kilometern Höhe auf. Sie setzen sich aus Eiskristallen zusammen.

Altocumulus

Flecken, Felder oder Schichten grauer, weißer oder grau-weißer Wolken, die im Allgemeinen einen Eigenschatten haben und aus Lamellen, Ballen, Walzen etc. zusammengesetzt sind. Sie können teilweise faserig oder diffus aussehen und kommen sowohl zusammengewachsen als auch einzeln vor. Ein Großteil der regelmäßig angeordneten Wolken hat eine Breite zwischen einem und fünf Grad (fünf Grad entsprechen der Breite von drei Fingern am ausgestreckten Arm).

Altostratus

Gräuliche oder bläuliche Wolkenfelder oder Wolkenschichten mit gestreiftem, faserigem oder einförmigem Aussehen, die den Himmel vollständig oder nur teilweise bedecken und gelegentlich ausreichend klein sind, um das Sonnenlicht zumindest vage durchzulassen, als würde es durch ein satiniertes Glas scheinen. Bei Altostratus bilden sich keine Halo-Effekte, dafür kann es zu (mehr oder weniger dauerhaftem) Regen oder Schneefall kommen, auch Eisregen ist möglich.

Man findet diese Wolken in zwei bis sieben Kilometern Höhe. Sie setzen sich vor allem aus Wassertröpfchen zusammen.

Stratocumulus	Stratus
Graue oder weißliche Flecken, Felder oder Schichten, gelegentlich auch grau-weißlich, die jedoch fast immer dunkle Bereiche aufweisen und aus Platten, Ballen, Walzen etc. zusammengesetzt sind.	Eine meist graue, ziemlich einförmige Wolkendecke, aus der Nieselregen oder Schneegriesel fallen kann. Wenn die Sonne durch die Wolkenschicht sichtbar ist, lässt sich ihr Umriss deutlich erkennen. Stratus sorgt, außer bei sehr niedrigen Temperaturen, nicht für Halo-Effekte. Die Wolken zeigen sich auch in Form von zerrissenen Schwaden.

Dies sind die tiefen Wolken, die sich bis in zwei Kilometern Höhe formen. Wenn sie den Boden berühren, bildet sich Nebel.

Nimbostratus	Cumulus	Cumulonimbus
Graue, oft dunkle Wolkendecke, die durch die mehr oder weniger dauerhaften Regen- und Schneefälle, die meist auch den Boden erreichen, unscharf wirkt. Diese Wolkenschicht ist so dick, dass die Sonne dahinter vollständig verdeckt wird. Unter dieser Decke bilden sich häufig schwer zu erkennende tiefe und zerrissene Wolken (Pannus), die sich mit der Wolkenschicht verbinden können.	Einzelne Wolken, die in der Regel dicht und mit klaren Grenzen versehen sind, die sich vertikal in Form von Hügeln, Kuppeln oder Türmen entwickeln und deren obere knospende Seite häufig an Blumenkohl erinnert. Die von der Sonne beschienenen Wolkenteile sind meist von einem strahlenden Weiß; ihr unterer Teil, der fast horizontal verläuft, ist hingegen vergleichsweise dunkel. Cumulus-Wolken sind des Öfteren auch zerrissen (Wolkenart Fractus).	Eine dichte und mächtige Wolke, die sich in Form eines Bergs oder großer Türme vertikal ausbreitet. Zumindest ein Teil ihres oberen Bereichs ist in der Regel glatt, faserig oder streifig und fast immer sichtbar; dieser Abschnitt breitet sich in Form eines Amboss oder großen Busches aus. Unterhalb der Wolkenunterseite, die häufig eher dunkel ist (was sie von der Nimbostratus-Wolke unterscheidet, die aus dem Inneren heraus leuchtet, wenn man sich unter ihr befindet), tauchen öfter niedrige, zerrissene Wolken auf, die sich mit der Cumulonimbus verbinden können. Hier sind Niederschläge aller Art möglich. Bei Gewittern handelt es sich ganz sicher um eine Cumulonimbus.

Diese Wolken entwickeln sich vertikal und können dabei mehrere Ebenen gleichzeitig ausfüllen.

Die hier vorgestellten Wolken umfassen nur die zehn internationalen Wolkengattungen. Die exakte Bestimmung einer Wolke umfasst für den Meteorologen zudem auch die Wolkenart (fibratus, uncinus etc.), ihre Unterarten (intortus, vertebratus etc.) sowie ihre Begleitwolken und Sonderformen (virga, praecipitatio etc.). So kommt man bei der Bestimmung auf Hunderte von möglichen Kombinationen.

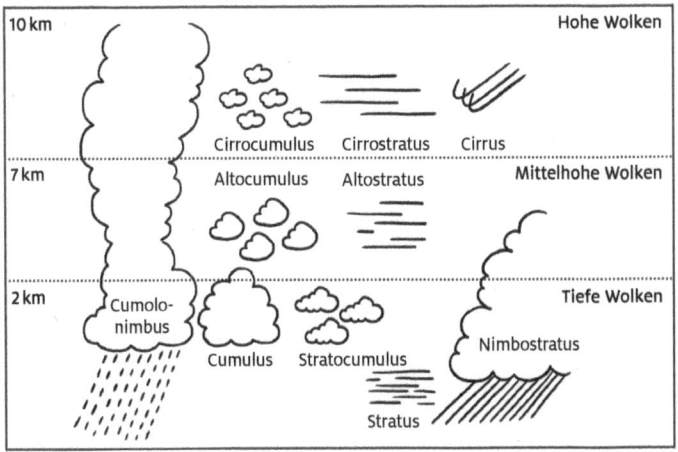

ELEFANTEN HÖREN SICH NÄHERNDE WOLKEN

2015 setzten Forscher unweit einer Gruppe Elefanten einen Ventilator in Gang, der künstlich das Geräusch eines sich nähernden Unwetters erzeugt. Augenblicklich richteten sich die Ohren der Dickhäuter in diese Richtung aus. Die Fähigkeit der Elefanten, Töne im Infraschallbereich wahrzunehmen, kann zum Teil ihren außergewöhnlichen Orientierungssinn erklären.

ANIMALCULES

So nannte der niederländische Forscher Antoni van Leeuwenhoek die menschlichen Samenzellen, die er im Jahr 1677 beim Blick durch ein selbstgebautes Mikroskop mit 300facher Vergrößerung entdeckte. Seine Entdeckung gab er im folgenden Jahr der Royal Society of London bekannt.

WINTERSPERMA

Es ist keine Neuigkeit, dass auf der Nordhalbkugel die meisten Babys im September auf die Welt kommen. Diese Häufung jedoch nur auf das gemütlichen Kuscheln im warmen Bett oder die Trunkenheit bei den zahlreichen Feiern am Jahresende zu schieben, kann die Zunahme bei den Zeugungen im Dezember und Januar nicht ausreichend erklären. Eine israelische Studie hat 2016 nun gezeigt, dass in der kalten Jahreszeit die Samenzellen zahlreicher und vor allem schneller werden. Das Sperma des Mannes ist im Winter einfach von besserer Qualität als im Sommer.

GIFTPILZE

Pilz	Wo wächst er?	Wie erkenne ich ihn?	Giftigkeit
Grüner Knollenblätterpilz	Auf feuchten Waldböden in gemäßigten Zonen, also überall in Europa.	Als junger Pilz erinnert er an ein weißes Ei, das man auf einen Sockel gestellt hat. Später hat er einen weiß-grünlichen Hut, auf dessen Unterseite sich weiße Lamellen befinden.	Der Pilz wird in einigen Sprachen auch »Todeshaube« genannt. Er gilt als giftigster Pilz, denn schon ein verzehrtes Exemplar führt zu einer Vergiftung. Das Gift zerstört die Leber und Nieren, dann tritt der Tod ein. Berühmte Menschen, die ihm vermutlich zum Opfer gefallen sind: der römische Kaiser Claudius, Papst Clemens VII. sowie Karl VI., Kaiser des Heiligen Römischen Reiches.
Orangefuchsiger Raukopf	Überall, allerdings ist er sehr selten.	Der Hut ist wellig und von rostbrauner Farbe mit fahlgelbem Schimmer. Er hat dunkle, ockerfarbene Lamellen, wohingegen sein Stiel heller ist.	Die Vergiftungserscheinungen zeigen sich mitunter erst 24 Stunden nach dem Verzehr. Sein starkes Gift verursacht ein Nierenversagen, das irreversible Schäden hervorruft, falls es nicht sogar zum Tode führt. 35 Gramm dieses Pilzes sind die tödliche Dosis für einen gesunden Erwachsenen.
Frühjahrs-Giftlorchel	Vor allem in den Gebirgswäldern der Nordhalbkugel.	Sein Hut ist rund und voller Falten: Er ähnelt einem bräunlich-rötlichem, manchmal auch gelblich-braunem Gehirn.	Die Toxizität variiert deutlich von einem Exemplar zum anderen. In schweren Fällen kommt es nach dem Verzehr zu neurologischen Problemen (Krämpfe) und einer ernsthaften Hypoglykämie.

Fliegen-pilz	Überall auf der Nordhalb-kugel, selbst in den war-men Breiten.	Er ist der am leichtes-ten zu erkennende Pilz, dank seines leuchtend roten Huts, der mit weißen Punkten besetzt ist.	Sein Fleisch gilt als Halluzinogen, wobei die Giftigkeit des Pilzes, die durchaus besteht, lange Zeit stark übertrieben wurde. Man müsste rund 15 Fliegenpilzhüte zu sich nehmen, um eine tödliche Vergif-tung zu provozieren.
Riesen-Rötling	Vor allem am Rand von Laubbaum-wäldern.	Weiß-gräulicher Hut mit Lamellen, die mit zunehmendem Alter blassgelb werden und bei einem reifen Pilz rosa schimmern.	Er ist sehr giftig, führt jedoch fast nie zum Tode. Allerdings verur-sacht er schwere Probleme im Verdauungstrakt. Bei entspre-chender Behandlung halten die Vergiftungserscheinungen in der Regel nicht länger als sechs Tage an.
Dunkler Ölbaum-trichter-ling	Vor allem in mediterranen Wäldern und am Fuß von Oliven-bäumen.	Sein Hut und sein Stiel sind kräftig gelb-oran-ge. Der Hut hat eine stark konvexe Form, der Stiel ist faserig. Er wird leicht mit dem köstlichen Pfifferling verwechselt.	Sein Gift wirkt ungemein schnell: Weniger als zwei Stunden nach dem Verzehr treten die Symptome auf, gehen aber in den folgenden drei Stunden auch wieder zurück. Zu den bekannten Verdauungs-problemen kommen hier noch die Überproduktion von Tränen, Speichel und Schweiß sowie eine Pupillenverengung hinzu.

DIE SÄUGETIERE

Anzahl der heute bekannten Arten: rund 5000
Anzahl der fossil bekannten Arten: 15 000

Die heutigen Säugetiere lassen sich in drei große Familien un-terteilen:

Die Prototheria / Kloakentiere

Zu dieser Familie der eierlegenden Säugetiere gehören heute nur die Ameisenigel (vier Arten) und das Schnabeltier.

Die Metatheria / Beutelsäuger

Der Nachwuchs dieser Säugetiere lebt für sehr kurze Zeit *in utero*. Diese Familie umfasst heute nur noch die Marsupialia (Kängurus, Koalas etc.).

Die Eutheria / Höhere Säugetiere

Diese Gruppe umfasst die Plazenta-Säugetiere, deren Kinder sich vollständig im Bauch der Mutter entwickeln. In dieser Gruppe finden sich damit all die anderen Säugetiere wieder, die in mehr als 5000 Arten aufgeteilt werden, darunter auch wir Menschen.

Die ersten Säugetiere sind vor 220 Millionen Jahren auf der Erde aufgetaucht, zur gleichen Zeit wie die Dinosaurier. Damals waren sie nichts weiter als zartgliedrige Tierchen mit spitz zulaufender Schnauze und dürften, dem Aussehen nach, unseren heutigen Spitzmäusen geähnelt haben. Sie lebten im Schatten der Dinosaurier und Reptilien, die sich bereits die Herrschaft über die Welt gesichert hatten. Die ersten Säuger hatten kleine, scharfe Zähne und waren Fleischfresser: Sie dürften sich von kleinen Reptilien oder auch ihren Säugetierartgenossen ernährt haben. Die Paläontologen haben auch einen kleinen Dinosaurier gefunden, der unzerkaut im Magen eines *Repenomamus giganticus* auftauchte. Dieses Säugetier, das man sich als eine Art ein Meter lange Ratte vorstellen kann, gehörte zu den imposantesten Säugetieren des Mesozoikums.

Ein wenig später, vor etwa 125 Millionen Jahren, betrat ein kleiner Insektenfresser, der etwa so groß wie eine Maus war und vermutlich auf Bäumen lebte, die Bühne der Welt. Sein Name: *Eomaia*. Er ist der erste bekannte Vertreter der Eutheria, der

Höheren Säugetiere. Flüssigkeit in der Plazenta und ein Embryo, der sich vollständig im Uterus entwickelt hat: In diesem Fall kommen wir einem Verwandtschaftsverhältnis zu dem Tier schon näher. Oder anders formuliert: Schon lange vor den Primaten lebte mit einem kleinen, scheuen Nager der direkte Urahn der Menschen auf der Erde; er befindet sich an der Wurzel unseres Familienstammbaums. Folgt man dieser Logik, so ist diese primitive Maus ebenfalls der weit entfernte Vorfahre des Wals!

Das Aussterben der Dinosaurier und aller großen Tiere vor 65 Millionen Jahren war ein unverhoffter Glücksfall für uns anderen Säugetiere. Als der berühmt-berüchtigte Meteor sich in die Erde bohrte und das Klima unseres Planeten durcheinanderwirbelte, fand eine Art sehr behänder Lemuren Unterschlupf unter Felsen und wartete dort die Naturkatastrophe ab. Allein ihrem Überleben verdanken wir unsere Abstammung. Von da an machten sich Säugetiere die Erde, aber auch die Meere zu eigen. Sie nahmen an Vielfalt zu und wurden zu den größten und am weitesten entwickelten Repräsentanten des Tierreichs.

DIE WELT DER ORCHIDEE

Die Orchidee gehört zur großen Familie der Monokotyledonen, der Einkeimblättrigen Pflanzen. Man findet sie zwar in allen Breitengraden und in allen Umgebungen außer in Wüsten und Wasserläufen, ihre schönsten Vertreter stammen jedoch zweifellos aus den Tropen. Die ersten Orchideen sind im Jura entstanden, vor 120 Millionen Jahren, als Pangäa, der ursprüngliche Superkontinent, sich auflöste und seine wunderschönen Blumen in alle Ecken der Erde verteilte.

Das Wort »Orchidee« stammt vom griechischen Wort *orchis* ab, was »Hoden« bedeutet.[*] Die Form ihrer unterirdischen Wurzelknollen hat ihr diesen Namen eingetragen. Schon immer war der Mensch von der Orchidee fasziniert: Sie ist Symbol des Luxus, des Exotischen und der absoluten Schönheit; schon seit der Antike assoziiert man mit ihr Erotik und Liebe. Die kostbare und köstliche Vanille ist die Frucht einer Orchidee *(Vanilla planifolia)*. Und auch wenn sie den Namen eines Teils des männlichen Genitals trägt, so ist sie doch die »Frauenblume« par excellence, da sie das idealisierte weibliche Geschlecht darstellt. Sie ist damit ein doppeldeutiges, beinahe androgynes Symbol. Die Aufregung, die die Orchidee verursacht, hängt auch mit den sehr raffinierten Strategien zusammen, die sie einsetzt, um Insekten anzuziehen: Sie lockt die Tiere an, die sie bestäuben sollen, indem sie zum Beispiel die Form einer Biene imitiert oder Pheromone ausstößt, die jenen von weiblichen Insekten ähneln. Andere Exemplare sind so gewachsen, dass sie die Brummer im Inneren ihrer Blüte einfangen können. Die Orchidee hat alles, was eine gefährliche Verführerin braucht, sie ist ebenso pervers wie unwiderstehlich. Léon Bloy schildert eine halluzinierende Vision dieser »monströse[n] Pflanzen mit unerwarteten Abblätterungen, unbegreiflichen Blüten, die eine quasi animalische Lebensweise, obszöne Verhaltensweisen oder bedrohliche Farben haben, so etwas wie einen Appetit, wie einen Instinkt, fast einen Willen.«[**]

---

[*] Spaßeshalber hat man übrigens den pseudowissenschaftlichen Begriff des »Orchidoklasten« geprägt, analog zum »Ikonoklasten«, der ein *Brecher* oder *Zerstörer* von Ikonen oder Bildern ist.

[**] Léon Bloy: *Über das Grab von Huysmans.* Mit zwei Kommentaren von Raoul Vaneigem. Aus dem Französischen von Ronald Voullié. Merve, Berlin 2009, S. 32.

DAS HÜHNEREI

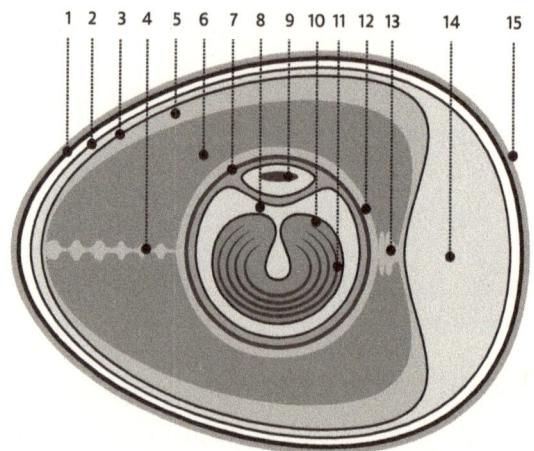

1. Kalkschale
2. Äußere Schalenhaut
3. Innere Schalenhaut
4. Chalaza (Hagelschnur)
5. Äußeres Eiklar (oder Albumen) (flüssig)
6. Mittleres Eiklar (oder Albumen) (zähflüssig)
7. Dotterhaut
8. Bildungsdotter (oder Eizelle)
9. Keimfleck, später der Embryo
10. Gelber Eidotter
11. Weißer Eidotter
12. Inneres Eiklar (oder Albumen) (flüssig)
13. Chalaza
14. Luftkammer
15. Cuticula

Das Eigelb ist nichts anderes als eine einzelne riesige Zelle. Es ist eine der größten Zellen aller Lebewesen, und ihr Volumen entspricht dem Milliardenfachen einer gewöhnlichen Zelle.

Arten, die nach berühmten Persönlichkeiten
benannt wurden

geehrte Persönlichkeit(en)	Gattung oder Art	Typus	Bemerkung
Madonna	*Echiniscus madonnae*	Wasserbär (Bärtierchen)	
Magellan	*Magellanana*	Wespe	
Tobey Maguire	*Filistata maguirei*	Spinne	Der Schauspieler übernahm in drei Verfilmungen die Rolle von Spider-Man.
Nelson Mandela	*Australopicus nelsonmandelai*	Vogel (Grünspecht), ausgestorben	
Bob Marley	*Gnathia marleyi*	Krebstier	
Karl Marx	*Marxella und Marxiana*	Wespen	
Paul McCartney	*Struszia mccartneyi*	Trilobit	
Freddie Mercury	*Heteragrion freddiemercuryi*	Libelle	
Metallica	*Metallichneumon neurospastarchus*	Wespe	Der Name der Art bedeutet »Chef der Hampelmänner« auf Griechisch und bezieht sich auf das Album der Band Master of Puppets (1986).
Marylin Monroe	*Norasaphus monroeae*	Trilobit	Die Glabella dieses Trilobiten, d.h. sein Kopf, hat die Form einer Sanduhr, was an die Silhouette von Marylin erinnert.
Jim Morrison	*Barbaturex morrisoni*	Reptil (Leguan), ausgestorben	
Wolfgang Amadeus Mozart	*Eleutherodactylus amadeus*	Frosch	
Muse (Band)	*Goniozus musae*	Wespe	
Benito Mussolini	*Rubus mussolinii*	Pflanze (Brombeere)	
Vladimir Nabokov	*Nabokovia*	Schmetterling	

Napoleon I.	*Napoleonaea imperialis*	Pflanze (Topffrucht-baumgewächs)	
Pablo Neruda	*Neruda*	Schmetterling	
Barack Obama	*Aptostichus barackobamai*	Spinne	
Eva Perón	*Evita*	Motte	
Pink Floyd	*Cephalonomia pinkfloydi*	Wespe	
Max Planck	*Pristionchus maxplancki*	Fadenwurm	
Platon	*Plato*	Spinne	
Elvis Presley	*Preseucoela imallshookupis*	Wespe	Die Art wurde zu Ehren des Sängers benannt, was sich in dem Bezug auf den Refrain seines Songs *All Shook Up* (1957) zeigt.
Raffael (Maler)	*Raffaellia, Raphaelana* und *Raphaelonia*	Wespen	
Robert Redford	*Hydroscapha redfordi*	Käfer	
Lou Reed	*Loureedia*	Spinne	
Ernest Renan (Schriftsteller)	*Renaniana*	Wespe	
Keith Richards	*Perirehaedulus richardsi*	Trilobit	
Franklin D. Roosevelt	*Siriella roosevelti*	Krebstier	
Theodore Roosevelt	*Crocidura roosevelti*	Spitzmaus	

DAS ÄLTESTE ERDFOSSIL

Dabei handelt es sich um einen *Tortotubus* genannten Pilz, der die Erde vor etwa 440 Millionen Jahren besiedelte. Zu der Zeit, als dieser Organismus existierte, beschränkte sich das Leben fast vollständig auf das Wasser; an Land kam nichts Komplexe-res vor als Moose und Flechten. Das Aufspüren dieses Pilzes schließt eine große Wissenslücke in unserem Verständnis vom Ablauf der Evolution. Die ersten Pilze dürften den Boden vorbereitet und damit die Ankunft von Pflanzen und später von Tieren erst ermöglicht haben.

SEHSTÖRUNGEN

Die am häufigsten vorkommenden Schwierigkeiten beim Sehen hängen mit einer schwachen Lichtbrechung im Inneren des Auges zusammen. Bei einem gesunden Auge wird das Licht von der Pupille und vor allem von der Linse gebündelt und durch Brechung auf die Sehzellen der Netzhaut geworfen, die sich auf der Hinterwand des Augapfels befindet. Wenn der Fokus nicht genau auf der Netzhaut liegt, sprechen die Wissenschaftler von Ametropie. Man unterscheidet fünf Typen:

Myopie
Der Fokus liegt vor der Netzhaut; das Auge ist zu lang. Weit entfernte Objekte erscheinen unscharf. Einer von vier Menschen leidet unter Myopie; vor allem im Fernen Osten sind die Menschen davon betroffen.

Hyperopie
Der Fokus liegt hinter der Netzhaut; das Auge ist zu kurz. Nah liegende Objekte erscheinen unscharf. Die Mehrzahl der Säuglinge und Kinder sind weitsichtig, doch dieser Fehler wird auf natürlichem Wege durch das Wachstum ausgeglichen.

Astigmatismus

Die einfallenden Lichtstrahlen werden auf zwei unterschiedliche Brennpunkte auf der Netzhaut gebrochen. Die Sehschärfe ist verschwommen und vor allem Linien erscheinen deformiert.

Presbyopie

Im Alter verhärtet sich der Linsenkern und ist daher nicht mehr in der Lage, sich wie bis dahin anzupassen. Das Sehen in der Nähe wird unscharf.

Aniseikonie

Das linke und das rechte Auge empfangen die Bilder nicht mehr in der gleichen Größe, da sie das Licht nicht mehr auf die gleiche Weise brechen. Dieses Augenleiden ist jedoch vergleichsweise selten.

DIE PUPILLE MACHT DEN JÄGER

Sie haben sicherlich gewusst, dass die Pupillen einer Katze senkrechte Schlitze sind; aber haben Sie auch schon bemerkt, dass sich in den Augen von Ziegen oder Pferden horizontale Schlitze als Pupillen befinden? Dieser Unterschied in der Augenstruktur beschäftigt Forscher schon seit Jahrzehnten. Und 2015 hat eine Gruppe US-amerikanischer und britischer Zoologen die Lösung gefunden:

- Vertikale Pupillen verbessern die Tiefenschärfe. Für einen Jäger, der auf der Lauer liegt, ist es ganz entscheidend, den Abstand zu seiner Beute haargenau einzuschätzen, um sie anschließend an der richtigen Stelle packen oder beißen zu können.

- Horizontale Pupillen wiederum fangen das Licht links und rechts des Auges besser ein. Damit verfügen diese Tiere über einen eher panoramaartigen Blick, der es ihnen erlaubt, einen sich nähernden Jäger frühzeitig zu erkennen und bei der Flucht einen guten Überblick über die Besonderheiten des Geländes zu bekommen.

Daher haben im Allgemeinen weidende und pflanzenfressende Tiere (Schafe, Pferde, Antilopen etc.) horizontale Pupillen und fleischfressende Jäger (Alligatoren, Schlangen, Panther etc.) vertikale Pupillen. Dies ist nur eine Verallgemeinerung, denn es lassen sich leicht auch Gegenbeispiele für diese Regel finden. Viele große Raubkatzen wie der Tiger, der Löwe oder der Gepard begnügen sich mit runden Pupillen. Die Forscher glauben, dass die Augen dieser Jäger groß genug sind, sodass sie es nicht nötig haben, die Unschärfen der vertikalen Strukturen zu reduzieren. Die Studie hat zugleich zu einer weiteren erstaunlichen Erkenntnis geführt: Wie können denn die Pflanzenfresser überhaupt weiterhin von den Vorteilen der Seitensicht profitieren, wenn sie doch den Kopf beim Grasen gesenkt halten? Nun, sie verfügen über drehbare Augen, die stets parallel zum Boden ausgerichtet bleiben.

DIE MONDE
IM SONNENSYSTEM

Ein Mond (oder ein natürlicher Satellit) ist ein Himmelskörper, der sich in einer Umlaufbahn um ein Objekt befindet, das größer ist als er selbst: Er dreht sich z. B. um einen Planeten oder Zwergplaneten. Die ersten Satelliten in einer Planetenumlaufbahn, die der Mensch entdeckt hat, waren – abgesehen vom Erdmond – Io und Kallisto, die Monde des Jupiter, die Galileo Galilei am 7. Januar 1610 beobachten konnte. Heute wissen wir von 183 Monden in unserem Sonnensystem.

DIE ERDE (1)

⇨ Der Mond

MARS (2)

Benannt nach den beiden Zwillingen, die aus der Verbindung von Ares und Aphrodite hervorgegangen sind.

⇨ Phobos und Deimos

JUPITER (69)

Benannt nach Figuren der griechisch-römischen, ägyptischen und keltischen Mythologie.

⇨ Metis, Adrastea, Amalthea, Thebe, Io, Europa, Ganymed, Kallisto, Themisto, Leda, Himalia, Lysithea, Elara, Dia, Carpo, Euporie, Mneme, Euanthe, Orthosie, Harpalyke, Praxidike, Thyone, Thelxinoe, Ananke, Iocaste, Hermippe, Helike, Herse, Eurydome, Pasithee, Chaldene, Arche, Isonoe, Erinome, Kale, Aitne, Taygete, Carme, Hegemone, Kalyke, Pasiphae, Eukelade, Sponde, Cyllene, Megaclite, Callirrhoe,

Sinope, Autonoe, Aoede, Kallichore, Kore sowie
18 unbenannte

Zuerst nach den Titanen benannt, dann nach verschiedenen Figuren der griechisch-römischen, keltischen, nordischen und der Inuit-Mythologie.

⇨ Pan, Daphnis, Atlas, Prometheus, Pandora, Epimetheus, Janus, Aegaeon, Mimas, Methone, Anthe, Pallene, Enceladus, Tethys, Telesto, Calypso, Dione, Helene, Polydeuces, Rhea, Titan, Hyperion, Iapetus, Kiviuq, Ijiraq, Phoebe, Paaliaq, Skathi, Albiorix, Bebhionn, Erriapus, Siarnaq, Skoll, Tarvos, Tarqeq, Greip, Hyrrokkin, Mundilfari, Jarnsaxa, Narvi, Bergelmir, Suttungr, Hati, Bestla, Farbauti, Thrymr, Aegir, Kari, Fenrir, Surtur, Ymir, Loge, Fornjot sowie 9 unbenannte

URANUS (27)
Benannt nach Figuren aus Werken von Shakespeare und Alexander Pope.

⇨ Cordelia, Ophelia, Bianca, Cressida, Desdemona, Juliet, Portia, Rosalind, Cupid, Belinda, Perdita, Puck, Mab, Miranda, Ariel, Umbriel, Titania, Oberon, Francisco, Caliban, Stephano, Trinculo, Sycorax, Margaret, Prospero, Setebos, Ferdinand

NEPTUN (14)
Benannt nach Meeresgottheiten.

⇨ Naiad, Thalassa, Despina, Galatea, Larissa, Proteus, Triton, Nereid, Halimede, Sao, Laomedeia, Psamathe, Neso sowie ein unbenannter

Uns bekannte Satelliten,
die Zwergplaneten umkreisen

PLUTO (5)

Nach Figuren aus dem Totenreich der griechischen Mythologie benannt.

⇨ Charon, Styx, Nix*, Kerberos, Hydra

HAUMEA (2)

Benannt nach hawaiischen Göttinnen.

⇨ Namaka und Hi'iaka

ERIS (1)

Nachdem Eris auf den Namen der griechischen Göttin der Zwietracht getauft wurde, bekam sein Mond den Namen der Göttin der Gesetzlosigkeit.

⇨ Dysnomia

---

* Tatsächlich ist *Nix* die ägyptische Göttin der Nacht. Um in die Reihe der Figuren aus dem Totenreich zu passen, hätte der Mond eigentlich den Namen der griechischen Göttin *Nyx* tragen müssen, doch es gibt bereits einen Asteroiden diesen Namens. Die ägyptische Variante wurde gewählt, um eine Verwechslung zu vermeiden.

ZWILLINGE

- Durchschnittlich kommt ein Zwillingspärchen auf 85 Geburten.
- Nur ein Drittel der Zwillinge sind monozygot (eineiig).
- Die Zahl der heute lebenden Zwillinge oder Mehrlinge wird auf rund 125 Millionen geschätzt, was 1,9 Prozent der Weltbevölkerung entspricht.
- Die Geburtenrate von Zwillingen variiert deutlich je nach Ethnie. Sie ist in Asien am niedrigsten und in Afrika am höchsten. Im Volk der Yorubas, die im Südwesten Nigerias leben, ist die Häufigkeit besonders groß: Fast zehn Prozent der Neugeborenen sind Zwillinge.
- Die Anzahl der Mehrlingsgeburten ist in den Industrieländern in den letzten fünfzig Jahren sprunghaft angestiegen. Gründe hierfür sind das höhere Alter der Mütter und der Einsatz von medikamentös unterstützten Befruchtungen, was eine Hyperovulation (das gleichzeitige Heranreifen von mehreren Eizellen) begünstigt. In den USA hat die Zwillingsrate zwischen 1980 und 2009 um 76 Prozent zugenommen und ist von 18,9 auf 33,3 Zwillingsgeburten bei 1000 Geburten gestiegen.
- Bei Eltern, die zu einer künstlichen Befruchtung greifen, steigt die Wahrscheinlichkeit für eine Zwillingsschwangerschaft auf 25 Prozent (während sie bei der natürlichen Befruchtung bei 1,6 Prozent liegt).

Eineiige (monozygote) Zwillinge entstehen bei der Teilung der Eizelle, die zuvor von einer einzigen Samenzelle befruchtet wurde. Eineiige Zwillinge besitzen daher dasselbe Erbgut.

Zweieiige (dizygote) Zwillinge entstehen bei zwei unterschiedlichen Befruchtungen, die mit jeweils unterschiedlichen Samenzellen stattgefunden haben. Vom Standpunkt eines Genetikers aus gesehen, unterscheiden sich zweieiige Zwillinge also überhaupt nicht von zwei normalen Geschwistern. Es kommt sogar vor, dass zweieiige Zwillinge zwei verschiedene Väter haben, und zwar dann, wenn die Mutter in sehr kurzem Abstand Geschlechtsverkehr mit zwei unterschiedlichen Partnern hatte.

Eineiige Zwillinge sind sich sehr ähnlich, aber sie sind nicht völlig identisch. Daraus können wir eine Menge über die Faktoren lernen, die zur Entwicklung eines Individuums beitragen: Die DNS entscheidet nicht alles! Ohne überhaupt auf die Persönlichkeit einzugehen: Auch allein schon das Äußere wird von der physischen Umwelt beeinflusst, von medizinischen Faktoren und kulturellen Prägungen, der Bildung etc. Eineiige Zwillinge, die durch Wendungen des Schicksals früh voneinander getrennt wurden, werden seltener verwechselt als Zwillinge, die ihr gesamtes Leben miteinander verbracht haben. Es erscheint auch einsichtig, dass Zwillinge häufiger als normale Geschwister unter denselben genetisch vererbten Krankheiten leiden: Beispielsweise ist es 30 bis 40 Prozent wahrscheinlicher, dass sie wie ihr eineiiger Zwilling an Diabetes und 15 Prozent wahrscheinlicher, dass sie an Multipler Sklerose erkranken als Geschwister, die keine Zwillinge sind. Zudem lässt sich beobachten, dass Zwillinge ihre eigene »Geheimsprache« entwickeln. Diese unterscheidet sich jedoch nicht von der spezifischen Sprache, die zwischen einem sehr symbiotisch lebenden Freundes- oder Liebespaar entsteht. Man spricht hier von »Kryptophasie«.

WENN ZWEI SEKUNDEN VERSTRICHEN SIND ...

... hat der Mensch 150 Bäume gefällt. Jedes Jahr verschwinden zwischen 130 000 und 150 000 Quadratkilometer Wald, eine Fläche so groß wie Belgien. Im Jahr 2016 dürfte es rund 3000 Milliarden Bäume auf der Erde gegeben haben. Vor 12 000 Jahren waren es noch 6600 Milliarden.

DER HUND ODER DIE KUH?

Wen domestizierte der Mensch zuerst, den Hund oder die Kuh? Die ersten Rinder, die der Mensch als Haustier hielt, gehörten zu einer heute ausgestorbenen Art, dem Auerochsen (*Bos primigenius*), der vor 10 000 Jahren in der Region lebte, die der heutigen Türkei und Pakistan entspricht. Dieser ersten Domestikation folgten in Mitteleuropa und dem indischen Subkontinent zwei weitere Domestikationsereignisse, aus denen zwei unterschiedliche Rinderlinien hervorgegangen sind: das Zebu und das (Haus-)Rind. Das Zebu *(Bos primigenius indicus)* wurde vor schätzungsweise 9000 Jahre gezähmt. Es unterscheidet sich durch seinen Fetthöcker auf dem Rücken und seine langen, hängenden Ohren vom Hausrind. Das Zebu stammt ursprünglich aus Südasien und ist daher gut an heißes Klima angepasst. Es dient auf den Feldern als Zugtier und wird auch wegen seines Fleischs und seiner Milch gezüchtet. Das Hausrind (*Bos primigenius taurus*) wiederum wurde vor etwa 8000 Jahren in Europa zum

Haustier und hat sich von hier aus vor rund 5000 Jahren bis nach China, in die Mongolei und nach Korea verbreitet.

Es waren jedoch die Hunde, die als Erste vom Menschen domestiziert wurden. Eine Studie aus dem Jahr 2014 belegt, dass alle Haushunde von einem einzigen Domestikationsereignis abstammen, das vor etwa 11 000 bis 16 000 Jahren stattgefunden hat. Diese Domestikation liegt damit deutlich vor der Entwicklung der Landwirtschaft und Viehzucht – zu diesem Zeitpunkt war der Mensch noch Jäger und Sammler. Der gemeinsame Vorfahre des heutigen Hundes und Wolfes ist schon seit tausenden Jahren ausgestorben. Aber wie hat der Mensch sein Zutrauen gewonnen? Die Wissenschaftler vermuten, umherstreifende Wolfsrudel folgten dem Menschen, wenn sich dieser auf die Jagd nach Wollmammuts oder anderen großen Beutetieren begab. Womöglich ließen die Jäger den Tieren Fleischreste übrig, sodass die Wölfe sich nach und nach an die Anwesenheit der Menschen gewöhnten. Und eines Tages schließlich teilten sich Mensch und Tier die Wärme der Holzfeuer.

NICHTS GEHT MEHR IN DER ARKTIS

2015 wurde zum ersten Mal ein Eisbär beobachtet, der einen Delfin fraß. Die norwegischen Forscher, die dieser Szene beiwohnten, erklären sich dieses Verhalten mit den Auswirkungen der globalen Klimaerwärmung. Der Rückgang des Eises führt dazu, dass sich die Wale den Polen und damit den Eisbären nähern. Auch andere Arten dürften sich in den nächsten Jahren auf dem Speisezettel dieses polaren Säugetiers wiederfinden. Zugleich ließ sich eine bei Bären eher ungewöhnliche Verhaltensweise beobachten: Der Bär hat den Delfin mit Schnee bedeckt, um ihn vor anderen Jägern zu verbergen und ihn dann später weiterfressen zu können.

LISTE DER AM STÄRKSTEN VOM AUSSTERBEN BEDROHTEN ARTEN (TEIL 6 VON 6)

Typus	Art	Trivialname / Beschreibung	geografische Verbreitung	geschätzte Population	Bedrohung
Säugetier	Rhinoceros sondaicus	Java-Nashorn	Ujung Kulon Nationalpark, Java, Indonesien	< 100 Exemplare	Jagd für die traditionelle Medizin, geringe Populationsgröße
Säugetier	Rhinopithecus avunculus	Tonkin-Stumpfnase	Nordosten Vietnams	< 200 Exemplare	Verlust des Lebensraums, Jagd
Pflanze	Rhizanthella gardneri	Unterirdische Orchidee	Westaustralien	< 100 Exemplare	Abholzung für die Landwirtschaft, Klimawandel, Versalzung der Böden
Säugetier	Rhynchocyon	Rüsselhündchen	Wald von Boni-Dodori, Region Lamu, Kenia	unbekannt	Verlust des Lebensraums durch Ausbreitung des Menschen
Insekt	Risiocnemis seidenschwarzi	Libelle	kleine Bäche zum Fluss Kawasan, Cebu, Philippinen	unbekannt	Zerstörung des Lebensraums
Pflanze	Rosa arabica		Katharinenberg, Ägypten	unbekannt, 10 Unterpopulationen	Überweidung, Klimawandel, Ernte aus medizinischen Gründen, kleines Verbreitungsgebiet
Säugetier	Salanoia durrelli	aus der Familie der Madagassischen Raubtiere	Sumpfregion am Lac Alaotra, Madagaskar	unbekannt	Verlust des Lebensraums

Säuge-tier	*Santamar-tamys rufo-dorsalis*	Rotschopf-Baumratte	Sierre Nevada de Santa Marta, Kolumbien	unbekannt	Ausbreitung von Städten, Kaffee-plantagen
Fisch	*Scaturigi-nichthys vermeili-pinnis*	Rotflossen-Blauauge	Teiche bei Edgbaston Springs, Queensland, Australien	2000 bis 4000 Exemplare	Jagd durch invasive Arten
Fisch	*Squatina squatina*	Meerengel	Kanarische Inseln	unbekannt	Grundschleppnetz-fischerei
Vogel	*Sterna bernsteini*	Bern-steinsee-schwalbe	brütet in Zhe-jiang und Fujian, China. Außerhalb der Nistsaison lebt sie in Indonesien, in Malaysia, auf den Philippinen, in Taiwan und Thailand	< 50 Exemplare	Zerstörung des Lebensraums, Einsammeln der Eier
Fisch	*Syngna-thus water-meyeri*	Flussseenadel	von der Mündung des Kariega bis zur Mündung des East Kleinemonde, Eastern Cape Provinz, Südafrika	unbekannt	Bau von Dämmen, Überschwemmun-gen in den Mün-dungsgebieten
Pflanze	*Tahina spectabilis*	Palme Dimaka	Distrikt Analalava, Madagaskar	90 Exemplare	Waldbrände, Ro-dung von Bäumen, Ausbreitung der Landwirtschaft
Amphi-bie	*Telmato-bufo bullocki*	aus der Familie der Froschlurche	Nahuelbuta, Provinz Arauco, Chile	unbekannt	Bau von Wasser-kraftwerken
Säuge-tier	*Tokudaia muenninki*	Ryukyu-Stachelratten	Insel Okinawa, Japan	unbekannt	Verlust des Lebens-raums, Jagd durch wilde Katzen
Fisch	*Trigonos-tigma som-phongsi*	Siamesischer Zwerg-bärbling	Mae Klong-Becken, Thailand	unbekannt	Schaffung von land-wirtschaftlichen Nutzflächen und Wohngebieten

Fisch	*Valencia letourneuxi*	kleiner Süßwasserfisch	Südalbanien und Westgriechenland	unbekannt	Zerstörung des Lebensraums, Grundwassergewinnung, gefährliche Auseinandersetzungen mit Fischen der Art *Gambusia*
Pflanze	*Voanioala gerardii*	Waldkokosnuss	Halbinsel Masoala, Madagaskar	< 10 Exemplare	Rodung, Ernte für den Verzehr von Palmenherzen
Säugetier	*Zaglossus attenboroughi*	Attenborough-Langschnabeligel	Cyclops Mountains, Provinz Papua, Indonesien	unbekannt	Verschlechterung des Lebensraums, Abholzung von Bäumen, Schaffung von landwirtschaftlichen Nutzflächen, Jagd durch lokale Bevölkerung

FÜNF PROZENT IM GEHIRN

So viel Energie wird jede Sekunde von unserem Gehirn allein für das Sehen aufgewendet. Verglichen mit den anderen Sinnen verbraucht der Sehsinn die meiste Energie.

ALZHEIMER LÖSCHT NICHT DIE ERINNERUNG

Diese im März 2016 veröffentlichte Erkenntnis lässt die Hoffnung aufkeimen, eines Tages jene Patienten heilen zu können, die an der »Krankheit des Jahrhunderts« leiden. Und sie dürfte in absehbarer Zeit helfen, die Funktionsweise von Alzheimer besser zu verstehen. Erkannt haben die Forscher dies durch Versuche mit Mäusen. Eine gesunde Maus und eine an Alzheimer erkrankte Maus wurden in einen Käfig gesperrt und erhielten dort einen Stromstoß. Vierundzwanzig Stunden später verbrachte man die beiden Mäuse erneut in diesen Käfig. Die gesunde Maus erinnerte sich an den Stromschlag des Vortags und zeigte Symptome der Angst, während die erkrankte Maus nicht reagierte. Anschließend stimulierten die Wissenschaftler die kranke Maus mit blauem Licht, das auf die für die Erinnerung zuständigen Neuronenverbindungen wirkt. Und tatsächlich, nun konnte man auch bei der zweiten Maus deutlich erkennen, dass sie sich vor dem Stromschlag fürchtete; sie hatte allem Anschein nach ihre Erinnerung wiedergefunden. Alzheimer löscht also offenbar nicht die Erinnerungen, sondern scheint nur zu verhindern, dass der Betroffene auf sie zugreifen kann.

LISTE DER ALLERGENE

- Milben
- Süßgräserpollen
- Katzenhaare
- Schaben und Kakerlaken
- Pollen der Birkengewächse (Erle, Birke, Weißbuche, Hasel)
- Schimmelpilze (*Alternaria*, *Cladosporium*)
- Kaninchenhaare
- Lavendel (Lavendelessenz)
- Latex
- einige Seren und Impfstoffe
- Antibiotika (Penicilline, *Cephalosporine*)
- Gifte der Hautflügler (Bienen, Hummeln, Wespen, Hornissen etc.)

(in der Reihenfolge ihrer Häufigkeit)

- Eier
- Erdnüsse
- Fisch
- Milch
- Soja, Linsen, Erbsen
- Rindfleisch
- Krebstiere
- Senf
- Haselnüsse
- Kokosnuss
- Schweinefleisch

sehr selten:

- Hähnchenfleisch
- Knoblauch
- Sonnenblumen
- Karotten
- Mandeln
- Pfirsich
- Weizen
- Tomaten

EINE PILLE, DIE UNANGENEHME ERINNERUNGEN LÖSCHT

Im März 2016 bestätigten Forscher des European Molecular Biology Laboratory in Heidelberg in einem Artikel in der Zeitschrift *Nature*, sie hätten eine Verknüpfung im Gehirn gefunden, über die sich aktiv Erinnerungen löschen ließen. Die Wissenschaftler haben bei Mäusen eine Gehirnregion im Bereich des Hippocampus untersucht und dabei entdeckt, dass das Gehirn in der Lage ist zu lernen, indem es einen neuronalen Kreis aktiviert, der es auch erlaubt, wieder zu vergessen.

Wenn sie das Erinnerungsnetzwerk im Hippocampus blockierten, gelang es den Wissenschaftlern, die neuronalen Verknüpfungen der Maus deutlich zu verlangsamen und sogar ihre Erinnerungen zu löschen! Dies ging so weit, dass das Tier in wenigen

Minuten all das vergaß, was es in einer Woche gelernt hatte. Die deutschen Forscher wollen mit diesen Versuchen ein Medikament entwickeln, das gewisse Bereiche der Erinnerung löscht, um zum Beispiel traumatische Erlebnisse aus dem Gedächtnis zu verbannen. Allerdings könnte die Realität solche Überlegungen noch weit übertreffen.

DIE ASTRONOMISCHEN SYMBOLE

Astronomische Symbole wurden seit der Spätantike verwendet, um unterschiedliche Himmelskörper darzustellen. Nach und nach kamen immer neue hinzu, und seit dem 18. Jahrhundert, als man eine große Zahl neuer Objekte am Himmel identifizieren konnte, sortierte man sie in verbindlichen Verzeichnissen, in Nomenklaturen. Bis zum Beginn des 20. Jahrhunderts nutzten auch Astronomen selbst diese Symbole, doch dann ließ die Verwendung immer weiter nach – mit Ausnahme der Zeichen für die Erde ♁ und die Sonne ☉, die man noch immer in einigen astronomischen Konstanten findet. So wird etwa der Sonnenradius (rund 6,957 × 10^8 m), die übliche Maßeinheit für die Größe von Sternen, mit dem Zeichen r☉ ausgedrückt. Aber auch Alchemisten verwendeten diese Symbole, bei denen die Sonne für Gold, der Mond für Silber, die Venus für Kupfer etc. standen. Heute tauchen diese Zeichen kaum mehr auf, abgesehen von astrologischen Almanachen und ähnlichen Publikationen. Sie gehören damit zur charmanten Folklore einer Epoche, in der die Wissenschaft noch enger mit Mythologie und Esoterik verknüpft war.

Wichtigste Himmelskörper

Name	Symbol	Bedeutung
Sonne	☉	Sonnenscheibe
Merkur	☿	Flügelhelm und Stab Merkurs, oder auch nur ein stilisierter Stab
Venus	♀	Venusspiegel
Erde	♂	Erdkugel oder gespiegeltes Venussymbol
	⊕	Globus mit Äquator und Meridian
Mond	☽	Sichelmond, erstes Viertel
	○	Vollmond
	☾	Sichelmond, letztes Viertel
	●	Neumond
Mars	♂	Speer und Schild von Mars
Jupiter	♃	Blitz oder Adler von Jupiter; oder auch das griechische Zeta für Zeus, den griechischen Gott analog zu Jupiter
Saturn	♄	Sichel von Saturn
Uranus	♅	Symbol für Platin, kreiert von Johann Elert Bode, einem deutschen Astronom, der auch Uranus seinen Namen gegeben hat. Das alchemistische Zeichen für Platin entstand aus der Verbindung der Symbole von Sonne und Mond.
	♅	Eine Erdkugel mit dem Buchstaben H für den englischen Astronom William Herschel, der Uranus entdeckt hat. Vor allem in der älteren und besonders in der englischen Literatur verbreitetes Symbol.
Neptun	♆	Dreizack von Neptun
	♆	Eine Erdkugel mit den Buchstaben L und V – für Urbain Le Verrier, den französischen Astronom, der Neptun entdeckt hat. Vor allem in der älteren und besonders in der französischen Literatur verbreitetes Symbol.

Zwergplaneten und kleinere Himmelskörper

Ceres	⚳	Umgekehrte Sichel
Pallas	⚴	Von einer Speerspitze überragtes Kreuz
Juno	⚵	Von einem Stern überragtes Zepter
Vesta	⚶	Von einem Feuer überragter Altar
Astraea	⚷	Anker
	⚼	Waagenpaar
Hebe	⚶	Weinkelch
Iris	⬳	Regenbogen mit einem Stern im Innern

Flora	☞	Blume
Metis	☞	Von einem Stern überragtes Auge
Hygiea	☞	Von einem Stern überragte Schlange
	☞	Äskulapstab
Parthenope	☞	Von einem Stern überragter Fisch
	☞	Harfe
Victoria	☞	Stern und Lorbeerzweig
Egeria	☞	Von einem Stern überragter Schild
Irene	☞	Von einem Stern überragte Taube mit einem Olivenzweig im Schnabel
Eunomia	☞	Von einem Stern überragtes Herz
Psyche	☞	Von einem Stern überragter Schmetterlingsflügel
Thetis	☞	Delfin über einem Stern
Melpomene	☞	Dolch über einem Stern
Fortuna	☞	Von einem Stern überragtes Rad
Proserpina	⊕	Granatapfel mit einem Stern in der Mitte
Bellona	☞	Peitsche und Speer
Amphitrite	☞	Von einem Stern überragte Muschelschale
Leukothea	☞	Altertümlicher Leuchtturm
Fides	†	Lateinisches Kreuz
Pluto	♇	PL für Pluto
	⚶	Symbol des Neptun mit einem Kreis anstelle der mittleren Spitze des Dreizacks

DER NACKTMULL, EIN AUSSER-
GEWÖHNLICHES MONSTER

Er ist hässlich, klein, blind und dennoch ein ganz außergewöhnliches Tier. *Heterocephalus glaber* ist ein Nager, der sich wie kein zweites Tier auf Erden an seine Umgebung angepasst und besondere Widerstandskräfte entwickelt hat. Die Vertreter seiner Art bewohnen Kolonien, die vergleichbar mit einem Bienenstock sind, und werden durchschnittlich 30 Jahre alt; im Verhältnis zu anderen Nagetieren würde das einer Lebenserwartung von 600 Menschenjahren entsprechen. Seine ungewöhnliche Langlebigkeit verdankt der Nacktmull einer unfehlbaren Immunität gegen jede Art von Herz-Kreislauf-Erkrankung, neuronale Degeneration und Krebs. Vor allem letztere Widerstandskraft macht ihn für Wissenschaftler interessant. Forscher haben entdeckt, dass der Nacktmull eine große Menge Hyaluronsäure produziert, die seine Haut elastischer und dicker macht und ihn somit vor Verletzungen in den unterirdischen Tunneln schützt, in denen er lebt. Zugleich legt sich diese Hyaluronsäure wie eine Art Schutzmantel um die Moleküle der Extrazellulärmatrix und isoliert damit die Entwicklung potenzieller Tumore. Und der Nager verfügt noch über eine weitere Superkraft: Er zeigt sich als äußerst schmerzunempfindlich. Er reagiert tatsächlich weder auf Verbrennungen noch auf Verätzungen oder andere Formen physisch zugefügter Schmerzen. Sein Geheimnis dabei ist, dass er den Neurotransmitter der Schmerzrezeptoren, die sogenannte Substanz P, einfach nicht produziert. Damit ist er bereit, bis zum Tode für den Schutz seiner Königin zu kämpfen, die als Einzige für den Nachwuchs sorgen kann und zudem als Einzige mit einer Art Überlebensinstinkt ausgestattet ist.

ASPIRIN

Das bekannteste Arzneimittel der Welt, das am häufigsten eingenommene Arzneimittel der Welt: Aspirin wird in der Form, in der wir es heute kennen, bereits seit dem Ende des 19. Jahrhunderts verkauft. Sein Name stammt von der Blume, aus der man es extrahieren kann, der Spiere oder auch Echtes Mädesüß (daher auch der Name A-Spirin). Doch sein Wirkstoff findet sich auch in der Salicylsäure, die in Weiden vorkommt (lat. Name der Weidengewächse: Salicaceae), von denen das Medikament seinen wissenschaftlichen Namen Acetylsalicylsäure hat. Die Heilkraft der Weide ist dabei schon mindestens 5000 Jahre bekannt. Schon die Sumerer nutzten abgekochte Weidenrinde, um Schmerzen und Entzündungen zu lindern. Plinius der Ältere (1. Jahrhundert n. Chr.) erwähnt dieses Heilmittel ebenfalls, und auch aus dem Mittelalter ist die Verwendung nachgewiesen. Die Salicylsäure wurde 1835 entdeckt, doch erst einige Jahre später gelang es, ihre Moleküle zu synthetisieren. Der Straßburger Chemiker Charles Frédéric Gerhardt fügte 1853 der Rezeptur Acetylchlorid hinzu: Das Aspirin war geboren, jedoch in so unreiner Form, dass die Arbeiten Gerhardts wieder in Vergessenheit gerieten. Die Forschung erreichte ihr Ziel erst gegen Ende des Jahrhunderts mit dem Deutschen Felix Hoffmann, der im Auftrag der Bayer-Werke forschte. Ab 1899 wurde das von Bayer auf seinen noch heute bekannten Namen getaufte Arzneimittel verkauft. Heute ist Aspirin das bekannteste Schmerzmittel. Es fand sogar Einzug in den Notfallkoffer der Astronauten der *Apollo-11*-Mission.

DIE LÄNDER DER ERDE MIT DEM GRÖSSTEN WALDBESTAND

Die folgenden Zahlen stammen von der FAO, der Ernährungs- und Landwirtschaftsorganisation der Vereinten Nationen (2005):

Land	bewaldete Fläche (in Millionen Hektar)
Russland	809 000 000
Brasilien	478 000 000
Kanada	310 000 000
USA	303 000 000
China	197 000 000
Australien	164 000 000
Demokratische Republik Kongo	134 000 000
Indonesien	88 000 000
Peru	69 000 000
Indien	68 000 000

KLASSIFIZIERUNG DER WÄLDER

Die mit Wald bedeckten Flächen der Erde werden in fünf Gruppen unterteilt, je nach ihrer Funktion und Charakteristik:

- **Primärwald:** besteht aus einheimischen Arten, ohne sichtbare Anzeichen menschlicher Aktivitäten.
- **Modifizierter natürlicher Wald:** besteht aus einheimischen Arten, mit Anzeichen menschlicher Aktivitäten und einer natürlichen Regeneration.
- **Halb-natürlicher Wald:** bewirtschaftet nach den Regeln der Forstwirtschaft und angelegt nach zuvor definierten Bedürfnissen.

- **Produktionsplantagen:** bestehen aus eingeführten (manchmal auch einheimischen) Arten, die durch Aussaat oder Anpflanzung für die Holzproduktion oder die Ernte anderer Produkte errichtet wurden.

- **Schutzplantagen:** bestehen aus eingeführten oder einheimischen Arten, die durch Aussaat oder Anpflanzung zum Schutz des Bodens, der Gewässer oder der Biodiversität errichtet wurden.

Kenndaten der Wälder der Erde (2005)

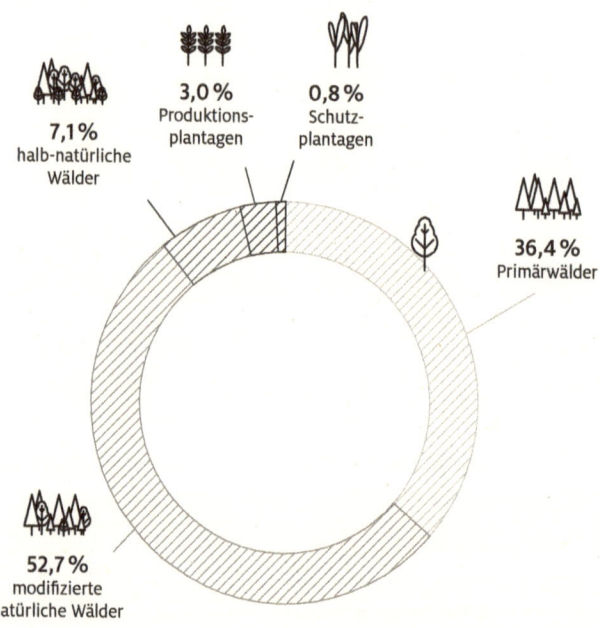

7,1 %
halb-natürliche
Wälder

3,0 %
Produktions-
plantagen

0,8 %
Schutz-
plantagen

36,4 %
Primärwälder

52,7 %
modifizierte
natürliche Wälder

Die Primärwälder stellen noch immer rund ein Drittel aller Wälder der Erde dar, doch Jahr für Jahr verschwinden sechs Millionen Hektar dieser Urwälder, sei es durch Rodung, sei es durch Eingriffe in die Wälder.

Die Produktions- und Schutzplantagen sind zwischen 2000 und 2005 um 2,8 Millionen Hektar gewachsen. Sie umfassen damit 140 Millionen Hektar, von denen der Großteil den Produktionsplantagen zugutekommt.

PALMEN

Für Botaniker sind Palmen keine Bäume, sondern gigantische Gräser. Sie haben auch keinen in der Dicke wachsenden Stamm aus Holz wie Bäume, sondern einen Solitärstamm, der aus Fasern besteht. Dieser Stamm hat von der Basis bis zur Spitze den gleichen Durchmesser; an seiner Spitze öffnen sich lange Blätter wie ein Strauß Blumen. Die Größe einer Palme hängt sehr von ihrer Art und dem Klima ab: Einige Palmen erreichen kaum zwei Meter, andere wiederum werden bis zu 20 Meter hoch. Die ältesten fossilen Spuren, die auf Palmen hinweisen, sind 120 Millionen Jahre alt. Und schließlich bildet eine Palme den größten Samen aller Pflanzen: Die Nüsse der berühmten Seychellenpalme wiegen im Durchschnitt 20 Kilogramm.

ALLEIN IN DER MILCHSTRASSE?

Wie viele intelligente Zivilisationen gibt es in unserer Galaxie? Eine Antwort auf diese Frage versuchte der US-amerikanische Astronom Frank Drake 1961 mit seiner berühmten mathematischen Formel abzuschätzen.

Dazu beginnt man mit der Anzahl der sich pro Jahr neu bildenden Sterne in unserer Galaxie, die mit R_* bezeichnet wird. Diese multipliziert man mit der Anzahl von Sternen, die über ein Planetensystem verfügen, mit f_p bezeichnet, und der durchschnittlichen Anzahl der Planeten, auf denen sich potenziell Leben entwickeln könnte (n_e). Diese Anzahl muss anschließend mit der Wahrscheinlichkeit multipliziert werden, mit der intelligentes Leben tatsächlich auf einem Planeten entsteht. Man kann diese Wahrscheinlichkeit in zwei Teile aufspalten: die Wahrscheinlichkeit f_l, dass Leben entsteht, und die Wahrscheinlichkeit, dass dieses Leben, sobald es entstanden ist, sich in intelligenter Art und Weise entwickelt (f_i).

Damit erhält man den ersten Teil einer Gleichung, die uns die Anzahl der geeigneten intelligenten Zivilisationen berechnet, die in der Milchstraße existieren:

$$R_* \times f_p \times n_e \times f_l \times f_i$$

Doch damit ist die Frage noch nicht beantwortet. Denn es reicht ja nicht aus, einfach nur die Anzahl der möglicherweise existierenden intelligenten Zivilisationen in der Milchstraße zu berechnen. Man muss zudem bedenken, dass man, um heute eine solche Zivilisation zu entdecken, auch den richtigen Moment erwischen muss! Von unserer Gleichung müssen all jene Zivilisationen gestrichen werden, die noch nicht das technologische Niveau erreicht haben, um entsprechende Signale auszusenden. Gestrichen werden müssen aber auch jene, die dieses technologische Niveau zwar schon einmal hatten, inzwischen aber wieder untergegangen sind. Man muss folglich einen Faktor ergänzen, der nicht die Lebensdauer einer Zivilisation, sondern genau die

Länge des Zeitraums angibt, in dem diese Zivilisation in der Lage ist, kommunikative Signale ins Weltall zu senden und zu empfangen. Wir multiplizieren deshalb unsere oben entwickelte Gleichung mit diesem Faktor L. Zudem führen wir einen Faktor ein, der die Anzahl jener Planeten bestimmt, die an einer solchen Kommunikation überhaupt Interesse haben, bezeichnet mit f_c. Schlussendlich erhält man die Anzahl der außerirdischen Zivilisationen, die wir derzeit in der Milchstraße entdecken können:

$$N = R_* \times f_p \times n_e \times f_l \times f_i \times L \times f_c$$

Wie viele sind es dann also? Natürlich gibt es sehr viele unterschiedliche Meinungen über die Werte, die man den einzelnen Parametern zuordnet. Hier zum Beispiel einmal jene, die Drake und seine Kollegen 1961 angenommen haben:

$$R_* = 1 \text{ pro Jahr}$$
$$f_p = 0{,}5$$
$$n_e = 2$$
$$f_l = 1$$
$$f_i = 0{,}01$$

$$L = 10\,000 \text{ Jahre}$$
$$f_c = 0{,}1$$

Was als Ergebnis N = 10 Zivilisationen ergab, mit denen wir heute in der Milchstraße kommunizieren könnten.

ALS GRÖNLAND UND DIE SAHARA NOCH GRÜN WAREN

Auch wenn es uns heute erstaunen dürfte, trägt Grönland, das in einer altnordischen Sprache »grünes Land« getauft wurde, seinen Namen durchaus zu Recht. Das Land, das heute von einer dicken Eiskappe bedeckt ist, war vor rund 450 000 Jahren von Kiefern, Eiben und Erlen bewachsen. Das haben paläoklimatologische Studien ergeben, für die im Eis vollständig erhaltene DNS-Spuren untersucht werden konnten. Damals fielen die Temperaturen im Winter nicht unter −17 Grad Celsius und erreichten +10 Grad Celsius im Sommer. Schmetterlinge, Fliegen, riesige Käfer und Bisons bevölkerten diesen Erdteil, bevor er zu der Eiswüste wurde, die er heute ist.

Die Geschichte der grünen Sahara ist noch jünger. 9000 vor Christus war sie noch eine sehr grüne und feuchte Region, durch die Elefanten, Giraffen und Flusspferde streiften, wie man an dort entdeckten prähistorischen Zeichnungen ablesen kann. Ziemlich genau vor 4900 Jahren begann das Ende der grünen Sahara-Zeit und es fand ein abrupter Wechsel statt. Das Klima änderte sich schlagartig und verwandelte in kaum zwei Jahrhunderten die Sahara in eine wasserarme Wüste. Man weiß heute auch, dass sie vor 86 000 Jahren sogar noch trockener und staubiger war, als wir sie derzeit kennen. Die geologische Geschichte der Sahara changiert offenbar zwischen Wüste und grünem Landstrich – und dies bereits seit sieben Millionen Jahren.

DIE SCHICHTEN DER HAUT

Die Epidermis

Sie bildet die obere Schicht unserer Haut. Die Epidermis erneuert sich häufiger als die beiden anderen. Jene Zellen, die den tieferen Teil der Oberhaut bilden, nennt man Keratinozyten; sie nehmen Melanin auf, jenes Pigment, das unsere Haut dunkler färbt, um uns vor den schädlichen UV-Strahlen zu schützen.

Die Dermis

Diese Schicht ist die dickste der drei. Da die Dermis sehr viel Kollagen enthält, ist sie wesentlich widerstandsfähiger, fester und elastischer als die Epidermis. In dieser Hautschicht sitzen die Haarwurzeln, die Schweißdrüsen, die Talgdrüsen, die Blutgefäße und die Nervenenden, die aus der Haut das Sinnesorgan des Tastens und Berührens machen. Die Dermis funktioniert als Nährschicht für die Epidermis.

Die Subkutis

Die Subkutis ist die unterste Hautschicht. Damit ist sie die direkte Verbindungsstelle zwischen der Haut und den Organen, die sie bedeckt. Ihre Aufgabe besteht darin, einen Energievorrat anzulegen und den Körper warm zu halten, zu isolieren. Man findet die Subkutis am ganzen Körper, außer an den Ohren, den Augenlidern und den äußeren Geschlechtsorganen des Mannes. Über den Fersen und dem Gesäß ist sie besonders dick, damit sie dem Druck dort standhalten kann.

ELEFANTEN, DIE PRÄHISTORISCHEN ZYKLOPEN

Dass Legenden von Zyklopen, einäugigen Wesen, entstanden sind, könnte an den prähistorischen Schädeln von Zwergelefanten liegen, die die alten Griechen auf Sizilien und Kreta gefunden haben. Die große Nasenhöhle mitten im Schädel, die natürlich vom Rüssel her stammt, könnte von ihnen als sehr große Augenhöhle missverstanden worden sein. Die antiken Griechen hatten nur eine sehr vage Vorstellung von lebenden Elefanten und dürften noch nie einen Schädel dieses Tieres gesehen haben. Daher hatten sie kaum eine Chance, den tatsächlichen Ursprung dieser Funde korrekt einzuordnen. Schließlich waren die gefundenen Schädel mehr als drei Mal so groß wie die von Menschen.

ERDBEBEN

Die stärksten Erdbeben lassen nicht nur die Oberfläche unserer Erdkugel erzittern: Sie verschieben sogar die gesamte Erdachse! Sie haben eine derart gewaltige Kraft, dass die Erdstöße die Masse unseres Planeten ein wenig verrücken und somit für die neue Lage der Erdachse sorgen. Nach dem Erdbeben vom 27. Februar 2010 in Chile schätzten Seismologen, dass sich die Achse unseres Planeten um acht Zentimeter versetzt hat. Seitdem ist mit einem Schlag zudem unser Tag um etwa 1,26 Mikrosekunden kürzer. Und der Erdstoß in Japan, der 2011 auch zur Katastrophe von Fukushima führte, hat die Lage der Erdachse um zirka 17 Zentimeter geändert. Von Erdbeben zu Erdbeben dreht sich die Erde also immer schneller, und doch sind diese Änderungen viel zu gering, als dass sie irgendeine Auswirkung auf unser alltägliches Leben hätten.

DAS GRÖSSTE TELESKOP DER ERDE

Das 2013 eingeweihte ALMA (Atacama Large Millimeter / submillimeter Array) ist das größte Radioteleskop der Welt. In über 5000 Metern Höhe in der nordchilenischen Atacamawüste aufgebaut, entstand das Observatorium in weltweiter Zusammenarbeit und kostete eine Milliarde Euro, die von Europa, den USA und Japan bezahlt wurden. Die astronomische Apparatur ist in der Lage, tiefer ins Weltall zu blicken, als es bislang je ein Teleskop auf der Erde konnte. Die 66 Antennen von ALMA lassen sich miteinander verbinden, sodass sie wie ein einziges Auge mit

16 Kilometern Durchmesser fungieren. So gelang es dem Teleskop beispielsweise im Juli 2014, in 11 000 Lichtjahren Entfernung die Geburt eines gigantischen Sterns zu beobachten, der etwa 100 Mal größer werden dürfte als die Sonne. Seitdem können die Astrophysiker in der chilenischen Wüste die Mechanismen bei der Bildung eines Gestirns dieser außergewöhnlichen Größe studieren. Ein noch leistungsfähigeres Radioteleskop wird bereits gebaut, ebenfalls unter dem wolkenlosen Himmel der Atacamawüste. Es soll 2021 fertig gestellt sein und zehn Mal genauere Bilder liefern als das Weltraumteleskop Hubble. Hauptziel des neuen Teleskops wird die Suche nach erdähnlichen Planeten in den unendlichen Weiten des Weltalls sein.

TEMPERATURREKORDE

Kälte

Kontinent	Temperatur	Ort	Datum
Welt	-89,2 °C	Wostok, Antarktis	21. Juli 1983
Afrika	-23,9 °C	Ifrane, Marokko	11. Februar 1935
Antarktis	-89,2 °C	Wostok, Antarktis	21. Juli 1983
Asien	-67,8 °C	Werchojansk, Russland	5. und 7. Februar 1892
		Oimjakon, Russland	6. Februar 1933
Australien und Ozeanien	-23 °C	Charlotte Pass, Australien	29. Juni 1994
Europa	-58,1 °C	Ust-Schtschuger (bei Petschora im Ural), Russland	31. Dezember 1978
Nordamerika	-63,0 °C (ohne Grönland)	Snag, Yukon, Kanada	2. Februar 1947
Nordamerika	-66,1 °C (mit Grönland)	North-Ice-Station, Grönland	9. Januar 1954
Südamerika	-38,9 °C	Sarmiento, Argentinien	Juni 1907

Kontinent	Temperatur	Ort	Datum
Welt	56,7 ° C	Furnace Creek, Kalifornien, Vereinigte Staaten von Amerika	10. Juli 1913
Afrika	55 ° C	Kebili, Tunesien	7. Juli 1931
Antarktis	15,9 ° C	Esperanza-Station	11. Oktober 1976
Asien	54 ° C	Tirat Zvi, Israel	21. Juni 1942 (unter britischem Mandat)
Australien und Ozeanien	50,7 ° C	Oodnadatta, Australien	2. Januar 1960
Europa	48 ° C	Athen, Griechenland	10. Juli 1977
Nordamerika	56,7 ° C	Furnace Creek, Kalifornien, Vereinigte Staaten von Amerika	10. Juli 1913
Südamerika	48,9 ° C	Rivadavia (Mendoza), Argentinien	11. Dezember 1905

Ein Satellit der NASA konnte einen neuen Rekord vermelden, auch wenn dieser von der Weltorganisation für Meteorologie (WMO), die nur vor Ort gemessene Temperaturen anerkennt, nicht gezählt wird. Der kälteste Ort befindet sich danach in der Arktis, allerdings nördlich der russischen Forschungsstation Wostok, mitten in der Eiswüste: Hier wurde am 10. August 2010 eine Temperatur von -93,2 ° C bestimmt.

ÄHNLICHE TIERE UNTERSCHEIDEN LERNEN

Krokodil und Alligator

Das (Echte) Krokodil hat ein deutlich länglicheres und spitzeres Maul als der Alligator, den man an seiner breiten und abgerundeten Schnauze erkennt. Schließt das Krokodil sein Maul, bleiben neben den meisten Zähnen des Oberkiefers auch zwei Zähne des

Unterkiefers von außen sichtbar. Beim Alligator hingegen sind nur die oberen Zähne von außen zu sehen. Krokodile kommen in vielen heißen Teilen der Erde vor (Afrika, Asien, Amerika, Australien), wohingegen der Alligator streng genommen nur in zwei Arten existiert: der Amerikanische Alligator und der Chinesische Alligator. Allerdings zählt man die Kaimane, die in Mittel- und Südamerika leben, ebenfalls zur Familie der Alligatoren.

Eule und Uhu

Der Uhu ist nicht das Männchen der Eule! Die beiden sind zwei Arten von Raubvögeln und gehören zur Familie der Eulenvögel. Der Uhu besitzt auf der Oberseite des Kopfes kleine Federn in Form von Hörnchen, die man Federohren nennt. Obwohl sie so heißen und leicht mit Ohren verwechselt werden können, haben sie nichts mit dem Hören zu tun. Die Eule erkennt man an ihrem völlig runden Kopf. In vielen Sprachen wird kein Unterschied zwischen diesen beiden Vögeln getroffen, so heißen im Englischen Eule und Uhu gleichermaßen *owl*.

Kamel und Dromedar

Das Kamel (oder Trampeltier) hat zwei Höcker, wohingegen das Dromedar nur einen hat. Beide Tiere speichern Fett in den Höckern, was es ihnen ermöglicht, viele Tage ohne Nahrung und Wasser unterwegs sein zu können. Das Kamel und das Dromedar begegnen sich in freier Wildbahn eigentlich nie: Das Erste stammt aus Asien, während das Zweite in Afrika lebt. Diese unterschiedliche Verbreitung erklärt auch, warum sie nicht die gleiche Anzahl Höcker haben: Das Kamel, das in den eher kalten Wüsten Asiens zuhause ist (in China und der Mongolei), benötigt mehr Energie, um die Kälte zu überstehen, als sein afrikanischer Cousin.

Afrikanischer Elefant und Asiatischer Elefant

Wie es bereits die Namen verraten, leben diese Tiere nicht in den gleichen Regionen der Erde. Die Bezeichnung Afrikanischer Elefant umfasst genau genommen zwei eigenständige Arten (den Steppenelefanten und den Waldelefanten). Der Asiatische Elefant bildet die dritte und letzte Art der noch lebenden Familie der Elephantidae. Der Afrikanische Elefant ist deutlich größer und breiter als der Asiatische. Auch seine Ohren sind größer, sogar proportional zur restlichen Körpergröße. Beim Afrikanischen Elefant verfügen Elefantenbulle und Elefantenkuh über Stoßzähne, beim Asiatischen Elefant ist nur das Männchen so ausgestattet. Die Stirn des Afrikanischen Elefanten wirkt eher abgeflacht und fliehend, wohingegen die des Asiatischen Elefanten konkav ist. Und schließlich endet die Rüsselspitze des Afrikanischen Elefanten in zwei kleinen dreieckigen Lippen, von denen sein asiatischer Cousin nur eine hat.

Grille, Heuschrecke, Grashüpfer

Alle drei gehören sie zur Ordnung der Orthoptera, deren griechische Etymologie darauf verweist, dass sie gerade Flügel haben. Allein die Farbe hilft nicht, um sie zu unterscheiden: Sie können alle grün oder braun sein, auch wenn die europäischen Grillen ausnahmslos braun sind. Die Fühler sind da schon eine größere Hilfe: Die Kurzfühlerschrecken (zu denen der Grashüpfer gehört) haben eher kurze und dicke Fühler, wohingegen die Grille (die zur Unterordnung der Langfühlerschrecken gezählt wird) Antennen hat, die oft die Körperlänge übertreffen. Um eine Grille und einen Grashüpfer voneinander unterscheiden zu können, wäre es ideal, bei zwei Weibchen vergleichend den Ovipositor zu betrachten: Dieses Organ, am Ende des Unterleibs, das zur Eiablage in den Boden dient, ist bei der Grille eher zylindrisch und beim Grashüpfer abgeflacht wie eine Klinge. Zudem kleben die Hinterbeine bei einem Grashüpfer deutlich enger am Körper als bei einer Grille. Und zuletzt fehlt noch der Hinweis, dass Kurzfühlerschrecken (Heuschrecken, Grashüpfer) sich fast ausschließlich vegetarisch ernähren, die Grille jedoch zu den Omnivoren gehört, d. h., sie greift auch andere kleinere Insekten an, um sie zu erbeuten.

Kakerlake und Küchenschabe

Hier ist es genauso! Diese deutschen Namen bezeichnen umgangssprachlich unterschiedliche Arten, die gemeinsam zur Ordnung der Schaben (Blattodea) gehören. Der spanische Name, den man aus dem gleichnamigen Lied kennt, lautet *la cucaracha*.

LOGIEN
(TEIL 4 VON 4)

Anthropologie, die Wissenschaft vom Menschen
(hier unter seinen kulturellen Aspekten)

- Ethnologie: Wissenschaft von den Völkern
- Demografie: Wissenschaft vom Volk und seinen Repräsentanzen
- Mediologie: Wissenschaft von der Weitergabe von Kulturen und Techniken
- Gerontologie: Wissenschaft vom Altern
- Thanatologie: Wissenschaft vom Tod
- Psychologie: Wissenschaft vom seelischen Verhalten und Erleben

- Oneirologie: Wissenschaft von der Traumdeutung
- Gelotologie: Wissenschaft vom Lachen
- Sexologie: Wissenschaft von der Sexualität
- Traumatologie: Wissenschaft von den psychischen Traumata
- Epistemologie: Wissenschaft von der Erkenntnis und dem Wissen
- Archäologie: Wissenschaft von den Altertümern
  - Keramologie: Wissenschaft von Gegenständen aus Keramik
  - Amphorologie: Wissenschaft von den Amphoren
  - Ikonologie: Wissenschaft von der symbolischen Deutung antiker Bilder und Objekte
  - Ägyptologie: Wissenschaft vom antiken Ägypten
  - Byzantinistik: Wissenschaft der babylonischen Zivilisation
  - Assyriologie: Wissenschaft von der mesopotamischen Zivilisation
  - Etruskologie: Wissenschaft von der etruskischen Zivilisation
- Arithmologie: Wissenschaft von den Zahlen als Symbole
- Vexillologie: Wissenschaft von den Flaggen und Fahnen
- Metrologie: Wissenschaft von den Maßen (Längen, Gewichte etc.)
- Garbologie: Wissenschaft vom Müll

Paläontologie, die Wissenschaft von den Fossilien
- Paläoanthropologie: Wissenschaft von der Entwicklung des Menschen
- Palichnologie: Wissenschaft von den fossilen Spuren und Fährten
- Paläozoologie: Wissenschaft von den fossilen Tieren
- Paläobotanik: Wissenschaft von den fossilen Pflanzen

- Paläoökologie: Wissenschaft von den fossilen Lebensgemeinschaften
- Paläolimnologie: Wissenschaft von den Seen anhand ihrer Sedimente
- Paläoklimatologie: Wissenschaft von der Klimageschichte

Physik und Chemie

- Rheologie: Wissenschaft von der Verformung und dem Fließverhalten von Materie
- Radiologie: Wissenschaft von den elektromagnetischen Strahlen
- Tribologie: Wissenschaft von der Reibung
- Enzymologie: Wissenschaft von den Gärungsvorgängen

EXTREMOPHILE

Ein Organismus heißt extremophil, wenn er sich unter Bedingungen entwickelt, die für die Mehrzahl der anderen Organismen tödlich wären, also beispielsweise unter sehr tiefen oder sehr hohen Temperaturen. Einige Insekten, Fische oder Krebstiere beweisen zwar durchaus außergewöhnlich hohe Widerstandskräfte; doch extremophil werden nur einzellige Organismen genannt, wie etwa Bakterien, die sich in hydrothermalen Quellen oder in der Umgebung von ausbrechenden Vulkanen entwickeln. 2003 haben Wissenschaftler der University of Massachusetts einen neuen Organismus entdeckt, der in einer 121° Celsius heißen Umgebung überleben konnte. Bis heute hält er damit den Rekord aller Lebewesen.

NUKLEARWAFFEN AUF DER WELT

Die folgende Tabelle enthält die geschätzte Anzahl strategischer und taktischer Atomwaffen, die Anfang 2013 auf der Welt verfügbar waren. Die Zahlen stammen aus dem Buch *D'Hiroshima à la dissuasion nucléaire* (»Von Hiroshima bis zur atomaren Abschreckung«) von Jacques Villain und André Motet (Cépaduès, Toulouse 2015).

Land	geschätzte Gesamtzahl an Kernwaffen	geschätzter Anteil an der Gesamtmenge der Kernwaffen weltweit	geschätzte Höchstzahl an Kernwaffen (Datum dieser Höchstzahl)
Russland	etwa 8000 (davon 4500 ständig einsatzbereit)	47,6 Prozent	40 000 (im Jahr 1986)
Vereinigte Staaten von Amerika	etwa 7700 (davon 2150 ständig einsatzbereit)	45,8 Prozent	31 000 (im Jahr 1967)
Frankreich	etwa 300	1,8 Prozent	540 (in den Jahren 1991 und 1992)
China	etwa 250	1,5 Prozent	250 (im Jahr 2013)
Großbritannien	225	1,3 Prozent	500 (in den Jahren von 1973 bis 1981)
Pakistan	100 bis 120	0,7 Prozent	120 (im Jahr 2013)
Indien	90 bis 110	0,7 Prozent	110 (im Jahr 2013)
Israel	etwa 80	0,5 Prozent	80 (seit 2004)
Nordkorea	10 bis 20	0,1 Prozent	10 bis 20 (im Jahr 2017)[*]
Insgesamt	etwa 16 800 (davon 6650 ständig einsatzbereit)	100 Prozent	

[*] Zum Zeitpunkt der Buchproduktion im Sommer 2018 verhandelten die USA gerade mit Nordkorea über eine atomare Abrüstung. Die Zahl der nordkoreanischen Atomsprengköpfe könnte mittlerweile also überholt sein.

DIE SYPHILIS KOMMT ZURÜCK

Man dachte, sie sei verschwunden, doch diese sexuell übertragbare Krankheit ist seit 2000 wieder auf dem Vormarsch. 2014 wurden in Deutschland 5722 Syphilis-Neudiagnosen gezählt. Die Syphilis galt vor allem im 19. Jahrhundert als Krankheit der Schande, damals starben Menschen in fast epidemischen Ausmaßen an ihren Folgen. Der Erreger der Krankheit, das Bakterium *Treponema pallidum*, wird bei ungeschütztem Geschlechtsverkehr übertragen, führt zu Ausschlägen auf der Haut und den Schleimhäuten und befällt später zahlreiche Organe. Neben den charakteristischen Spuren, die die Syphilis auf dem Gesicht hinterlässt, kann sie zu Komplikationen im Gehirn, mit den Nerven, im Herzen und den Augen führen. Lange ging man – fälschlicherweise – davon aus, dass man die Syphilis mit Antibiotika besiegen könne. Nun allerdings beobachtet man in ganz Europa seit zehn Jahren einen Anstieg von Neuerkrankungen, der sich seit 2015 beschleunigt hat, obgleich sich die absoluten Zahlen natürlich nicht mit denen etwa des Jahres 1900 vergleichen lassen. Grund für diese Zunahme sind zweifellos riskante Sexualpraktiken. Auch bei Heterosexuellen steigt die Zahl der Betroffenen. Wissenschaftler erinnern immer wieder daran, dass der einzige Schutz gegen diese Erkrankung die Verwendung von Kondomen ist. Es gibt gegen die Syphilis nämlich keine Schutzimpfung.

ORTE MIT AUSSER-
GEWÖHNLICHEN GEZEITEN

In Kanada: In der Ungava Bay kann der Tidenhub, der Unterschied zwischen den Höchstständen von Ebbe und Flut, 17 Meter, ja durchaus auch einmal 20 Meter erreichen; in der Bay of Fundy rund 18,50 Meter. Diese Gezeiten dürfen wohl für sich reklamieren, die höchsten weltweit zu sein. Auf den nächsten Plätzen folgen: Río Gallegos in Argentinien (16,8 Meter), die Mündung des Severn in Großbritannien (16,5 Meter) und die Frobisher Bay in Kanada (16,3 Meter).

In Großbritannien: Neben der Severn-Mündung findet noch am Bristol-Kanal ein mit 15 Metern besonders hoher Tidenhub statt.

In Frankreich: In der Bucht des Mont-Saint-Michel, von der man sagt, das Meer steige dort mit der Geschwindigkeit eines Pferdes im Galopp, erreichen die Gezeiten eine Höhe von 15 Metern. Unter anderem von Granville aus lässt sich dies gut beobachten.

In Norwegen: Die Meerenge von Saltstraumen füllt und leert einen Fjord mit 400 Millionen Kubikmetern Wasser.

In Westaustralien: Die Horizontal Falls (»Horizontale Wasserfälle«) in der Kimberley-Region bieten zehn Meter Tidenhub. Die Gezeiten füllen oder leeren die kleine Talbot Bay, die über zwei enge, sich überlagernde Meerengen mit der Timorsee verbunden ist. Der Höhenunterschied zwischen den beiden Wasserflächen sorgt für einen sehr starken Wasserstrom, der an einen Wasserfall erinnert.

Puducherry in Indien und einige Häfen in Vietnam sind deshalb außergewöhnlich, weil hier nur ein Gezeitenwechsel pro Tag stattfindet.

IMMER STÄRKERE SUPERCOMPUTER

Supercomputer, die 1000 Mal leistungsfähiger sind und dabei einen zehn Mal geringeren Energieverbrauch haben – dies hat der große französische IT-Dienstleister Atos für das Jahr 2020 versprochen. Ihr Superrechner *Bull Sequana* soll der sogenannten Exascale-Klasse angehören und damit in der Lage sein, eine Trillion Rechenoperationen pro Sekunde durchzuführen. Damit wäre er rund 1000 Mal stärker als die derzeitigen Systeme. Big Data hat noch großartige Tage vor sich.

DIE GRÖSSTE INSEKTENKOLONIE DES PLANETEN

Die Ameisenart *Linepithema humile* hat, wie man in den 1890er-Jahren ausfindig machte, an der französischen und spanischen Küste eine wahrhafte Superkolonie errichtet. Im Jahr 2002 erstreckte sich diese Kolonie bereits über rund 6000 Kilometer Küste! Normalerweise verhalten sich Ameisen einer Kolonie gegenüber anderen Tieren ihrer Art wie aggressive Rivalen und bekämpfen sich. Die Tiere dieser Superkolonie jedoch erkennen die anderen Ameisen als Verwandte, schließen sich mit ihnen zusammen und greifen andere Arten an, ohne untereinander aggressiv zu werden. Das Erstaunliche daran ist, dass diese Ameisen in Argentinien, wo sie ursprünglich zuhause sind, sich genau wie alle anderen Ameisen verhalten: Eine Kolonie bekämpft die andere. Nun scheint es so zu sein, dass sich nach ihrer unbeabsichtigten Verschleppung nach Europa – sie sind vermutlich per Schiff eingereist – hier eine erste Kolonie gegründet hat, die keinerlei Konkurrenz ihrer eigenen Art vorfand. So vermehrten die Ameisen sich, bildeten eine Schwesterkolonie nach der anderen und formten damit die größte Insektenkolonie des Planeten. Eine einzige rivalisierende Kolonie der *Linepithema* gelangte an die katalanische Küste; sie befindet sich seitdem im Dauerkrieg mit der ursprünglichen Superkolonie. Die Côte d'Azur und die Costa Brava scheinen diesen Eroberern nicht zu genügen, denn man entdeckte 2009, dass diese Ameisen sich auch auf anderen Teilen der Erde breitgemacht haben. Ganz ähnliche Superkolonien wie die in Frankreich und Spanien fand man auch in Japan, in Kalifornien, aber auch in Neuseeland und Australien. Außergewöhnlich ist auch, dass diese Superkolonien zu ein und demselben internationalen Clan zu gehören scheinen, denn eine Ameise aus der Hauptkolonie in Europa erkennt eine Ameise aus der Superkolonie in Japan als Schwester! Und so lässt sich sagen, dass sich über Kontinente hinweg eine Megakolonie auf der Erde ausgebreitet hat.

Arten, die nach berühmten Persönlichkeiten benannt wurden

geehrte Persönlichkeit(en)	Gattung oder Art	Typus	Bemerkung
Arnold Schwarzenegger	*Agra schwarzeneggeri*	Laufkäfer	Der Oberschenkelknochen des mittleren Beinpaars dieses Käfers ist besonders ausgeprägt, wodurch er an den Bizeps des US-amerikanischen Schauspielers erinnert.
William Shakespeare	*Legionella shakespearei*	Bakterie	Die Bakterie wurde in Stratford-upon-Avon isoliert, dem Geburtsort Shakespeares.
Shakira	*Aleiodes shakirae*	Wespe	Ist eine Raupe von dieser Wespe parasitär befallen, dreht sie ihren Unterleib in alle Richtungen hin und her; sie führt also eine Art Bauchtanz auf, eine Disziplin, mit der die kolumbianische Sängerin besonders auf sich aufmerksam macht.
Paul Simon	*Avalanchurus simoni*	Trilobit	
Edward Snowden	*Cherax snowdeni*	Krebstier	
Spartacus	*Dasyurus spartacus*	Bronzequoll (Beutelmarder)	
Steven Spielberg	*Anhanguera spielbergi*	Flugsaurier	
Ringo Starr	*Avalanchurus starri*	Trilobit	
Sting	*Hyla stingi*	Frosch	
Bram Stoker	*Draculoides bramstokeri*	Geißelskorpion	
Jonathan Swift	*Meoneura swifti*	Fliege	Nach dem Schriftsteller Swift benannt, da dieser in *Gullivers Reisen* gezeigt hat, dass winzige Wesen sehr bedeutsam sein können.

J.R.R. Tolkien	*Shireplitis tolkieni*	Wespe	Die anderen Arten der Gattung Shireplitis (abgeleitet vom englischen Shire, deutsch: Auenland) sind nach den Helden aus *Der Herr der Ringe* benannt: *Shireplitis bilboi*, *Shireplitis frodoi*, *Shireplitis peregrini*, etc.
Liv Tyler	*Agra liv*	Käfer	
Königin Victoria von England (1819–1901)	*Victoria amazonica*	Seerose	
Leonardo da Vinci	*Leonardo davincii*	Motte	
George Washington	*Washingtonia*	Palme	
Orson Welles	*Orsonwelles*	Spinne	Viele Arten dieser Gattung sind nach Filmen von Orson Welles benannt: *Orsonwelles arcanus* nach *Mr. Arkadin* (deutscher Titel: *Herr Satan persönlich*; arcanus bedeutet auf Lateinisch »versteckt«), *Orsonwelles polites* nach *Citizen Kane* (wörtlich »Bürger Kane«, denn polites bedeutet auf Griechisch »Bürger«), etc.
Kate Winslet	*Agra katewinsletae*	Käfer	
Neil Young	*Myrmekiaphila neilyoungi*	Spinne	
Frank Zappa	*Pachygnatha zappa*	Spinne	Diese Radnetzspinne hat ein schwarzes Motiv auf ihrem Unterleib, das an das Bärtchen von Zappa erinnert.
Frank Zappa	*Phialella zappai*	Qualle	Ferdinando Boero, Quallenexperte aus Genua, schrieb eines Tages einen Brief an Frank Zappa mit der Bitte um ein Treffen. Der Musiker antwortete, er träume schon immer davon, dass eine Qualle seinen Namen trage. Der Biologe erfüllte ihm den Wunsch, und es kam zur Begegnung mit seinem Idol.
Mao Zedong	*Maotherium*	ausgestorbenes Säugetier	

TIERISCHER NIEDERSCHLAG

Sprechen wir hierzulande davon, dass es »Bindfäden regnet«, so kennen die Engländer ein noch bildmächtigeres Sprichwort: »It's raining cats and dogs« (»Es regnet Katzen und Hunde«). Diese Wendung wortwörtlich zu verstehen, ist vielleicht weniger absurd, als es zunächst wirkt, denn im Laufe der Geschichte hat sich eine Reihe von Zeugenaussagen angesammelt, die alle ein zumindest mysteriöses Phänomen beschreiben: Es regnet Tiere. Nicht nur die Bibel berichtet davon, dass Frösche vom Himmel fallen; am 7. September 1953 stürzten Tausende von Fröschen auf die Stadt Leicester in Massachusetts (USA). Bereits im 4. Jahrhundert vor Christus berichtete der Grieche Athenaios von einem Fischregen, der sich drei Tage lang über den Peloponnes ergossen haben soll. Die weiteren Beispiele, die sich finden lassen, sind ebenso zahlreich wie verwirrend: 1877 gingen Schlangen über Memphis nieder, 1969 regnete es Enten auf Maryland und in Australien kam es 1978 zu einem Garnelenschauer. Lange Zeit hielten Wissenschaftler solche und ähnliche Berichte für Fantasiegeschichten, doch im 19. Jahrhundert fing man an, wissenschaftlich nach Erklärungen für diese Vorkommnisse zu suchen, deren Echtheit man nicht länger bezweifeln konnte. Was herabregnende Vögel angeht, so dürfte die zufriedenstellendste Erklärung sein, dass große Schwärme, die sich in Vorbereitung auf ihren Zug in die Winterquartiere in der Nähe von Städten versammeln, irgendwie in Panik geraten und es dann im Himmel zu einer Art Massenkollision kommt. Bei den anderen Tieren, seien es Land- oder Wasserbewohner, die aus den Wolken zu kommen scheinen, geben Forscher inzwischen Windhosen über dem Meer und Tornados die Schuld: Die starken

Winde erfassen die Tiere und tragen sie über recht ansehnliche Strecken weiter. Folgt man dieser Erklärung, ergibt sich nur ein Problem: Wie kommt es, dass in den allermeisten Fällen von tierischem Niederschlag nur eine einzige Tierart herunterfällt? Selbst wenn es Fische regnet, so fällt meist nur eine einzige Fischart vom Himmel herab. Wie lässt sich eine derartige, seltsame Auswahl erklären? Sollte ein Tornado verantwortlich sein, müsste dann nicht ein ganzes Ökosystem ergriffen und wieder fallen gelassen werden, kleine Tiere, Pflanzen, Algen, Kies? Dieses Naturphänomen hält offenbar noch Rätsel für uns bereit.

DIE TEKTONISCHEN PLATTEN

Die wichtigsten Kontinentalplatten

Diese sieben Platten bilden den größten Teil der Kontinente und des Pazifischen Ozeans.

- Afrikanische Platte
- Antarktische Platte
- Australische Platte (manchmal auch als Indisch-australische oder Australo-indische Platte bezeichnet)
- Eurasische Platte
- Nordamerikanische Platte
- Pazifische Platte
- Südamerikanische Platte

Sekundäre Platten

Mit Ausnahme der Arabischen Platte sind diese Platten deutlich kleiner und haben kaum nennenswerte Landflächen, die sich über den Meeresspiegel erheben:

- Arabische Platte
- Cocos-Platte
- Juan-de-Fuca-Platte
- Karibische Platte
- Nazca-Platte
- Philippinische Platte (auch Philippinensee-Platte genannt)
- Scotia-Platte (auch Schottland-Platte genannt)

Tertiäre Platten

Dies sind in der Regel Mikroplatten, deren Status als eigenständige tektonische Platte in wissenschaftlichen Kreisen noch nicht überall anerkannt ist. Sie sind im Folgenden der Haupt- oder Sekundärplatte zugeordnet, mit der sie im Allgemeinen verbunden werden:

AFRIKANISCHE PLATTE:

- Madagaskar-Platte
- Nubische Platte
- Seychellen-Platte
- Somalia-Platte

ANTARKTISCHE PLATTE:

- Kerguelen-Platte
- Sandwich-Platte
- Shetland-Platte

AUSTRALISCHE PLATTE:

- Capricorn-Platte
- Futuna-Platte
- Indische Platte

- Kermadec-Platte
- Maoke-Platte
- Niuafo'ou-Platte
- Sri-Lanka-Platte
- Tonga-Platte
- Woodlark-Platte

COCOS-PLATTE:

- Rivera-Platte

EURASISCHE PLATTE:

- Adriatische Platte
- Ägäische Platte
- Amur-Platte
- Anatolische Platte

- Bandasee-Platte
- Burma-Platte
- Iberische Platte
- Iranische Platte
- Molukkensee-Platte
- Halmahera-Platte
- Sangihe-Platte
- Okinawa-Platte
- Sunda-Platte
- Timor-Platte
- Yangtse-Platte

JUAN-DE-FUCA-PLATTE:
- Explorer-Platte
- Gorda-Platte

KARIBISCHE PLATTE:
- Panama-Platte

NORDAMERIKANISCHE PLATTE:
- Grönland-Platte
- Jan-Mayen-Platte
- Ochotsk-Platte

PAZIFISCHE PLATTE:
- Balmoral-Riff-Platte
- Bird's-Head-Platte
- Conway-Riff-Platte
- Galapagos-Platte
- Juan-Fernandez-Platte
- Karolinen-Platte
- Kula-Platte
- Manus-Platte
- Neue-Hebriden-Platte
- Nordbismarck-Platte
- Nordgalapagos-Platte
- Oster-Platte
- Salomonensee-Platte
- Südbismarck-Platte

PHILIPPINISCHE PLATTE:
- Marianen-Platte

SÜDAMERIKANISCHE PLATTE:
- Altiplano-Platte
- Malwinen-Platte
- Nordanden-Platte

HAARE

Haarschopf, Schamhaar, Rosshaar, Kopfhaar, Haarkleid, Haardecke sowie, in einem eher wissenschaftlichen Register, Hautanhangsgebilde und Trichome: Das Haar ist in unserer Sprache allgegenwärtig, genau wie in der lebendigen Natur um uns herum. Dabei ist seine Struktur vielseitig: Bei den Wirbeltieren besteht es aus Keratin, Bakterien hingegen verfügen über Flagellen, bei Insekten nennt man es Chitin. Wir Menschen haben auf unserer Haut zwischen vier und fünf Millionen Haare, die zusammen eine Fläche von etwa zwei Quadratmetern bilden würden. Das Tier mit dem dichtesten Fell ist der Otter, der auf einem Quadratzentimeter rund 130 000 Haare besitzt. Und seit drei Milliarden Jahren wimmelt es im Wasser nur so von Wimper- und Geißeltierchen. Ihre Haare ermöglichen es Bakterien und Krebstieren, unablässig ihre Position im Wasser anzupassen. Algen, wie etwa die Cryptophyceae, bewegen sich ebenfalls mit ihren Flagellen oder Geißeln fort. Auf dem Festland haben Pflanzen den fressenden Tieren nichts entgegenzusetzen außer ihrer Behaarung: Sie kann sich pelzig anfühlen wie bei der Himbeere, wollig wie beim Edelweiß, einen Hautausschlag verursachen wie bei der Brennnessel, klebrig sein wie beim Sonnentau, luftig wie beim Löwenzahn, anhänglich wie bei Kletten, reizauslösend wie bei der Alpen-Heckenrose oder der Hagebutte, federig wie bei der Klematis. Zur Zeit der Dinosaurier waren Haare noch nicht so allgegenwärtig wie heute, damals herrschten noch Schuppen vor. Erst am Ende der Kreidezeit setzten sich behaarte Säugetiere und gefiederte Vögel durch und übernahmen an Land und im Himmel das Kommando. Bei Wirbeltieren erfüllen Haare grundsätzlich eine Schutzfunktion, sorgen aber auch für die Temperaturregulierung. Darüber hinaus haben sich Haare auch von Tier zu Tier spezialisiert. Bei Fledermäusen helfen sie, die Luftfeuchtigkeit in den Schlafhöhlen kondensieren zu lassen, bis das Wasser leicht von ihnen abtropft; die Häsin zupft sich Pelz aus, um damit das Nest für ihren Nachwuchs auszupolstern; zahlreiche Tiere orientieren sich in der Umgebung mithilfe ihrer Barthaare. Haare können sogar eine soziale Funktion übernehmen: Das gegenseitige Lausen beispielsweise, das dabei hilft, Parasiten zu entfernen, ist ein Faktor, der über die Stimmung und den Zusammenhalt einer Affengruppe entscheidet.

Vor allem beim Menschen, jenem sozial-kulturell entwickelten Tier, hat sich die Behaarung von ihrer einfachen biologischen Funktion gelöst. Strategien und Listen, um das Haar zu bändigen, zu verschönern oder ganz zu beseitigen, gehen schon auf die ersten Menschen zurück. Die in Form gebrachte Haarpracht der Venus von Brassempouy, einer kleinen, 25 000 Jahre alten Figurine, ist einer der ältesten Belege dafür, wie viel Sorgfalt man schon früher auf seine Frisur legte. Obwohl es universelles Symbol der männlichen Energie ist, durchlebte das Haar je nach Epoche und Kultur ganz unterschiedliche Phasen. Es ist »empfänglich für die kleinsten Veränderungen in der Geschichte«, wie der Ethnologe Christian Bromberger schrieb. Allein die Form eines Kinn- oder Schnurrbarts kann verraten, welcher Ideologie sich der Träger verschrieben hat. Und umgekehrt können Haare auch Mittel der Exklusion sein: Das zottelige Haar der Barbaren rückte sie in den Augen ihrer Gegner in die Nähe von wilden Tieren. Damit wurde das Haar plötzlich auch zu einem Mittel der Grenzüberschreitung, zur Ausdrucksmöglichkeit für Rebellen und Widerspenstige, zur Uniform des Eremiten, der sich aus der menschlichen Gesellschaft zurückzieht. Heute werden Haare geschoren und epiliert wie noch niemals zuvor; fälschlicherweise gilt das Haar als Zeichen für Schmutz und Dreck, dabei übernimmt es im Gegenteil sogar eine Funktion der Körperhygiene. Die Moden jedoch kommen und gehen, schwanken zwischen der Tendenz, alle Haare zu entfernen, und der Reaktion darauf, der überbordenden Behaarung. Haare sind ein unerschöpflicher Forschungsgegenstand für Anthropologen, denn hier kristallisieren sich die ganz grundlegenden Fragen, vor der jede Gesellschaft steht: Was unterscheidet Mann und Frau, was den zivilisierten von dem wilden Menschen, wo ist die Grenze zwischen Mensch und Tier?

DIE EWIGE GLÜHBIRNE

Seit 1901 leuchtet in der Feuerwache der kalifornischen Stadt Livermore dieselbe Glühbirne. Seit 2001 nennt man die mit vier Watt Leistung brennende Lampe »Centennial Light« (»Hundertjähriges Licht«). Die Dienstälteste unter den Glühbirnen wurde so gut wie nie ausgeschaltet. Ihre Langlebigkeit verdankt sie ihrer schwachen Leistung und der gleichmäßigen Stromversorgung. Die Glühbirne von Livermore strahlt inzwischen mit nurmehr 0,3 Prozent ihrer ursprünglichen Helligkeit. Experten gehen davon aus, dass sie noch Tausende, wenn nicht gar Millionen von Jahren leuchten könnte. Das Leben dieser Glühbirne lässt sich mit einer Webcam verfolgen, die sie stets im Auge behält und alle 30 Sekunden aktuelle Aufnahmen veröffentlicht. Offizielle Webseite der Glühbirne: www.centennialbulb.org

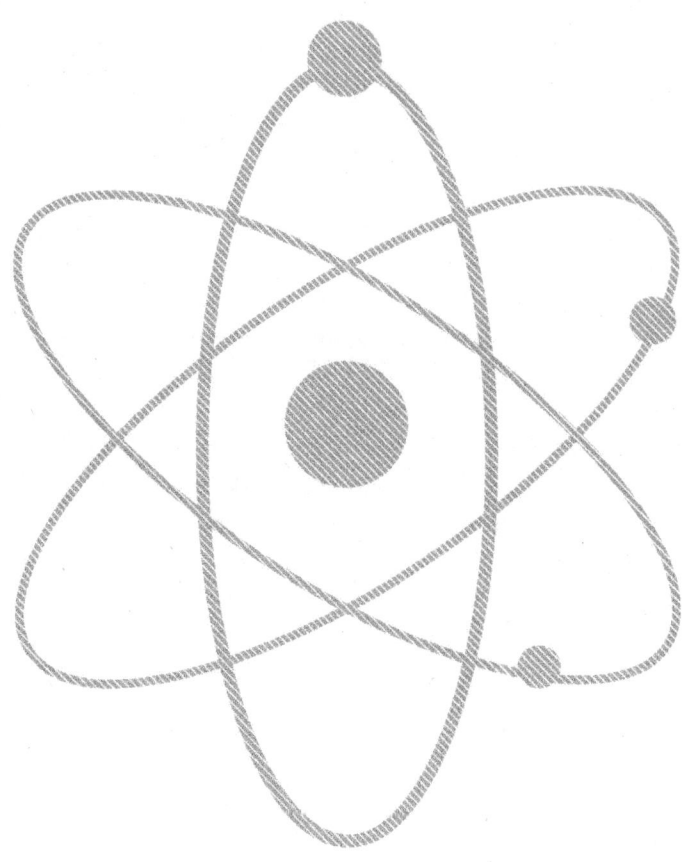

WISSENSCHAFTSZITATE
TO GO

Wirkliches Neuland in einer Wissenschaft kann wohl nur gewonnen werden, wenn man an einer entscheidenden Stelle bereit ist, den Grund zu verlassen, auf dem die bisherige Wissenschaft ruht, und gewissermaßen ins Leere zu springen.　　　　　Werner Heisenberg

Ihrer wahren Wesensbestimmung nach ist die Wissenschaft das Studium der Schönheit der Welt.　　　　　Simone Weil

Wenn ich die Folgen geahnt hätte, wäre ich Uhrmacher geworden.　　　　　Albert Einstein

Die Wissenschaften so gut als die Künste bestehen in einem überlieferbaren (realen), erlernbaren Teil und in einem unüberlieferbaren (idealen), unlernbaren Teil.　　　　　Johann Wolfgang von Goethe

In der Wissenschaft kommt es alle paar Jahre vor, dass etwas, das bis dahin als Fehler galt, plötzlich alle Anschauungen umkehrt oder dass ein unscheinbarer und verachteter Gedanke zum Herrscher über ein neues Gedankenreich wird.　　　　　Robert Musil

Niemand bestreitet die Wunder der modernen Wissenschaft. Jetzt wäre es an der Zeit, dass sie auch für ihre Monster die Verantwortung übernimmt.　　　　　Jakob von Uexküll

Mancher Zoolog ist doch im Grunde nichts weiter als ein Affen-Registrator.　　　　　Arthur Schopenhauer

Der Wissenschaftler muss durch sein Handeln immer wieder kundtun,
dass er zum humanen Teil der Menschheit gehört.

Johann Wolfgang von Goethe

Es gibt Fragen, auf die die Menschen Antworten haben wollen, aber keine
finden. Es ist ein Aberglauben zu meinen, dass diese Fragen mit dem
Fortschritt der Wissenschaften verschwinden können.

Hans-Georg Gadamer

Jede Wissenschaft ist, unter anderem, ein Ordnen, ein Vereinfachen,
ein Verdaulichmachen des Unverständlichen für den Geist.

Hermann Hesse

Wissenschaft ist nur der Austausch unserer Unwissenheit gegen
Unwissenheit neuer Art. Lord George Gordon Noel Byron

Weder hohe Ämter noch Macht, einzig die Zepter der Wissenschaft
überdauern. Tycho Brahe

In der Wissenschaft gleichen wir alle nur den Kindern, die am Rande des
Wissens hie und da einen Kiesel aufheben, während sich der weite Ozean
des Unbekannten vor unseren Augen erstreckt. Isaac Newton

Die Wissenschaft fängt eigentlich erst da an interessant zu werden,
wo sie aufhört. Justus von Liebig

INHALTSVERZEICHNIS

DANKSAGUNG

Ihr alle habt auf eure eigene Art und Weise dazu beigetragen, dieses Buch mit Merkwürdigem aus der Welt der Wissenschaft möglich zu machen. Ich danke euch vielmals und von ganzem Herzen.

- Charles Dantzig: Dank für die alchemistischen Fähigkeiten zugunsten von Autoren und die Wannenbäder mit veilchenblauen Duftbläschen.
- Anatole Tomczak: Danke dem fröhlichen Begleiter für Nachmittage und der Arbeit gewidmeter Sonntage.
- Jean-François Paga: Danke dem Auge und Porträtisten *au carré*.
- Paul-Raymond Cohen: Danke für das schöne Gestalten der Inhalte.
- Élodie Deglaire: Dank der patenten Pressedame.
- Anne-Julie Bémont: Danke der sonnigen Begleiterin für schreibende Moderatoren.
- Dank an Frédéric Schlesinger, der vor zehn Jahren die irre Idee hatte, mich zu fragen, ob ich nicht eine wissenschaftliche Radiosendung machen wolle.
- Dank an Laurence Bloch und Emmanuel Perreau, die es mir ermöglichen, sie zehn Jahre später noch immer zu machen …
- Und schließlich an Jean-Marc Levent, Agnès Farges, Agnès Nivière und alle anderen im Verlag Grasset, die an der Entwicklung dieses Buchs beteiligt waren.
- Dank an Magali Fourmaintraux von Les Éditions Radio France.
- An das Team von *La tête au carré*: Stéphanie Texier, Violaine Ballet, Michèle Bedos, Chantal le Montagner, Lucie Sarfaty,

Anne-Cécile Perrin und Axel Villard. Sowie an alle, die ihr mit uns für diese Sendung arbeitet.

- Und schließlich an AO: Inspirator für verschiedene, keineswegs triviale Dinge, zukünftiger Marathonläufer, Antreiber von Ideen und Leben. Danke für diese Augenblicke.

Mathieu Vidard, 1971 in Nantes geboren, produziert und präsentiert seit 2006 die Sendung *La tête au carré* auf France Inter. 2014 erschien sein Buch *Dans les secrets du ciel* bei Grasset. Mathieu Vidard verfolgt unablässig die neuesten Entwicklungen in den Wissenschaften und versucht, seinem Publikum die Fortschritte auf diesen Gebieten pädagogisch zu vermitteln. Seit Herbst 2017 moderiert er zusätzlich eine Wissenschaftssendung im Frühprogramm von France Inter und präsentiert auf France 5 zur besten Sendezeit die Sendung *Science grand format*.